做个会说话会办事的女人

聪明女人都有一张伶俐的嘴，

开合之间散发迷人芬芳

聪明女人都懂巧妙做事之道，

行动之中透出其中精妙

中国纺织出版社

内 容 提 要

说话水平和办事能力是现代女性素质的综合体现，出色的口才和卓越的办事能力就是一个女人获取成功和幸福的法宝。

本书分为说话、做事两个方面，是一本全面、实用、精致的女性社交能力提升读本，可帮助女性修炼独特魅力，成就事业、家庭和婚姻的幸福美满。

图书在版编目（CIP）数据

聪明女人话要这么说事要这么做 / 林淼编著. —北京：中国纺织出版社，2013.2（2024.4重印）
ISBN 978-7-5064-9452-6

Ⅰ.①聪… Ⅱ.①林… Ⅲ.①语言艺术—女性读物②成功心理—女性读物 Ⅳ.①H019-49②B848.4-49

中国版本图书馆CIP数据核字（2012）第283891号

策划编辑：闫　星　　责任编辑：曲小月　　责任印制：储志伟

中国纺织出版社出版发行
地址：北京东直门南大街6号　邮政编码：100027
邮购电话：010—64168110　传真：010—64168231
http：//www.c-textilep.com
E-mail：faxing@c-textilep.com
北京兰星球彩色印刷有限公司印刷　各地新华书店经销
2013年2月第1版　2024 年 4 月第 2 次印刷
开本：710 × 1000　1/16　印张：17.5
字数：226千字　定价：78.00 元

凡购本书，如有缺页、倒页、脱页，由本社图书营销中心调换

前言

PREFACE

随着时代的进步，女人们也开始走出家庭和闺房，和男人们一起参与社会竞争，但相对来说，女人要想活得精彩、活得幸福是不容易的。很多女人常常感到自己竞争压力大，工作不顺心，业绩不明显，经常受到领导批评。回家后常和爱人吵架，丈夫“出轨”，只能勉强维持名存实亡的婚姻，为一点小事就与对方针锋相对，虽有一份让别人羡慕的收入却没有让自己喜欢的生活方式……这是为什么？女人们常常问自己：我到底哪里做得不对？也许你很优秀，你也很美丽，但你并不一定聪明。

我们发现，在生活中，那些受人欢迎、幸福指数高的女人多半都有两项必杀技——会说话、会办事。她们懂得“话不说满、事不做绝、谨慎交友”的原则和底线。无论是生活、感情还是事业，她们都处理得游刃有余。

“一言可以兴邦，一言可以废邦”。善于说话的女人在这个世界上能够御风而行、万事顺心，不会说话的女人则如船搁浅滩，步步难行。因此，作为女人，你可以长得不漂亮，但你一定要说得漂亮。动听的声音、恰当的表达、巧妙的沟通，都能让你在生活和工作中顺心顺意。为什么有的女人身负旷世才学，行走世上却步履维艰？有的人资质平平，却能干出一番惊天动地的事业？这在很大程度上取决于她们说话的水平。很多女人成功的秘诀之一便是能说会道。的确，说话是人类最有效的沟通方式，而说话技巧则是决定一个人做事成败的关键因素。假如你是一个容颜美丽的女人，优雅的谈吐可以使你更加迷人；假如你是一个相貌平平的女人，得体的言谈也可以让你光彩照人。对于女人来说，卓越的口才是增加自身魅力的砝码，更是让她在生活中、在职场中御风而行的有力武器。好的口才可以改变一个人的命运，可以帮助女人成就一番事业。

当然，女人除了会说话以外，还必须懂得一些做人做事的心计。当今社会，人心日趋复杂，竞争几近沸腾，与人打交道，适当地长点“心眼”、“心计”，会使你进退自如、游刃有余；恰当地运用“心眼”、“心计”，会让你财源滚滚来、职衔一路提升、办事一路畅通、人际关系和谐融洽。

可见，若一个女人练就了独到的说话办事的能力，真正做到说得入木三分、凡事能办得圆融完善，在任何情况下都是魅力四射的焦点。

人生一世，说话办事是一门必修的课程。“会说话的女人受欢迎，会办事的女人最出众。”倘若你想做个幸福、优雅、聪明的女人，假若你想寻找成功处世的捷径，假若你想做到事业成功，假若你想提升自己的幸福指数，那么，本书都能为你提供有价值的参考，让你尽随心愿。

编著者

2012年8月

目录
CONTENTS

上篇　说话：这样的女人惹人喜爱

上篇

说话：这样的女人惹人喜爱

第1章　初次见面，幽默大方

——女人这样说让人印象深刻

女人的智慧用话语讲出来

当今世界竞争日益激烈，三十多岁的女人要在社会上立足，除了要拥有参与竞争、迎接挑战所必备的知识和技能之外，得体的说话技巧、优秀的口才无疑会助其占据一个有利于发展的制高点，是其迈向成功和幸福的砝码。

会说话的作用是全方位的。在生活中，它能帮你开启与人谈天说地、交流感情、拉近距离的阀门，从而发展天长地久的友谊，赢得忠贞不渝的爱情；当你与他人关系出现问题时，它是修复伤痕、治愈心灵的疗伤神药。正如埃及谚语所说“有口才才使你雄辩滔滔，占尽上风。”

一天，一家服装店来了一位客人要求退回一件外衣。但是这位客人已经把衣服带回家并且穿过了，只是她丈夫不喜欢。她辩解说“绝没穿过”，要求退货。可是女售货员赵琳检查了外衣，发现明显有干洗过的痕迹。

这时，赵琳考虑到直截了当地向顾客说明这一点，顾客是绝不会轻易承认的，因为她已经说过“绝没穿过”，而且精心伪装了没有穿过的痕迹。这样，双方可能会发生争执。于是，赵琳说：“我很想知道是否您丈

夫把这件衣服错送到干洗店去了。我不久前也发生过一件同样的事情，我把一件刚买的衣服和其他衣服一起堆放在沙发上，我丈夫没注意，把这件新衣服和一大堆脏衣服都塞进了洗衣机。我怀疑您是否也遇到这种事情——因为这件衣服的确看得出已经被洗过的明显痕迹。不信的话，你可以跟其他衣服比一比。”

顾客看了看证据知道无可辩驳，而赵琳又为她的错误准备好了借口，给了她一个台阶——可能是她的丈夫在没注意的情况下，把衣服送到了干洗店。于是顾客顺水推舟，收起衣服走了。售货员赵琳的话说到顾客心里去了，使她不好意思再坚持。一场可能的争吵就这样避免了。

赵琳的一番话既表现了对顾客的尊重，又营造了宽松和谐的交谈氛围，令事情得到圆满解决。可见，女人要会说话，尤其是在人际交往中，一句得体而智慧的话语往往能创造意想不到的契机，进而起到事半功倍的效果。

是否会说话一直是决定三十多岁女人生活质量高低及事业成败的重要因素。女人每天的喜怒哀乐往往由其言语来决定，一生成败于会说话的女人很多。口才好、说话流利会被人赏识，既有才干又兼备口才的女人成功的希望更大，因为你的才干完全可以通过言语谈吐充分地表露出来，使他人能更深入的了解你、重视你，从而把重任托付于你。

会说话的女人颇有一种不可思议的力量，能缓解周围紧张的气氛，为人送上丝丝轻松。会说话的女人，能流利表达出自己的意图，把观念阐述得有条有理，使别人心悦诚服地接受。同时，还能在对话中探知对方的意图，增加彼此的了解以建立良好的友谊。不会说话的女人，常因不能完整表达自己的初衷，而使对方费神不能信服。

王红是一家化妆品公司的老总，她最不能接受的事儿就是凯迪拉克轿车的推销员开着福特轿车四处游说，人寿保险公司的经理自己不参加保险。所以，她要求公司的所有职员都要用自己公司生产的化妆品。

一次，她发现一位下属正在使用另外一家公司生产的粉盒及唇膏，这位下属吓得赶紧把它们收了起来。王红走到她桌旁，微笑地说道：“老天爷，你在干吗？你不会是在公司里使用别的公司的产品吧？”她的口气十分轻松，脸上洋溢着微笑。

下属的脸微微地红了，不敢吱声，心想这下该挨批了。但是，王红并没有发火，什么都没说就走开了。第二天，王红送给她一套公司的化妆及护肤产品并对她说：“如果在使用过程中觉得有什么不适，欢迎你及时地告诉我。”后来，公司所有的新老员工都有了一整套本公司生产的适合自己的化妆品和护肤品。王红亲自做了详细的示范。她还告诉员工，以后员工在购买公司的化妆品时可以打折。王红亲和的态度、友善的话语，使她自然地与员工打成一片，成功地灌输了她正确的经营理念。

女人会说话，拥有滔滔不绝的口才，总能很愉快地成就很多事情，使周遭人不知不觉折服于其能力之下。因为她们懂得“到什么山唱什么歌，见什么人说什么话”，她们能将想要表达的内容动之以情、晓之以理地表述出来，使人如沐春风。女人若有了不起的口才，方能抓住机遇、左右逢源、处处顺行畅通无阻。

女人在一生中，无论选择如何度过漫漫人生、何种生活方式、实现哪种目标，都无可避免地要与他人交往、沟通和相处。因此，会说话是女人智慧的体现，也是生活中最基本、最重要头等大事。会说话是女人跨越人生和事业成功的第一道壕沟，能灵活运用各类说话技巧，便拥有了打开成功之门的金钥匙。会说话的女人终将成长为无往不胜、包罗万象的卓越女人。

良好的第一印象为自己赢得好评价

我们每天要接触海量的讯息，要与一个又一个的陌生人打交道。你是不是有这样的印象：某一个人，其实你并不了解他，只是第一面觉得“讨厌”，于是就不想继续接触了。推己及人，我们自己留给陌生人第一印象，也对双方的关系起着不可替代的作用。

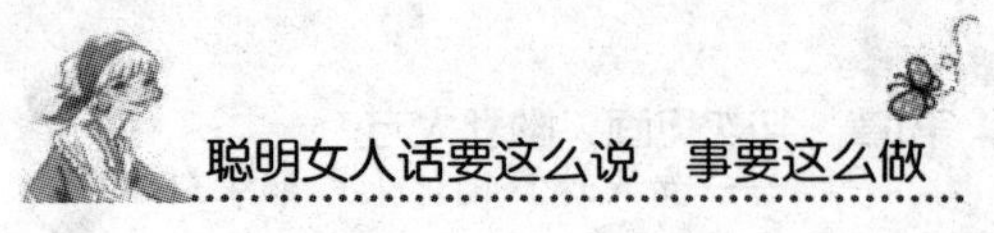

人与人之间的第一次接触，就可以彼此在心里形成一个大致的评价，并直接影响以后的关系发展。

第一印象，就是两个素不相识的人第一次见面所形成的印象。第一印象的形成有50%以上的内容与外表有关，不仅是容貌，还包括体态、气质、神情和衣着的细微差异；第一印象有大约40％的内容与声音有关，音调、语气、语速、节奏等都将影响第一印象的形成。

在我们真正了解一个人之前，第一眼看到他时，就形成了对他的初步看法，即所谓先入为主。例如，在学校里对新来的班主任、新来的插班生，在单位里对新来的领导、新来的同事，介绍恋爱对象的第一次见面等，第一印象都会发生作用，双方都力图使对方对自己获得好印象，作为今后交往的起点。

年轻的女性，因为环境、阅历所限，想一开始就给人一种从容镇定、堪当重的印象是不现实的。我们所要达到的目标，也不外是让人在第一次见面时对你有些好感、接纳你，并愿意给你提供空间。这其中切实可行而且我们自己可以控制得了的因素，首先应该是服装与风度。

犹太教里有这样的教诲：人在自己的故乡所受的待遇视风度而定，在别的城市则视服饰而定。自我推销是需要技巧的，正像推销产品一样，要有一个好的外包装吸引人的注意力，从而顺利地把自己推销出去。“先敬罗衣后敬人”，从道德上说是不公正的，但面对现实的社会观念，我们尚无法改变。因为要对方了解你的内在美，尚需一段时间，而体现一个人个性的着装却一目了然，给人留下一个完整的印象。许多大公司对所属雇员的装扮都有“规格”，这是自己的形象，也是公司的形象。人们见你的第一眼，就根据你的穿着给你定了位。

一位企业家这样说道：“在商界，企业家最初的合作看什么？其实很大的成分是看衣着。有一次，我想开发一种新的产品，一位朋友给我介绍了一个合作伙伴。见面的那天，他穿着西装，里面没穿衬衣，只穿了一件圆领衫，手里拎着一个彩色手机。”

“我当时看着就很别扭。你想想，西装是多正式的着装，他弄了件圆领衫来搭配，典型的暴发户形象。我当时就决定，不与他合作。后来，朋友说：‘他真的很有钱，而你正缺钱。’我缺钱不假，可是合作伙伴这个人才是主要的。他出钱他就要参与，要管理，要与我共同决策，他的水平直接影响到我的生意，所以我不选择他。”

这位企业家仅凭第一印象选人是对是错姑且不论，我们从这则故事中可以看出，第一印象对于一个人的重要性。当你还没有开口说话的时候，衣服就是你的代言人，一个人的外在形象留给大家的潜在印象的差别是不可估量的。如果不想成为同行的笑柄，你的服装必须合体；如果不想让同行或客户鄙视，你的服装必须庄重；如果不想让人看出你的性格或爱好，你的服装必须是保守的、得体的。

对于章启月这个名字，大家一定不会陌生，她是中国第三位外交部女发言人，现任中国驻比利时大使，是她把与丝巾或色彩多变的衬衣相配的精致套装、考究发型和得体妆容（口红颜色永远和领口色调一致）带到了全世界的新闻镜头里。她精通多国外语，面对压力始终处之泰然，活出了许多女人想活出的生活与品位。在1999年第一次主持新闻发布会后，章启月被外国媒体称做“北京美人”。她容貌端庄，反应敏捷，沉着坦然，答问简洁自如，从不拖泥带水。她代表着中国，同时代表了这个国家自信、沉稳的新形象。

一个人的优点可以是多方面的，比如为人善良、知识渊博、性格坚韧，但这一切，都需要一个展示的舞台。如果你第一次就把形象搞砸了，所有的优点都将失去表现的机会。注意你给人的第一印象，凡事争取一个良好的开端。

谈吐大方，有重点地进行自我介绍

女性的智慧，最引人注目的地方便是其交际魅力。与不熟识的人见面，通常由自我介绍或经由他人介绍开始，所以一个让人印象深刻的自我介绍是必需的。女性的自我介绍，是充分展示交际魅力的“开场白”。仪表美，再加上一个恰当的自我介绍，是一次成功的自我推销，会使人产生想与你交往的愿望。

1990年，中央电视台邀请台湾影视艺术家凌峰先生参加联欢晚会。当时，许多观众对他还很陌生，可是他说完那句妙不可言的开场白后，一下子被观众认同并受到了热烈欢迎。

他说：“在下凌峰，我和文章不同。虽然我们都获得过‘金钟奖’和最佳男歌星称号，但我以长相难看而出名。一般来说，女观众对我的印象不太好，她们认为我是人比黄花瘦、脸比煤炭黑。”这一番话戏而不谑，妙趣横生，令观众捧腹大笑。

这段自我解嘲的开场白，给人们留下了非常坦诚、风趣、幽默的良好印象。

在生活中，豁达幽默的人总是受人欢迎的，要想在初次“亮相”时就给人好感，幽默是一种惠而不费的秘籍。对于有些女性来说，幽默并非自己所长，那么也不必勉强自己，自我介绍的时候，有条不紊，重点突出，同样可以给人留下一个好印象。

女性朋友在做自我介绍时，首先就要大大方方、不卑不亢，切不可羞答忸怩、吞吞吐吐、左顾右盼，应该勇于向他人展示自己，树立自信，让别人产生希望与你交往的愿望；其次要以姿态、声音、表情的恰到好处打动人心。

一般人在做自我介绍时，常常含糊地把名字念出来或递出一张名片就草草结束，其实这是浪费了制造好印象的绝佳机会。自我介绍的本事越强，就越能引起他人与你交谈的兴趣。在做自我介绍时，应注意以下几点。

（1）女性在介绍自己的姓名时，应该正确告知对方自己姓名的念法和写法，声音要清晰、明朗、语速不要太快。同时，满面春风的表情，更容易给人良好的第一印象。即使介绍时稍有失误，微笑的表情也会帮你摆脱尴尬。

（2）简单地介绍自己的背景、嗜好、兴趣等。在介绍完姓名之后，简单地补充一些个人资料，使听者能更进一步了解你。比较得体的介绍是：“我在IBM负责一个小组的管理工作，主要开发一些软件。我也喜欢骑马，常常打网球，并且热爱写书。”在不到15秒的时间里，不仅使你的回答增添了色彩，也为对方提供了几个话题，说不定其中就有对方感兴趣的。当有人回应“哦，你打网球？我也喜欢”时，你们之间的沟通就开始了。

（3）女性朋友在介绍自己时，一定要重视与你打交道的人，要学会随机应变。如果你面对的是年长、严肃的人，你最好沉稳一些；如果与你打交道的人随和而具有幽默感，你不妨也比较放松地展示自己的特点，做出有特色的自我介绍来。

女性朋友在自我介绍时少不了介绍“我”，但要把握好分寸。有的人自我介绍时，左一个“我”，右一个“我”如何如何，让人听了反感；有人把“我”的形象树立得很高大；更有甚者，一提到“我”时便扬扬得意，这样的自我介绍都不会给对方留下良好的印象。

掌握分寸，关键要以平和的语气说出“我”，要目光亲切、神态自然，这样才能使人从这个“我”字上感受到你自信、自立而又自谦的美好形象。切不可自吹自擂，一般不用“很”、“最”、“第一”一类的字眼，这样才能使对方对你产生信任感。

现在有很多人用名片代替了自我介绍，所以女性朋友更应掌握递名片的礼节。

一般递名片的顺序应是地位低的先把名片交给地位高的，年轻的先把名片交给年长的。不过，假如是对方先拿出来，自己也不必谦让，应该大方收下，然后再拿出自己的名片递给对方。

向对方递名片时，应该让文字正对着对方，用双手同时递出或用右手递出，千万不要用食指和中指夹着名片递给人。女性朋友在递名片时，应用诚挚的语调说道：“这是我的名片，以后多联系”，或“这是我的名片，以后请多关照”。如果自己没有带名片，那么要跟对方做解释：“对不起，我没带名片。”

总之，女性朋友在陌生的场合，面对陌生人，要想让自己的形象在人们心中深深地扎下根，必须学会自我介绍。

说话优雅，展现女人高素质

交谈，作为人类交际最直接、最常用的方法，越来越受到人们的重视。掌握这门艺术，你就会成为人们乐于结识、乐于交往的朋友；生于此道，就会出现“话不投机半句多”的尴尬场面，最终一事无成。

优雅的谈吐就像整洁的仪表，会使人觉得十分愉快。如果你能习惯运用文雅的辞令，即使偶尔开个玩笑，说些俏皮话，对方仍旧能够感受到你内在的涵养、气质，而乐于与你交谈。

相反地，如果你行为举止草率，满口粗话，则会让对方认为和你交谈是件辛苦的事，甚至是浪费时间。因此，平日应该练习谈话的技巧和优雅的举止，给对方留下良好的印象。

一个女人所说的话是否有魅力，直接影响到她是否对对方具有吸引力，也关系到她是否具有良好的人缘，同时还影响到她能否自如地与别人说话，并表现出足够的自信。所说话的内容，说话时的选词造句，说话的语气、语调，说话时的身姿、手势、表情等，诸如此类的种种因素都可以反映出一个女人说话是否有魅力。

当年泰国正大集团结束了与几个地方台的合作，转而与中央电视台共同制作《正大综艺》。双方决定要挑选一位女大学生做主持人，杨澜也被推荐参加试镜。

说实话，杨澜并不被人看好，只是因为她的气质较佳，所以才能一路过关斩将杀入总决赛。据一位导演透露，虽然杨澜被视为最佳人选，但是有的人认为她还不够漂亮，所以是否用她尚不能确定。

最后确定人选的时候到了，电视台主管节目的领导也到场了，他们要在杨澜与另外一位连杨澜也不得不承认“的确非常漂亮”的女孩子中间选择一人。这将是最后的选择。杨澜的好胜心一下子被激起，她想：“即使你们今天不选我，我也要证明我的素质。”

有一个考试题目是“你将如何做这个节目的主持人”。杨澜娓娓而谈：“我认为主持人的首要标准不是容貌，而是要看她是否有强烈的与观众沟通的愿望。我希望做这个节目的主持人，因为我喜欢旅游，人与大自然相亲近的快感是无与伦比的，我要把自己的这些感受讲给观众听。”

杨澜一口气讲了半个小时，没有一点文字参考，她的语言流畅，思维严密，富有思想性，很快赢得了诸位领导的赏识。人们不再关注她是否长得漂亮，而是被她的表现深深吸引住了。

当杨澜再次回到那个房间，中央电视台已经决定正式录用她了，这次面试改变了她的一生。

态度大方、谈吐优雅的女性，身上仿佛有一种神奇的“气场”，即使初次见面的人，也会被她所吸引，而她本人也会因之拥有更好的舞台和更大的空间。

你要想做一个有魅力、谈吐优雅的女性，首先就必须培养自己良好的说话的风度。所谓说话的风度，是一个女人的内在气质在言语上的表现，是一个人的涵养的外在表现。使自己的说话具有风度，是增强自己说话魅力的重要途径。良好的说话风度，往往具有很大的吸引力。但是同时要注意，你也不要为了风度而风度，结果让自己反而显得矫揉造作或搔首弄姿，毫无风度可言。你应该按照自己的个性、身份，以及说话的对象和说话的场合，适宜地讲究自己的风度。

女人在与人谈话时应该知道：不要揭露他人的隐私，更不要随意“攻击”别人。这才是真正的优雅。对人要尊敬，要诚恳，要设身处地为别人着想，也就是谈话时要掌握分寸，避免任何可能伤害别人的成分。即使对方确实有缺点，也不可抓住不放，礼貌的做法只能是委婉批评，适可而止。总之，不论谈话内容如何，只要你对别人尊敬，就能得到相应的回报。

话语交流伴随着人生的每一刻，优雅的谈吐不仅是你生活的调味剂，而且是你事业的推进器。

有趣的话题，快速拉近彼此距离

俗话说得好“一回生二回熟。”若要衡量同陌生人第一次谈话的成败，首先要审视交谈的话题，因为话题的好坏，直接影响了交谈的结果，是交谈的第一要素，不容轻视，更不能忽视。

两个人萍水相逢，素昧平生，该怎样沟通呢？许多女人对谈论的话题存在着误解，以为只有那些风趣、幽默或令人震惊的事件才值得谈起。其实，只要你稍加留心，身边的一些小事都可以让你们双方谈得兴高采烈、意犹未尽。

在与尚未熟识的人说话时，最好选择较为轻松愉快的话题，这样可以使说话自然顺畅地展开。毕竟，沉重的话题使大家心情沉重，有争议的话题又容易引发冲突和不快。社交场合应该是令人身心放松的愉悦之地，选择能烘托气氛的轻松话题是最明智的举动。对方既不是熟识的朋友，交心就免了吧。轻松自如是最关键的。

女性与陌生人之间交谈，要看准情势，不放过应当说话的机会，适时地“自我表现”，能让对方充分了解自己。陌生人如果能从你的谈话中引起共鸣、获取教益，双方会更亲近。还可以利用媒介物找出共同语言，缩短双方距离。比如你见一位陌生人手里拿着一本厚书，可问：“这是什么书啊？这么厚，您一定十分喜欢看书！”对别人的一切显出浓厚兴趣，通过媒介物引发他表露自我的心情，交谈就会顺利进行。

女性在与陌生人说话时，还需要顾及对方对该事物的兴趣，顺着他的心理倾向而谈，比如对一位潜心学问的学者就不能谈“股票”、“生意经”；对一位经商的人就不能谈“治学之道”。一个具有敬业精神、勇于开拓的人，喜欢听事业、工作方面的具体指导和建议；生活困难、穷困潦倒的人喜欢听扶贫济困、发财致富的信息。不同的兴趣有不同的“兴奋点”，兴趣相投的人聚在一起交谈，可以激发出话题焦点的“火花”，进而产生思想、感情的共鸣。

有一次，著名相声演员马季到山东烟台市演出，几家新闻单位的记者纷纷前来采访，不料，马季先生一一婉言谢绝，这使记者们十分失望。这时，有一个爱好相声的女记者再次叩响了马季的房门，说：“马季先生，我是一个相声迷，我对如今的相声表演有一些自己的看法……”马季先生一听，便十分热情地接待了她。这位记者正是用她和对方对相声的爱好及共有的兴趣做文章，巧妙地打开了马季先生的“话匣子”，顺利地完成了采访任务。

恰当的话题是一种心理沟通，也是思想与感情的交流，不但有利于解决问题、推动工作、增进了解、发展友谊，而且令人心情愉快。

有人认为，素昧平生，初次见面，何来共同感兴趣的话题？这就要求女性在讲话时要仔细观察对方，从他的兴趣、爱好、个性特点，到他的心情和处境。只要善于寻找，何愁没有共同语言？

有一位女记者，曾与伊丽莎白女王在鸡尾酒会上做过简短交谈。她一开始就问女王，昨天是否在风雨中视察过铁矿，这使女王十分惊讶。原来女王外衣染有红褐色的矿屑，经女记者提醒才发现。由于女记者的交谈从关心女王的话题开始，自然引起女王的好感，使得这次交谈十分融洽、成功。

由于女记者的细心观察，并表现出对女王的关心，必然赢得了女王的好感。由此可见，在与人交谈时，谈论对方感兴趣的话题，可以让你成为受欢迎的人。试想，谁不喜欢和别人谈论自己最喜欢和最关心的事情呢？

在人际交往中，与他人谈话要找到合适的切入点，切不可像盲人摸象般胡乱谈论，否则就会导致结果与你的本来愿望背道而驰。

察言观色，有选择性地说话

在交际场合，很多时候需要的是“顺情好说话”。对方爱什么、恨什么、喜欢什么、反对什么，都弄清楚了，说话也就有了方向，有了目标，有了依据。有时，要让对方答应某一请求，直说不行，曲说反而成功了；正说不行，反说却成功了；实说不行，虚说却成功了。人们办事主要顾及的是目的，而不是怎么说，只要能达到目的，怎么说有效就怎么说。所以，会说是非常重要的。而巧动心思，把话说到对方的心里，才是真正会说的表现，只要不过分，不讨人嫌恶，就会通过花言巧语办成许多事。

一位靓丽的“摩登女郎”在一个首饰店的柜台前看了很久。售货员问了一句：“这位女士，您需要买什么？”“随便看看。”女郎的回答明显缺乏足够的热情。可她仍然在仔细观看柜台里的陈列品。此时售货员如果找不到和顾客共同的话题，就很难营造买卖的良好气氛，可能会使到手的生意溜走。

细心的售货员忽然发现了女郎的上衣别具特色：“您这件上衣好漂亮呀！”“啊！”女郎的视线从陈列品上移开了。“这种上衣的款式很少见，是在隔壁的商场买的吗？售货员满脸热情，笑呵呵地继续问道。“当然不是！这是从国外买来的。”女郎终于开口了，并对自己的回答颇为得意。

“原来是这样，我说在国内从来没有看到这样的上衣呢。说真的，你穿这件上衣，确实很吸引人。”“您过奖了。”女郎有些不好意思了。“只是……对了，可能您已经想到了这一点，要是再配一条合适的项链，效果可能就更好了。”聪明的售货员终于顺势转向了主题。

“是呀，我也这么想，只是项链这种昂贵商品，怕自己选得不合适……”“没关系，我来帮您参谋一下……”

聪明的售货员正是巧妙运用了语言这门艺术，搭起相识的桥梁，然后顺势引导那位陌生的女郎，最终成功地推销了自己的商品。

一个人的心理状态、精神追求、爱好等，都或多或少地会在他们的表情、服饰、谈吐、举止等方面有所表现，只要你善于观察，就能把话说到对方的心里。

在生活中，要想使自己事事顺利，就要想办法说服别人，把不可能的事变成可能。至于能不能变，全在一张嘴上，掌握一定的沟通与说服技巧，一切皆有可能。

李小姐是一家经营办公用品公司的售后服务人员。一天，他们接到顾客的投诉，说是新买的一台碎纸机出了问题。

李小姐来到对方单位，被人引进行政办公室里调试机器。她一进门便说：“哇！好气派。我很少见过这么漂亮的办公室，如果我也有一间这样的办公室，我这一生的心愿就满足了。”然后她又摸了摸办公椅扶手说：“这不是香山红木吗？难得一见的上等木料。”“是吗？”对方办公室主任的自豪感油然而生，他介绍说：“我们这里的装修是我亲自主持做的，从老总到同事都很欣赏呢！”于是李小姐开始向对方取经，主任带她参观了整个办公室，介绍了装修材料、色彩调配，兴致勃勃，溢于言表。在轻松愉快的气氛中，李小姐很快调好了机器，她和主任握手再见，相约下次有机会要再次合作。

学会察言观色，留意对方身边的事物，从中了解他的心态，并把话说到他的心里，这样才能赢得对方的好感。这时，你无论办什么事，都会顺利得多。

第2章　柔声细语，吐气如兰

——女人说话善用“声”“气”讨巧

声线沉稳的女人更易带给他人亲切感

假设有两个女人在你耳边说话，一个粗声大气、尖细无比，令你的耳膜无时无刻不处于紧张至崩溃的状态；而另一个声音在你耳边徐徐诉说、温柔可亲，让你有如沐春风的感觉，听她讲话就像是在享受一场语言盛宴。毫无疑问，所有人都会选择听第二种声音，没有人愿意在聒噪声中聊以度日。

沉稳和缓的讲话是一种境界。没有遭遇困难时，也许每个人都可以做得到。但是当一系列的烦恼从天而降又直直地砸到你头上时，你还依然能够保持平静沉稳的声音吗？恐怕很多人要给出否定答案了吧！

一个人是否拥有沉稳的声音和她的内在气质是分不开的。一个阅尽人间风浪之人即便面对崩倒的泰山时，可能也是微微一笑，接着就去做他们该做的事情，而在别人问起时，他们只会以一种淡淡的陈述语气叙述当时的情景，仿佛在诉说一个与自己不相干的故事。他们这份藏于胸中的大智慧和沉着的心态着实令人钦佩不已，也正是因为这样，他们讲话的声音才会如此的沉静。如果你发现你身边的某个人讲话时有条不紊且谈吐不凡，尤其是在困难降临时依然能够稳住阵脚、气定神闲，那你一定要懂得把握

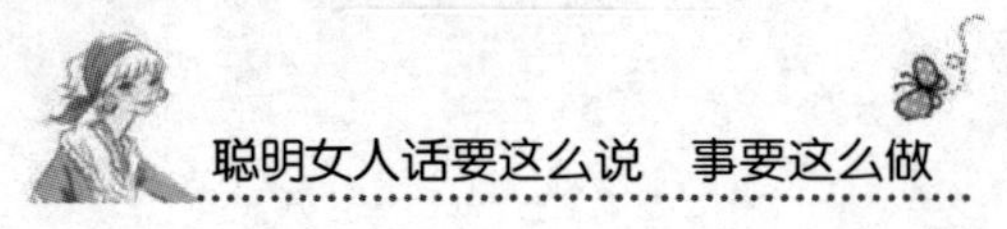

住他，这种类型的人是沉淀百年的珍品，更是你日后成长途中的方向标、指明灯。

《红楼梦》中似乎没有对薛宝钗和林黛玉的声音进行过特别的描写，书中只是用了大量笔墨去描写她们的相貌服饰和为人处世的态度。但根据这些我们不难想象出，薛宝钗的声音应该是平缓的、柔和甚至有些波澜不惊的，而林黛玉就与她大相径庭，根据林黛玉以往的性情，我们想象她的声音应该是尖细的。为什么会有这样的推断呢？

声音源于一种气质。而宝钗和黛玉恰恰就是两种性格的典型代表，一个温柔敦厚，一个爱耍小性；一个懂得笼络人心，一个只愿意活在自己世界里；一个是在适应生活，一个是在挑战生活……然而宝钗的人缘似乎永远强于黛玉，连丫头们都说宝姑娘的好，却没有人去称赞心地善良但言语尖刻的黛玉。且不说她们最终的命运如何，单看说话这一方面，黛玉就输了。和宝钗的沉稳风韵比起来，黛玉更像是长不大的孩子，轻易地把可能倒向自己的同盟军推给了宝钗，使得贾府上上下下都喜欢宝钗，最终连自己最心爱的人也被宝钗夺走。

很多职场女性，没有黛玉的容貌和家世，偏偏却长了黛玉不肯饶人的嘴巴。稍有不如意就显露出来，对周围人非损即骂，拿腔拿调的控诉所有人的不是，仿佛全世界的人都亏欠于她一样。更夸张的人会在办公室哭天抹泪、哭爹喊娘，这样的情景发生在一个有知识、有文化的现代女性身上实在是令人发指，也令人十分难以接受。一个女人如果不能让自己以一种平静的声调对待周围的人，那么她的工作和生活都将是很糟糕的，而且她本人也很容易遭到鄙夷。

掌控说话声音也就意味着要掌控自己的情绪，女性应该时时刻刻都把情绪控制在不惊不躁的程度上。在生活和工作中，的确有很多事情是我们始料未及的，很多事情的猝然来访常常令我们手足无措，但这个时候，我们首先就应当让自己平静下来，就算是天塌下来，女性也要保持应有的优雅，优雅地对待周围的一切，用平静的声音安抚周围躁动的灵魂和不安的情绪，只有这样，才能显示出她的沉稳、不凡、睿智和淡定。此类事情只要经历一次，周围的人就会对她刮目相看，也会不自觉地向她靠近。当大家都觉得处在没有希望的困境里时，女人动人的声音就是一盏希望的明灯，尽管它发出的光不会照得很远，但是只要有这样一盏灯，就足以驱散周围的黑暗，告诉人们希望就在前面不远的地方。从而，她在人们心中也会树立很高的威信，这种沉稳自制的威信是任何人都取代不了的。这样，女人方能在理想的途中越走越远。

柔声细语打动铮铮硬汉

古人的作品里说道“柔情似水，佳期如梦”，想必古人眼中的女子应该是那种步态婀娜、呵气如兰、浅笑嫣然的样子吧。眉眼清秀、温柔可人的女子只要一个眼神就能俘虏对面的男人，一个似乎不经意间的微笑、一句刻意说出的甜甜的话语都能化百炼钢为绕指柔。古时女人们没有什么自己的事业，她们多数人只能仰仗男人之力才能达到自己的目的，所以练就了一身的好本事，这身好本事就是从会说话开始的。今天的职场女性们已经有了自己的事业，有些女人甚至成了凌驾于男人头上的女强人，那么这个时候的女人是否就不需要柔声细气地与人沟通交流了呢？是否就可以对人颐指气使、呼来喝去呢？

大家可能都听说过这样一个故事：英国女王伊丽莎白曾经为了一点小事情与丈夫争执不休，最后两人的争执上升为战争，伊丽莎白凭借自己的女王之尊对丈夫表示出极大的不屑一顾，丈夫很生气地锁上了房门，于是女王被锁在了外面。过了一会儿，女王觉得这件事情可能是自己不对，然而又觉得道歉很伤面子，于是她依然高傲地敲门想要进去。丈夫在门里问道：“谁呀？”伊丽莎白骄傲地回答：“女王！”里面半天都没有声音。女王无奈，只好再敲门，里面再次问道：“谁呀？”伊丽莎白稍稍放低了姿态：“是我，伊丽莎白。”还是没有人给她开门。女王无奈之下只好第三次敲门，这次里面依然是一样的问题：“谁呀？”这下女王总算学乖了："我是你的妻子，亲爱的。"门应声而开。

一个女王在面对自己的家庭和丈夫时尚且要放低姿态，以温柔的语气去交流，何况是我们呢？更何况，在交流中如果没有一个好的态度和温柔的语气，你的听众恐怕很快就会对你表现出厌烦和恐惧之情——没有人喜欢和一个强悍的女人生活或者是工作在一起！

故事中的女王的确很聪明，她在丈夫拒绝为她开门之际，马上就明白了这其中原委，明白了是因为自己的语气充满了火药味，这根本就不是一种对待至亲之人的态度，简直就是一种对待仇敌的态度，因为里面充斥了傲慢和炫耀，此时的丈夫只能感觉到她作为一个国家元首的威严，而感觉不到她作为一名妻子的温柔，自然也不会给她开门——哪个男人的身边需要一个高高在上的国家领导人呢？男人们永远都希望自己的女人是自己的港湾，让自己有一个可以停泊、依靠的地方，没有哪个男人希望自己的老婆是个悬崖，稍有不慎就葬身深渊。

由此可见，女人在扮演家庭角色时需要柔声细语地讲话，需要温柔地关爱自己的丈夫。当然，在工作中，细声细语也是不可或缺的杀手锏。很多工作单位在指派洽谈任务时，如果有一男一女都可以胜任这项工作，那么领导会考虑对方的洽谈人是什么性别，如果对方派出的是男性，那么领导大多会派女性出面参加这次谈判。

这里并不是说男人差在哪里，主要是因为异性相吸的原理。试想一下，对方是高高大大的男子汉满眼杀气地坐在谈判桌的一端，等待着另一方的到来，心里想的全是如何挑毛病、压价、讨价之类的事情，突然从门口进来位女士，而且是优雅漂亮的女士，女士冲男人温柔一笑一颦一打招呼，得体的裙装配上特有的温柔语气，一个回眸间，男人的河山就沦陷了。

整个谈判过程中，不论男人的态度多么恶劣，多么固执，女人也都是轻轻微笑着，委婉地表述着自己的意见，温文却不失坚定地坚持着自己的价格底线，直至谈判结束。如果两方的实力相当，那么这场战争中会取得最终胜利的多半是女人。说"英雄难过美人关"可能显得过于牵强，但是一个内柔外刚的女人绝对是职场中的杀手，温柔是杀人于无形的绝佳武器。

所以聪明的女人们，如果想让你们的生命更加绚丽多彩，想让你们的事业蒸蒸日上，那么就请你们把握好说话的语气，尽量用一种温婉的态度去表达你们的思想和看法，这样不仅仅提高了你们在众人眼中的地位，而且对自身的发展也有很大的帮助。

说话让别人听着舒服才有效果

在一场“香港小姐”决赛中，竞争进入了白热化阶段。现场主持人最后问入围的杨小姐：“假如要你在下面两个人中选择一个作为你的终身伴侣，你会选谁？一个是肖邦，一个是希特勒。”杨小姐想，回答肖邦，便会落入俗套；选择希特勒，难免挨人骂。沉吟片刻，她干脆地回答：“我会选择希特勒。”在主持人的追问下，她巧妙地解释说：“我希望自己能感化希特勒。如果我嫁给他，也许第二次世界大战就不会发生，也不会死那么多人了。”果然，杨小姐妙语一出，台下掌声雷动。

由此可见，一个倾听者对于一个讲话者是多么的重要，你的话讲出来必须要有人去听，有人听了，你才算是在与人交流，听的人多了，你才算是成功的说话人。否则，你就是一个失败且孤独的自言自语者。

良好的语言表达能力是社交的需要，是事业的需要。会说话是一个女人在生存和竞争中获胜的必备本领。一个会说话的女人能通过展示自己的口才使自己受到周围人的喜爱。如果你能掌握说话的技巧，就拥有了成功人生的资本，就一定能在事业上取得成功，在人生中找到幸福。所以，女性朋友们在他人面前的诉说和应答一定要谨慎，一定要注意下面所提到的三种情况。

1.在家人面前，女性一定要注意自己的身份，进而控制住自己的态度

即便你的丈夫和孩子有意无意地惹恼了自己，你也应该以一个贤妻

良母的身份约束自己，尽量放平自己的声调，试着与他们沟通，沟通是解决问题的最好方法。每个人都有难受发火的时候，这个家庭里，一次只要有一个人情绪失控就足够了，另一个人一定要充当安抚者的角色，去抚平他心里的创伤，而不是用更凶猛、更恶劣的态度向打击敌人一样荡平战场，否则，你的家庭灾难会愈演愈烈，不仅如此，就算是战争暂时结束后，战争带来的阴影也会持久地留在家人的心里，很久都不会散去。如果这样的事情发生得多了，伤口也会叠加在家人的心里，越来越深，等到他们的心彻底被你的行为寒透了，你梦想中的幸福家庭也就会烟消云散了。

2.在职场里，女人也应当明确自己的身份和职位

职场中的人大都有很强的戒备心理，大家都有自己的一亩三分地，自己的工作任务绝对不允许别人的觊觎。这就意味着当你们很多人同时完成一项工作之后，最大功劳的归属权问题。比如，在一次表彰大会上，上级对于你们这个团队能够出色并干脆地完成这次任务很是欣慰，这时他眼光一转看到了你，并且让你站起来说说对于这次胜利的感受。这时候你一定要搞清楚自己究竟是什么角色。如果你在这次任务中确实起了中流砥柱的作用，那么这次发言你可以稍微得高调一点儿，但一定要在限度之内，不要让同事们觉得你是居功自傲，更重要的是不要让领导觉得你是功高盖主。众多历史史实告诉我们，功高盖主之人是没有任何好下场的。如果你在这次任务中只是个跑龙套的小角色，那说起话来就更要低调万分，不仅仅要措辞低调，脸上的表情最好也要谦卑有佳。总之，一定要以一种“能让我替众前辈发言是我的荣幸”的态度去说话，并且最主要的是，话说三分即可，领导让你发言只是想考验一下你的工作态度问题，并不一定是想测试你的工作能力。说三分话，学会自我否定和歌功颂德，剩下争功的事情留给同事去做。总之，在职场中说话时，一定要适当适时适量，千万不要目空一切，这样只会令人厌烦不已。

3.对朋友讲话时也要注意自己的言谈举止

不要以为你们已经是朋友了，就可以无所顾忌地胡说一通，朋友是愿

意坐下来倾听你的人，不是你可以乱丢垃圾废纸的弃物箱。朋友和你一样渴望得到肯定和赞美，你不要为了炫耀或是抬高自己而刻意地贬低朋友，每个人的理想和价值观都不同，所以导致生存态度也就不同，不要因为你一个月挣了一千元而朋友挣了五百元就否定他的价值，甚至讥笑他的无能。听众就像是你面前的镜子，只有你善意地冲他们微笑，他们才会回馈给你甜美的微笑。

每个人都渴望自己的世界里充满鸟语花香，都渴望自己能时时刻刻被鲜花和掌声包围。先不要去要求别人，先改变自己的说话方式，在脸上不妨多注入些微笑的成分，久而久之，你会发现在不知不觉中你的周围真的开满了鲜花，你的聆听者们都在为你喝彩鼓掌。

多说“谢谢”，让人听起来很美

“谢谢”是字典里最富有魅力的词汇。人世间很多词语会在出口的瞬间引发争端和祸乱，然而“谢谢”不会。有的女人不愿意说“谢谢”，她们认为对方和自己的关系实在是太不一般，说了“谢谢”似乎就是玷污了这段感情，“谢谢”只是适用于陌生人之间。其实事实并不是这样。多么铁的关系也需要你用心去维护，用爱去打理。所有人都希望自己的努力换来的是感恩和回报，没有人愿意和一个不懂得感激别人的人生活在一起。

“谢谢”一词如此简单，简单到被很多女人忽略的程度，从而导致她们在与人相处中错失了很多段的好情谊、好姻缘。虽然对别人表达感激之情不是什么难事，但适当地学学感谢的技巧还是有好处的。

1.要诚心诚意

没有诚意的道谢犹如一潭死水般毫无生命力可言，说者无味，听者无趣。无论什么时候都请记住：道谢不是一个表面工程，它需要你从内心深处去感激。真心实意地表达感谢，才会令对方感动、欣慰，才能使你们的友谊地久天长。另外，在说“谢谢”的时候应注视着对方的眼睛。其实

不只是道谢，说任何话的时候都应该注视着对方的眼睛，眼睛是心灵的窗户，注视着他的眼睛才能和他有心灵上的交汇和沟通，让对方深深地感到你对他的谢意是发自内心深处的声音，真实不造作。

2.表示回报的感谢要有具体环境做依托

朋友帮了你一个大忙，同事为你介绍了一位新客户，这些都是值得你感激并且要及时表示感谢的地方。既然受人恩惠，当然要记得回报，尽管对方并不是冲着要你报答才来帮助你的，但话说“投我以木桃，报之以琼瑶”，知恩图报是最上乘的美德。当朋友或同事明明需要你的帮助而羞于开口时，你一定要积极主动地帮忙，就像他们帮你时那样。此时为了维护他们的自尊，你完全可以不说透：“这件事我正好熟悉，不然也帮不上什么忙……”或者“上次的事情多亏了你，否则我都不知道该怎么办才好。”总之，感谢一定要言之有物，握着对方的手一个劲儿地说谢谢，会把对方弄得一头雾水，而且达不到感谢的目的。

3.表达感谢时要自然，而且要称呼着对方的名字说“谢谢”

既然是来表示感谢，说话语言就一定要大方得体、诚恳坦率，不要扭扭捏捏的一副羞涩的样子。感谢又不是来打架，用不着躲躲闪闪的；同时感谢也不是谈婚论嫁，更不需要害羞之类的情绪作怪。如果你说“谢谢”的时候态度不大方，很容易引起对方误会：这到底是感谢我来了，还是讽刺我来了？明明很好的一件事情被态度搞砸了。另外，感谢时一定要称呼对方的名字。这点大家可能都没怎么注意过，如果有人说“谢谢你”和“谢谢你，小张”，你会觉得哪句好一些呢？显然是第二句更具有亲和力吧。称呼对方的名字能让对方全身心地感觉到你是在感谢他而不是别人，因此也能唤起对方心灵深处那种自豪感，在你记住他的同时，他也记住了你，这就是一个人脉资源规划的良好开端。

除了上述观点外，还需要注意的是，如果女人为了表达对异性的感谢而想要邀请对方共进晚餐的话，对方若是有配偶就一定把配偶也邀请上。哪位妻子都不愿意自己的丈夫去和别的女人吃饭，哪怕这个妻子再贤良淑德，这种负面情绪还是会不可阻挡地产生，从而影响到家庭的和睦。女人不要因为表达感谢而影响了人家的家庭氛围，否则这样的感谢就更像是一场阴谋了！

总之，要养成适时表达感谢的习惯，尤其当对方没有什么想法时，你的一句感谢来的虽然有些出人意料，但绝对会起到温暖人心的作用。一句真心实意的“谢谢”胜过千言万语，它如同一条生生不息的河流，汩汩地流淌并浇灌了帮助者与道谢者的心灵，使得心灵之上永远地开出美丽的花来。会说谢谢的女人拥有一颗细腻真诚的心，相信当每个人听到你真诚的道谢时，心里都是很喜悦的，因为他们不仅仅受到了赞美，更重要的是自身的价值得到了肯定，自身的修养得到了升华。所以，请聪明的女人们把你心中的感激表达出来吧！只有把“谢谢”诉诸于语言，才会让对方知晓你的心，也才会让你的形象在对方心里永不褪色！

用声音的魔力增添女性魅力

一个女人在安静的时候，别人会把注意力集中在脸庞、身材和衣服上面，而一旦你开口说话，声音就成了最好的吸引力。很多人都有自己喜欢的电视节目主持人，为什么她们的声音那么好听呢？原因之一就是她们发音准确清晰、端庄悦耳，她们的声音可以使听众不轻易转移注意力。同样的，一般的电影和电视剧在拍摄完毕之后都要进行专门的配音工作，还要对声音进行后期的加工处理，目的也是为了让声音更有吸引力。

美女林志玲，说话非常温婉可人，可是很多女性不喜欢她说话的方式，觉得很“嗲”；而男人则不同，男性对温柔、甜美的声音天生没有抵抗力。心理学家也认为，声音决定了你38%的第一印象。当人们看不到你时，音质、音调、语速的变化和表达能力决定你说话可信度的85%。声音是女人自然天成的乐器，是穿越男人灵魂的旋律，美与不美，就看你如何把握和驾驭。

很多女人都遇到过这样的事：在逛商场或是在马路上走着的时候，迎

面走来一位女子非常靓丽，连同是女性的你都不得不为之赞叹，而当她转身招呼同伴的时候，那沙哑的嗓音、粗俗的语言、不羁的腔调，简直难以想象是从她口中发出来的，她在你心中的美好也就瞬时间瓦解了。

声音有一种魔力，能对他人产生各种不同的影响。低沉的声音，让人感觉稳重可靠；甜美的声音，让人心旷神怡，百听不厌；温婉的声音，让人不自觉产生一种保护的欲望；清脆的声音，让人感觉自在、爽朗；有些女性甚至可以通过声音表现出自己的性感，这声音的魅力能为平凡的女性加分不少呢。人与人之间的交流更多的还是依靠语言，你说出来的话让别人爱听，声音吸引人，别人自然乐意与你交往，那么生活也自然会顺利和愉快得多。

声音可以传递很多信息，如年龄、性别、职业、性格、态度等，不仅如此，动听的声音还可以给人们无尽的遐想空间。当然，即使是主持人也未必天生就是一副好嗓子，很多歌唱家和演员都要倚靠后天的培训和练习来提高自己的音质和音色。一般以嗓子为生的人每天都练习发声，平时也会注意少吃刺激的食物、不抽烟不喝酒，一切对嗓子有害的事情都不能沾染。

如果没有一副天生的好嗓子，该怎样后天造就呢？

意大利男高音之父卡鲁索说："在所有学习歌唱的人中，谁掌握了正确的呼吸，谁就成功了一半。"气息是发出声音的动力，更是各种声音技巧的"能源"。

你可能注意到，很多演说家、歌唱家说话声音都非常洪亮，底气十足，尤其是戏曲表演者，一口气能撑好几分钟，而且每天这样唱，嗓子也没有变哑或是失声。说话和唱歌其实很相似，想要拥有歌唱家一样优美的嗓音就要学会他们的腹部发声法。

所谓腹部发声法，并不是说让腹部发出声音，而是一种正确的呼吸习惯。这种方法需要打开口腔用胸腔和腹腔联合运动而完成呼吸动作。对于一般人来说，可能要经过专业的训练才能够做到这一点。这里简单介绍一些方便实用的练习方法：

你可以平心静气地去闻鲜花的芳香，在一呼一吸中找到最适合自己的舒服的呼吸方式；或者模仿突然受到惊吓时倒吸冷气的动作，模拟吹灰尘动作等都可以帮助你养成正确的呼吸习惯。

当然，光呼吸是不能发出好听的声音的，还需要我们人体音箱的合作，人的口腔、胸腔等发声器官搭配使用，如果能产生共鸣，那么就可以变得非常洪亮，而不是像堵在嗓子眼里似的。共鸣训练可以帮助训练者更好地控制自己的音质音色。做这个练习主要就是要张大嘴巴，每一个字都要大声地说出来。

学会了正确的发声方法，你就可以自如地控制自己的声音，但这并不是说练会了发声你就一定能发出天籁般甜美的声音了。任何方法都只是共性的总结，还要具体看每个人的声带条件。声带的好坏是天生的，我们没办法改变，只要你掌握了说话的秘密，还是可以弥补天生的缺陷的。这个秘密就是：要把生活和感悟融入声音中，把真切感受传递给你的谈话对象。简单来说，就是无论说什么、和谁说，只要一开口就带着丰富的感情，这样，别人就会被你的语气所感染，而忽略了你音质的缺陷。

由赵忠祥主持的电视节目《人与自然》，相信每个人都看过，他富有磁性的嗓音让当时很多女性为之着迷；王刚的声音也是非常有特色的，他给小动物配音时那种感情的自然流露，让人类为之动容。女人在面对男人的时候，经常采用撒娇的伎俩，而男人也非常吃这一套。原因就是女人在撒娇的时候自然而然地降低了音量、柔和了声调，使自己的声音顿时充满了女性的魅力。所以，女性如果能运用好声音这个武器，做起事来将会无往而不利。

这就是声音的魅力。美妙的声音是如此神奇，它可以把一切不可能变为可能，它能让别人深深地记住你。年轻的女士们，从现在开始督促自己，练就一副好嗓音，让自己轻启朱唇之时，吐露出如泡泡般绚丽美妙的音符，让每一位异性都能因你的声音而着迷！

女人的美丽在言语中表露

爱美是女人的天性。漂亮的脸蛋、婀娜的身姿、高贵的衣服、时尚的妆容还有出众的气质，无一不是爱美的女人穷其一生所追求的。女人的语言也要美，如果全身上下都打扮一新，只有口中的话不加以修饰，那么很有可能外在的一切功夫都白费了。

语言是人类不可缺少的交流工具，人类的语言从最初的结绳记事发展到现在可以任意抒发自己的情感，记录一切想记录的事情，是多么伟大的成就啊。然而，有些话说起来很简单，为什么人类却偏偏喜欢搞得很复杂呢？比如形容一个人“漂亮”，你只要说“你很漂亮”就已经能够把意思清楚地表达出来了，而很多人却喜欢把它说成“你比天上的月亮还要美”，“你真美，简直是天仙下凡”，这样的表达更动人、更精彩。

同样是形容一样东西，有些人会说：这个不丑；有些人就说：这个很漂亮；如果是你，你会喜欢哪种说法？显而易见是第二种，这就是说在给语言进行修饰之前，选择恰当的表述方式也是很重要的，如果选择不慎，可能会越形容越糟糕。

曾经有一位国王，梦到自己的牙齿都掉光了。他找来智者为其解梦。这个耿直的智者愁眉苦脸地对国王说：“陛下，每掉一颗牙齿，就意味着您将会失去一个亲人。”国王听后勃然大怒：“你竟敢信口开河胡说八道，给我滚出去！”

国王不甘心，下令找来另一位智者。这位智者一脸喜气地对国王说：“高贵的陛下，您真有福气呀！这梦意味着您会比所有的亲人都长寿。”国王听后大喜，奖赏第二位智者100个金币。

年轻的礼宾官很不理解地问：“您对梦的解释其实同第一位智者的解释在本质上是一样的，为什么他受到的是重罚，而您得到的却是重奖呢？”

智者先讲了一个简短的寓言故事：“有一位年轻貌美的姑娘，一丝不挂、满身污垢地去见国王。国王看后将她赶了出去。后来，这位姑娘把自己洗得干干净净，如出水芙蓉一般，穿上了漂亮的服装之后又去见国王。国王高兴地接见了她，并将其留在身边。这位姑娘的名字就叫‘真理’。”智者又说：“任何时候都要坚持讲真话，但人们听了赤裸裸的真理往往会觉得刺耳，所以，在说出真相的时候也要选择适当的方式，要学会给你的语言穿上华美的外衣”。

这两个智者对同一件事做解释，本质上的意义是一样的，只是因为表述方式的不同，就得到了大相径庭的结果。谁都喜欢听好话，喜欢别人把自己往好处说，如果你偏偏用晦气的语言讲出来，那也就只能自认倒霉了。

修饰语言，并不是不切实际地修饰，更不是无限地夸张和瞎编，而是在实事求是的基础上，使用美好的词汇，把不好的意义用另外一种别人比较能够接受的句子表达出来。尤其身为女人，漂亮的嘴中应该是口吐兰花，才能配得上优雅的气质。

语言的巧妙让很多人受益匪浅，在困境中选择合适的言辞，能够使你转危为安并凸显出自己的才华。

宋徽宗写得一手好字，他常问大臣：“我的字怎样？”大臣们也纷纷奉承道：“您的字好，天下第一。”

一天，宋徽宗问米芾：“米爱卿，依你看，咱俩的字相比，如何？”米芾是书法大家，书法当然胜过宋徽宗，倘若说皇帝第一，则必然要委屈自己；倘若夸耀自己第一，则必然得罪皇帝，这还真是个难题。但聪明的米芾灵机一动，说：“臣以为在皇帝中，您的字天下第一；在大臣中，臣的字天下第一。”宋徽宗听后心领神会，打心底佩服米芾的机智。

米芾在宋徽宗的为难下却毫无惧色，只是给“天下第一”前面加上个限制，就轻松地把问题化解了。语言的美并不是说在遣词造句上一定要用华丽的辞藻，简单平实的语言加上不卑不亢的内涵也能够变得美好，关键还是要看你如何巧妙地运用它。

年轻的女孩子如果想要提高自己说话的水平，可以多向这些故事中的人物学习，虽然是故事，带给我们的意义却非常大。在人际交往中，女人的身份是多重化的：有时是女儿，有时是母亲，有时是妻子，有时是姐姐或妹妹，有时是领导，有时是职员……在各种不同的角色中，都应该把握好自己的语言美，才能让自己的角色塑造得更完美。赤裸裸的语言就像是赤裸裸的人，怎样都是不雅，再丑的女人穿上漂亮衣服打扮一下也是美的；语言也是一样，再难听的语言稍加修饰，也可以给人如沐春风般舒服的感觉。

都说“没有丑女人，只有懒女人”，女人在修饰自己上面不能犯懒，在修饰语言上面同样不能犯懒。女人的美从内而外，这样看来，对于语言的修饰还应该先于对外表的修饰呢，所以，爱美的女性们，美是全方位的，加紧修炼你的语言美吧！

第3章　能说会道，谈吐优雅

——女人说话要圆融通达

聪明女人，能说会道是一种能力

在生活中，性格外向的人往往能说会道，很容易和别人打成一片，而那些沉默寡言的人，大都是自卑、抑郁的代表。每个人都向往幸福，追求快乐，而健谈的人往往能够通过言语的赞美，使人享受到关心、在乎和温暖。在一个家庭中，如果每个家庭成员都能说会道，也愿意和家人交流，这个家庭一定是非常快乐而和睦的；相反，如果家里面每个人都把话憋在心里，什么都不对别人讲，家庭里面就会充满了沉闷和猜忌，说不定就会酿出什么悲剧出来。所以说，一个性格内向、沉闷寡言的人，应该积极改善自己的性格，尤其是二十几岁的女孩子，不要让自己的大好青春在沉默中走向灭亡。

女孩子会说话才能讨人喜欢，在恋爱的时候，嘴巴甜一些，男友也欢喜，尤其是见对方父母的时候，能说会道的女人更容易让男方家长接受。作为女孩子，只是多说几句好听的话，自己也不会损失什么，又能得到别人的喜欢，何乐而不为呢？

利用十一长假，李莹跟着男友小峰回家乡探望父母，一来让他的父母见见准儿媳，二来与他们商量一下买房的事。

小峰的父母很喜欢李莹，尤其是小峰的母亲，忙前忙后给他们做饭。但小峰的母亲特别唠叨，李莹洗衣服的时候，她告诉李莹："水龙头一定要拧紧，要不既浪费水又浪费钱。"李莹帮忙炒菜时，小峰的妈妈说："一定要少放盐，我听电视里说了，吃多了盐会引发很多疾病。"说到买房子的事，小峰的妈妈说："买房子可不是小事，你们俩要挑选好，我听人家说不仅要选地段，还得选房型……"其实，李莹也知道小峰妈妈的唠叨并无特殊含义，但就是挺不愿意听的。

于是，在回去的路上，李莹就开始数落小峰妈妈的唠叨。开始，小峰还耐心解释："我妈就是那样，人越老就越珍惜儿女，叮嘱的就越多，她没有别的意思。"李莹还是在抱怨小峰妈妈的唠叨："你妈真是烦死人了，买房的事也要插手，她又不过来选，管那么多做什么！"这下把小峰给激怒了，小峰生气地说："你又不是跟我妈谈恋爱，看你左挑一个右挑一个的。再怎么，那也是我妈，就冲你现在这样，还指望你伺候我妈，看来我是瞎眼找错人了……"

李莹在小峰家里又是洗衣服又是做饭的，应该是个很好的女孩子，只是因为数落男友母亲的不是，所以遭到了小峰的不满。的确，将心比心，谁都有父母，母亲的叮嘱是对你的爱，怎么能嫌弃呢？李莹是个好女孩，就是因为说了不合时宜的话，弄得两个人感情出现裂痕，得不偿失呀！如果李莹在回家的路上不是嫌小峰的妈妈唠叨，而是婉转地说："妈妈对我们可真好呀，你真是有一个好妈妈，不过妈妈年纪大了，以后我们的事我们自己来处理，不要让妈妈再操那么多心了，让她也过过舒服的日子吧！"这样的话，男友一定觉得你很贴心，又能够为自己的母亲着想，也会从心里感激你的。

不仅仅是在恋爱这件事上，在工作中能说会道的女人也是很有优势的。

王晴是一位工作经验丰富并且能力也很强的女秘书。招聘她的女经理这样问她："小姐，你长得这么漂亮，学历也高，举止大方优雅，你原来的上司难道不喜欢你吗？"王晴微笑着回答："或许正是由于这个缘故，我才想离开原来的单位。我情愿老板事多累下人，也不想让他们‘情多累美人’。如果我能在您的手下工作，肯定能省掉很多不必要的麻烦。”王晴并没有讲前任上司到底好还是不好，只一句“情多累美人”便使人既同情又爱怜，结果她非常顺利就走上了新的工作岗位。

一个身处职场中的女人，应该始终保持对自己上级的尊敬，不能对别人妄加评论，即使这位上司已成过去时。你当着现在的上级说以前上级的坏话，现在的上级肯定会想，如果你离开这里了势必也会说他的坏话，这就不仅仅是说几句坏话而已，而是透露出一个人的品行了。像王晴这样一句“情多累美人”不仅表明了自己的思想和立场，也不会给以前的上司带来不好的影响，简单的回答让现在的上司对她刮目相看。

能说会道并不一定是要多说，而是要说对。说话谁都会，但是能够说得有技巧，说出来不让人反感，才是真正的会说。会说话的人，能够准确地表达自己心中所想，并用恰到的词汇来修饰；会说话的人，能够把道理有条理地讲出来，不会让别人感到混乱；会说话的人，说起话来轻松自然，任何人都能够很快理解他的意思；会说话的人，是通过说话来表现自己，通过说话来增加别人对自己的好感。

由此可见，提高自己的说话魅力对每个人都是十分重要的。人在醒着的时候，大部分时间都要通过说话来交流，尤其是女人，她们很喜欢聊八卦，聊邻里，也经常被男人嫌弃为“爱唠叨的人”。如果你对自己平时的言语多加注意，该说的说，不该说的不说，说之前想好了再说，时间长了，自然就能练就出一副让人羡慕的嘴皮子。能说会道的女人是生活中的润滑剂，只要尊口一开，任何难题都会迎刃而解，任何不快都会烟消云散！做个能说会道的女人，为自己的魅力加分！

精明女人，谎话也能说得漂亮

说谎，似乎在我们小的时候就被父母和老师定义为不好的行为，诚实才是每个孩子都该拥有的美德，所以在小学课本上，我们学《狼来了》的故事。然而大人们在教育着自己的孩子不要说谎的时候，自己却在编织着一个又一个谎言。

第一次参加家长会，幼儿园的老师说：“你的儿子有多动症，在板凳上连三分钟都坐不了，您最好带他去看看。”

回家的路上，儿子问她老师都说了些什么，她鼻子一酸，差点流下眼泪来。因为全班三十多位小朋友，唯有他表现最差，唯有对他，老师表现出不屑。然而她还是告诉她的儿子：“老师表扬你了，说宝宝原来在板凳上坐不了一分钟，现在能坐三分钟了。其他的妈妈都非常羡慕妈妈，因为全班只有宝宝进步了。”

那天晚上，她儿子破天荒地吃了两碗米饭，并且没让她喂。

儿子上小学了。家长会上，老师说：“全班五十名同学，这次数学考试，你儿子排第四十名，我们怀疑他智力上有障碍，您最好能带他去医院查查。”

回家的路上，她流下了泪。然而，当她回到家里，却对坐在桌前的儿子说：“老师对你充满信心。他说了，你并不是个笨孩子，只要能细心些，会超过你的同桌，这次你的同桌排在第二十一名。”

说这话时，她发现儿子黯淡的眼神一下子充满了神采，沮丧的脸也一下子舒展开来。她甚至发现，儿子温顺得让她吃惊，好像长大了许多。第二天上学，去得比平时都要早。

孩子上了初中，又一次家长会。她坐在儿子的座位上，等着老师点她儿子的名字，因为每次家长会，她儿子的名字在差生的行列中总被点到。然而，这次出乎她的预料，直到家长会结束，她儿子的名字都没被点到。她有些不习惯。临别，她去问老师儿子的情况，老师告诉她：“按你儿子现在的成绩，考重点高中有点儿危险。”

她怀着惊喜的心情走出校门，发现儿子正在等她。路上她扶着儿子的肩膀，心里有一种说不出的甜蜜，她告诉儿子：“班主任对你非常满意，他说了，只要你努力，很有希望考上重点中学。”

高中毕业了。第一批大学录取通知书下达时，学校打电话让她儿子去学校一趟。她有一种预感，她儿子被清华录取了，因为在报考时，她给儿子说过，她相信他有能力考取这所学校。

她儿子从学校回来，把一封印有清华大学招生办公室的特快专递交到她的手里，突然转身跑到自己的房间里哭了起来，边哭边说："妈妈，我知道我不是个聪明的孩子，只有你能欣赏我……"

这时，她悲喜交加，再也按捺不住十几年来的泪水，任它打落在手中的信封上。

从小到大，母亲的谎言伴随着孩子的成长，然而这种谎言，我们却不得不为之动容，正是有了母亲善意的欺骗，才有了孩子愉快的成长和幸福的未来！

母亲的这种欺骗是伟大的爱，也是一种超群的智慧。母亲一次次把别人的轻视、冷漠变幻成鼓励的语言，温暖着孩子的心，沐浴在如此用心良苦的智慧中，弱智的孩子也能成为清华骄子。试想，如果这位母亲每次都告诉孩子真实的情况，恐怕他上完初中都难，孩子幼小的心灵需要呵护，他们需要善意的谎言。

说谎的智慧不仅被人们用在孩子身上，也用到了生活中的方方面面。比如家里发生了什么事，做父母的总是千方百计自己承担，不让在外工作的子女知道，漂泊在外的儿女对家里也总是报喜不报忧；比如一个人得了重症，医生和家人却会告诉他没什么大问题，只要心情好很快就可以痊愈；再比如说朋友新买了一件漂亮的裙子，但很明显不适合她，如果她询问你的意见，你只好撒个小谎说很不错啊。诸如此类的谎言，对别人不会造成任何伤害，相反是为了维持对方的快乐或者双方的感情，这种谎言是一种尊重和理解，它有着神奇的力量。

一个完全诚实的人，我们不能说他不好，只是有时候，太多的实话反而会招来别人的厌恶。

从前，有一个爱说大实话的人，什么事情他都照实说，所以，他不管到哪儿，总是被人赶走。这样，他变得一贫如洗，无处栖身。

最后，他来到一座修道院，指望着能被收容进去。修道院长见过他问明了原因以后，认为应该尊重那些“热爱真理，说实话”的人。于是，把他留在修道院里安顿下来。

修道院里有几头牲口已经不中用了，修道院长想把它们卖掉，可是他不敢派手下的人到集市去，怕他们把卖牲口的钱私藏腰包。于是，他就叫这个人把两头驴和一头骡子牵到集市上去卖。

这人在买主面前只讲实话说：“尾巴断了的这头驴很懒，喜欢躺在稀泥里。有一次，长工们想把它从泥里拽起来，一用劲，拽断了尾巴；这头秃驴特别倔，一步路也不想走，他们就抽它，因为抽得太多，毛都秃了；这头骡子呢，是又老又瘸。如果干得了活儿，修道院长干吗要把它们卖掉啊？”

结果买主们听了这些话就走了。这些话在集市上一传开，谁也不来买这些牲口了。于是，这人到晚上又把它们赶回了修道院。

院长问是怎么回事，这个人将他在集市上说的话又说了一遍。修道院长发着火对这人说：“朋友，那些把你赶走的人是对的。不应该留你这样的人！我虽然喜欢实话，可是，我却不喜欢那些跟我的腰包作对的实话！所以，老兄，你滚开吧！你爱上哪儿就上哪儿去吧！”

这样说实话的人只能被人嫌弃，他虽然说的是实话，却给别人的利益带来了损失，没有人会喜欢这样的人。年轻的女孩往往没有太多社会经验，单纯到如上面的人一般，心里想什么就说什么。这样的女孩子要多向第一个故事中善良的母亲学习，善意的谎言一定比满口伤人的大实话更讨人喜欢。

二十几岁的女孩子，或许还没有成家，还没有为人母的体验，然而学会适当地说一些善意的谎言也是非常有必要的。如果你的恋人生活上有烦恼，你的智慧式谎言可以让他重新燃起希望之火；如果你的朋友陷入迷途，编个无伤大雅的小谎，也许能把他带回正常生活；同性之间玩耍，善意的夸奖可以增加彼此的好感。说谎的确是一种智慧，功利性、伤害性的谎言会导致感情破裂，而善意的谎言则能够帮助人更好地生活。

聪明的女人擅用智慧，也要学会巧妙地说谎。活着就是要带给别人快乐，如果为了别人的幸福而动用一下你的智慧，说一些没有伤害性的谎言，相信对方不仅不会怪你，还会很感激你，因为他知道你在用谎言保护他！

委婉女人，说话用点暗示语

在我们生活的社会中，总会遇到一些不平之事，而我们却无法直言不讳；总会遇到一些贪婪无耻之人，而我们又不可大胆批评；总会有一些我们左右为难的时候，让你的话说也不是，不说也不是，该怎么办呢？暗示语，是一种巧妙的表达方式，在不会给自己带来麻烦、也不会伤害别人的前提下，采用隐晦、含蓄的语言给别人提个醒，表达出自己的不满和意见，是非常好用而又富有智慧的说话方式。

暗示语可以分很多种，一般女孩子最喜欢用这样的语言，既不伤害朋友间的情谊，又能充分表达自己的想法。当然也有很多女士喜欢用“指桑骂槐”的表达方式，但是一提到“骂”字自然有些不雅的，这只能说是使用“暗示语”的初级阶段，想要灵活运用，还要多加学习。

从前有个富翁，虽然很富有，但是却吝啬到了极点。有一天正在吃饭的时候，正好有客人来访。于是他把客人留在客厅里，自己却偷偷地溜到里面去吃饭。客人实在无法忍受他这副待客的嘴脸，便故意大声地说：“呀，可惜了的，好好一座厅堂，许多梁柱却被蛀虫蛀坏了！”

主人在里面听到后慌忙跑出来，问道：“蛀虫在哪儿呢？我怎么看不见？”

客人两眼朝他身上打量一番，说道：“它在里面吃，外面怎么会知道？”

这位客人的暗示语用得真是恰到好处，表面上说蛀虫，却暗指主人吝

啬，主人心知肚明，但却不好发作。这话里有话的说法，往往是说话者故意在言语中暗藏玄机，所强调的并不是表面上说的意思，而是另有所指。女士们若在生活中能将暗示语加以充分利用，一定会使生活变得更加和谐、美满，说不定还能在工作上帮到你。

伯特是美国的一个推销员，有一次他需要推销出去的是一套足可以供一座四十层办公大楼使用的空调设备，但是他跟建设公司谈判了几个月都还没有谈判成功，而最终能决定是否购买的权力，掌握在公司的董事会手中。

有一天董事会通知伯特，要求他再一次给各位董事介绍这套空调系统。伯特勉强打起一些精神，把讲了不知多少遍的话又说了一遍。董事们的反应非常冷淡，还连珠炮似的问了一堆问题，以外行话问内行人，好像故意想刁难他一下。

伯特真是心急如焚啊，眼看着自己这几个月的心血马上要化为乌有了，他急出了一身的汗。就在这个时候，他灵机一动想到了用“热”这个妙招。他不再从正面回答董事们所提的问题，而是自然而然地转移了话题。他神情自若地说：“唉！今天天气真的是很热啊，我可以脱下外衣吗？”说完，他还把手帕拿出来，煞有其事地擦拭着额头上渗出的汗珠。

他所说的话和擦汗的动作立即引起了各位董事的连锁反应，也许这是一种心理上的暗示作用吧，董事们仿佛也一下子感到天气很闷热，于是一个个地脱下了外衣，又一个个地掏出手帕擦汗。

正是在这个时候，一位董事开始抱怨了：“这房间里没有空调，真是闷死人了。”这样一来，董事们也不需要伯特推销介绍了，竟主动考虑起关于空调的购买问题来。简直令人不可思议，拖了几个月之久的生意，居然在短短十分钟之内取得了突破性的进展。

在伯特的言语中，虽然没有一语双关，也没有暗含的意思，但是却起到了暗示的作用，从而为自己赢得了生意的成功。究其原因，关键就在于伯特抓住了他所推销的“空调”和“天气热”之间的连带关系，恰到好处地利用了自己身处的环境，把自己对热的感受传达给在座的董事，并用语言加剧大家对热的感觉，无形之中增强了他说话的可信度。这种暗示的巧妙性如果运用得当，比话中有话更加成功和有效。

经常会看到电视剧中有这样的情节：几位富家太太一起打麻将，为了显示自己的富有和品位，常常满身珠光宝气，在抓牌的时候特意把手指翘得高高的，什么意思呢？就是为了让其他的太太看到自己硕大的宝石戒指；还有的成心把东西扔到地上再捡起来，嘴里还嚷嚷着“哎呀，把我的鞋子都弄脏了”，为的就是让别人注意自己今天穿的名牌鞋子。这样的情景在女人之间非常常见，其实这就是最基本的暗示行为和暗示语言。

当然，如果女人只把这种智慧用在与同性的攀比上，是非常肤浅的。如果为了生活的和谐、孩子的成长，多使用这种表达方法，还是很有必要的。一般三十岁以下的女士孩子都很小，有的挑食厌食，有的淘气捣蛋，这时你就可以运用暗示的方法来激励孩子：“宝贝，你知道爸爸为什么长得那么高吗？那是因为爸爸非常喜欢吃胡萝卜！”或者“你看隔壁的小明多乖，你们是好朋友，应该向他学习对不对？”这样的暗示要比打骂孩子来得实用得多。

不仅如此，有时候暗示语还可以帮助你渡过难关和尴尬。

有一次，蒲松龄到王大官人家去做客，他被众人推到了上座，可是王大官人的独眼管家却从下席开始斟酒，显然是有意冷落蒲松龄。王大官人也想捉弄他，于是端起酒杯示意蒲松龄道：“蒲先生，喝呀！”

蒲松龄端坐不动，他笑着说：“诸位先别急着喝酒，我先说个笑话给大家助助兴。在我出门来这里之前，碰到内人正在用针缝衣服，于是我就以针为题即兴做了一首诗，现在诵给大家听听：‘一头尖尖一头扁，扁间只有一只眼。独眼只把衣裳认，听凭主人来使唤。’”大家一听，都齐刷刷地朝独眼管家看去，众人极力强忍笑意，而后大声叫好。王大官人及其管家被这样的情形搞得狼狈不堪。

蒲松龄借用针的形象，对想为难自己的王大官人及其仆人进行了尖锐犀利的讽刺，维护自己尊严的同时还让捉弄自己的人“搬起石头砸了自己的脚”。

面对如此有心机又不诚恳的人，我们也没必要客气，用暗示语狠狠地鞭笞他一顿，他也只能暗自吃亏，不敢与你争执。聪明的蒲松龄非常值得我们学习，人与人之间的沟通不可能全无障碍，说话做事一定要注意分寸，偶尔用用暗示语，既能显示你的智慧，也不会引起正面冲突，在不违背自己原则的情况下，使自己从容脱困，真是妙得很。

含蓄的表达方式和暗示语，是我们生活中不可缺少的语言技巧，女人学会它，会使生活更加有趣，会使自己更有内涵，会使家庭更加美满，会使友情更加亲密，就像有些植物不喜欢太阳光直射，就要用遮光的东西挡一挡，对于不适合直言的场合，暗示一下，结果会更妙！

智慧女人，从不吝啬赞美之言

中国有句老话说“士为知己者死，女为悦己者容”，意思是说男人愿意为了了解自己的人献出生命，而女人会为了欣赏自己的人而开心打扮。这也正像美国著名女企业家玛丽凯曾经说过的：“世界上有两件东西比金钱和性更为人们所需要，那就是认可与赞美。”

赞美是一种语言艺术，它可以帮助我们赢得事业的成功和生活的幸福。赞美不仅能改善人际关系，也能影响一个人的精神面貌和情感状态。赞美是对他人的高度肯定，是使生活快乐美好的法宝。一个懂得赞美的人，会得到别人的宽容和谅解，也会使自己的事业蒸蒸日上。

理发师傅带了个徒弟。徒弟学艺3个月后，这天正式上岗，他给第一位顾客理完发，顾客照照镜子说：“头发留得太长。”徒弟不语。

师傅在一旁笑着解释：“头发长，使您显得含蓄，这叫藏而不露，很符合您的身份。”顾客听罢，高兴而去。

徒弟给第二位顾客理完发，顾客照照镜子说：“头发剪得太短。”徒弟无语。

师傅笑着解释：“头发短，使您显得精神、朴实、厚道，让人感到亲切。”顾客听了，欣喜而去。

徒弟给第三位顾客理完发，顾客一边交钱一边笑道：“花时间挺长的。”徒弟无言。

师傅笑着解释：“为‘首脑’多花点时间很有必要，您没听说：进门苍头秀士，出门白面书生？”顾客听罢，大笑而去。

徒弟给第四位顾客理完发，顾客一边付款一边笑道：“动作挺利索，20分钟就解决问题。”徒弟不知所措，沉默不语。

师傅笑着抢答：“如今，时间就是金钱，‘顶上功夫’速战速决，为您赢得了时间和金钱，您何乐而不为？”顾客听了，欢笑告辞。

晚上打烊，徒弟怯怯地问师傅：“您为什么处处替我说话？反过来，我没一次做对过。”

师傅宽厚地笑道：“不错，每一件事都包含着两重性，有对有错，有利有弊。我之所以在顾客面前鼓励你，作用有二：对顾客来说，是讨人家喜欢，因为谁都爱听吉言；对你而言，既是鼓励又是鞭策，因为万事开头难，我希望你以后把活做得更加漂亮。”

徒弟很受感动，从此，他越发刻苦学艺，技艺日益精湛。

这是语言的魅力，也是赞美的妙处。任何缺点有了语言的修饰都不再是缺点，任何不愉快加上赞美的调和都会变成自在舒畅。有人说：“赞扬能使羸弱的躯体变得强壮，能给恐惧的内心以平静和信赖，能让受伤的神经得到休息和力量，能给身处逆境的人以务求成功的决心。” 是的，恰当的赞美对于人们的生活就是如此重要。

纵观中国历史，哪个帝王身边没有谄媚的小人，哪个朝代没有凭借溜须拍马而平步青云的人？这就充分说明，人都是喜欢被赞美的，而且越是位高权重的人越是如此。清朝乾隆年间，有一位家产富可敌国的大学士名叫和珅，这个和珅虽不会治国统军，也无甚功业，但却特别擅长于揣摩帝意，迎合君旨，很讨皇上欢心。这里当然不是教大家谄媚逢迎、阿谀拍马之术，只是渴望得到赞美是人性中根深蒂固的本性，不仅男人喜欢被讨好，女人更喜欢被称赞。对于情感丰富的女性而言，赞美是她们生活中不

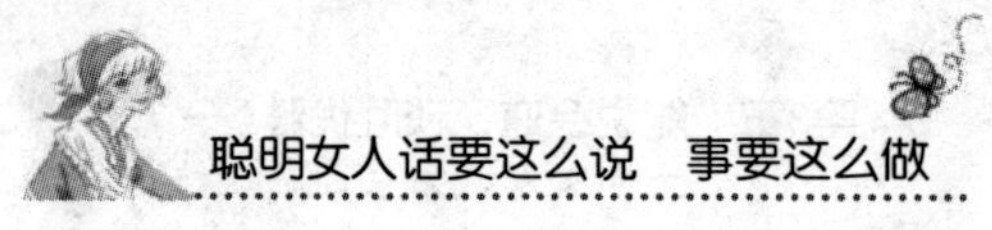

可缺少的调味剂，一句漫不经心的夸奖，可能在女性心中持久弥留，不过分地说，女人就是为了得到赞美而活着。

有一位律师，有一天和太太驾车到长岛去拜访几个亲友。太太留他陪一位老姑妈聊天，自己则到别处去见几个年轻亲戚。由于这位律师不久要发表演讲，演讲的题目是《如何运用赞赏原则》，于是他觉得不妨以这位老姑妈为对象，体验一下使用的效果。他环顾四周，看看有什么值得称赞的。

“这幢房子是在1890年建造的吧？”他问道。

“是的。”老姑妈回答：“正是那年建造的。”

“这使我想起我们以前的老房子，那房子很漂亮，盖得很好，有很多房间。现在已经很少有这种房子了。”律师说道。

“你说得很对。”老姑妈表示同意，“现在年轻的一代，已经不在乎房子漂不漂亮了。他们只要那种小公寓就够了，然后开着车子到处跑。”

“这是一幢像梦一般的房子。”老姑妈的声音因回忆而颤抖了。“这是一幢用爱造成的房子。我的丈夫和我梦想了好几年，我们没有请建筑师，这完全是我们自己设计的。”

她带着这位律师到处参观，律师也真诚地发出赞美。室内有很多漂亮的陈设，都是她四处旅行搜集来的——小毛毯、老式的英国茶具、有名的英国威奇伍瓷器、法国床和椅子、意大利图画及曾经挂在法国一座城堡里的丝质窗幔。

看完了房子，老姑妈带领这位律师到车库去。那里停着一辆几乎没使用过的别克车。“这是我丈夫去世前没多久买给我的。”她轻声说道：“他死后，我就没有动过它，你懂得鉴赏好东西，我就把它送给你吧！”……

每个人都需要赞美，老人也一样，很多老人因为年纪大了，与外界接触的机会就少了，不被别人嘲笑是累赘已是庆幸，更何况得到赞美呢，想都不敢想了。然而越是这样，我们越应该给予她们更多的关爱和赞美。

在女性体会到赞美的快乐的同时，也要学会赞美别人。年轻的女士要学会真诚地赞美别人，才能维持友谊的长久、感情的火热和亲情的温暖。赞美的言语就像春风，可以吹化冬雪，能够融解种种摩擦和不快。在家庭中适当地赞美对方，是婚姻长久的保障。

人人都需要赞扬，学会真诚地赞扬别人就如同掌握了幸运的法术，学会真诚地赞美别人，你就拥有了每个人都需要的东西，你就是大家所需要的人，你也便有了自己的价值！

魅力女人，巧用幽默话为自己增彩

有人这样说：幽默是一切智慧的光芒，照耀在古今哲人的灵性中间。凡有幽默的素养者，都是聪敏颖悟的。他们会用幽默手腕解决一切困难问题，而把每一件事安排得从容不迫、恰到好处。

懂得幽默的人是会享受生活的人，他们总是在欢声笑语中化解尴尬，保全自己。幽默就像是生活的润滑剂，在你遇到矛盾、不安时滴上两滴，立刻就可以让气氛愉快起来。懂得幽默的人有着宽宏的度量，他们用智慧来对待敌人而不是恶语相向；懂得幽默的人从骨子里透出聪明和高贵，他们创造笑声、抵制不快；幽默是一种艺术，是一种乐观积极的处世方式和豁达的人生态度。

俗话说，女人是世界的半边天，女性的魅力是有目共睹的，但是女性幽默的能力却是有待提升的。年轻的女子总是希望自己的另一半幽默而富有智慧，年轻的女子总是在异性的幽默中莞尔一笑，表示认可，然而幽默并非男性专属，女人学会幽默才会更有魅力。

1.幽默是一种智慧，可以帮你化解窘境

大学士纪晓岚也是著名的雄辩家，颇受乾隆皇帝的赏识和重用。

一次，乾隆皇帝想跟纪晓岚开个玩笑，于是便问纪晓岚：

“纪爱卿，‘忠孝’二字该怎么解释呢？”

纪晓岚答道：“君要臣死，臣不得不死，是为忠；父要子亡，子不得不亡，是为孝。”乾隆立刻说：“好，那么朕要你现在就去死。”

“臣领旨谢恩！”

乾隆说完就后悔了，怎么能够拿臣子的性命开玩笑呢？他感到自己有些草率，但自己又是金口玉言，说出去的话就是泼出去的水，不能收回了，况且边上还有许多大臣呢，非要收回旨意会很没面子的。

纪晓岚磕头领旨谢恩，然后匆匆跑到后堂。不久，只见他全身湿淋淋地回到乾隆皇帝跟前。

乾隆惊讶地问道：

“纪爱卿怎么没有死？”

“我遇到了屈原，他不让我死。”

“此话怎讲？”

“我到了河边，刚要往下跳，看到屈原从水里向我走来，他说：‘纪晓岚，你这样的举动真是大错特错呀！当年楚王昏庸，我才不得不跳江自杀，现在的皇上如此圣明，你为什么还要去死呢？你还是赶紧回去吧！’”

乾隆听后，放声大笑，就免了纪晓岚的死罪。

“幽默是一种优美的、健康的品质”，“幽默也是一种修养，一门知识”，这话说得非常贴切。纪晓岚的聪明才智和超人的口才在他的幽默中表现得淋漓尽致。在日常生活中，女士们不放效仿一下纪晓岚，在你陷入僵局、左右为难的时候，找个幽默的借口推搪一下，不仅可以马上化解尴尬，还可以为自己赢得掌声。

2.夸张，是女人最擅用的幽默手段

经常会听到女士这样说：“哎呀，疼死啦”，“这件衣服太贵啦”，“太漂亮了，简直没治了”等，这些话中的“死”、“没治”都是夸张的用法。用夸张的幽默方式，会使人变得爽朗，不再斤斤计较，从而可以有效地训练自己细微的观察力，找到生活中值得发现和凸显的问题。

马克·吐温有一次坐火车到一所大学讲课。因为离讲课的时间已经不多，他十分着急，可火车却开得很慢，于是他想出了一个发泄怨气的办法。当列车员过来查票时，马克·吐温故意递给他一张儿童票。列车员一看，说：“您真有趣，看不出您还是个孩子哩。”马克·吐温说：“我现在已经不是孩子了，但我买火车票时还是孩子，因为火车开得实在太慢了。”

马克·吐温的幽默就是运用了夸大其实的手法，不仅表达出了自己对火车速度慢强烈的不满，还使对方感觉不到被批评的压力，是一种非常聪明的做法。

3.自嘲，化解矛盾

在生活中会遇到各种各样的人际关系，同事关系、朋友关系、夫妻关系、长辈与晚辈的关系、亲戚关系、上下级关系等，如果这些关系中一旦出现了某些难以解决的问题，肯定会伤害到一方的感情，使用自嘲的方法就可以顺利度过这样的困境。主动开自己的玩笑，是需要很大的度量和勇气的，这也是世人公认的最幽默的方式。

有一个非常幽默的人，某一天与另外一个人争吵起来，对方说：“你怎么不讲理呢？”“我本来就没理，还怎么跟你讲理？”一场战争在他幽默的自嘲中顿时和解。这种自我解嘲的方式，其实是变相地承认自己的错误，不仅幽默，而且能拉近双方的距离，使自己和别人很快打成一片。这与把自己的快乐建筑在别人的痛苦之上的人是完全相反的。

在现实生活中，男人往往是好面子的，而女人在和自己的老公、男朋友吵架时，往往喜欢采用纠缠到底、蛮不讲理的霸道做法，这样一来，男方肯定不愿意先服软，如果此时，女方能够用自嘲的方法首先表明和解的态度，男方肯定会很乐意停战，并且对你的机智和幽默大加赞赏。

这就是幽默，它是一种高雅的艺术，只有在聪明人手中才能发挥出愉悦的效果；幽默，不是简单的逗别人笑，而是在危急关头偷偷地救自己于水火之中的法宝。幽默的好处数不胜数。女人要学会运用幽默，擅长使用幽默的女人必然是有内涵的、高雅、有智慧的。让生活中多一些幽默，少几分悲伤，让微笑永远挂在每个女人的脸庞。幽默，不是让你笑，而是让你快乐！

第4章　细心交流，躲开雷区

——聪明女人动嘴前先动脑

聪明女人，勿逞口舌之快

有个电视剧叫《快嘴李翠莲的故事》，讲的是一个叫做李翠莲的小姑娘，口齿伶俐，心直口快，虽然能言善辩，但也常常因此而得罪人。虽然她只是电视剧中的一个人物，在现实生活中却也不少见，很多女孩子都是如此，行事作风大方爽朗，就是嘴上把持不住，一个不小心就可能把朋友得罪光了。

俗话说“打人不打脸，揭人不揭短”，每个人都有自己的短处和隐私，任何人都不能仗着自己和他是好朋友，就肆无忌惮大加评论，更不能在众人面前揭人伤疤。如果遇上像朱元璋这般的人，你的口无遮拦和只求自己痛快的说话方式可能会把你送上断头台。

明太祖朱元璋出身贫寒，做了皇帝后自然少不了有昔日的穷哥们儿到京城找他。这些人满以为朱元璋会念在昔日共同受罪的情分上，给他们封个一官半职，谁知朱元璋最忌讳别人揭他的老底，因为那样会有损自己的威信，因此对来访者大都拒而不见。

有位朱元璋儿时一块光屁股长大的好友，千里迢迢从老家凤阳赶到南京，几经周折总算进了皇宫。一见面，这位老兄便当着文武百官大叫大嚷起来："哎呀，朱老四，你当了皇帝可真威风呀！还认得我吗？当年咱俩可是一块儿光着屁股玩耍，你干了坏事总是让我替你挨打。记得有一次咱俩一块偷豆子吃，背着大人用破瓦罐煮，豆还没煮熟你就先抢起来，结果把瓦罐都打烂了，豆子撒了一地。你吃得太急，豆子卡在嗓子眼儿还是我帮你弄出来的。怎么，不记得啦！"

这位老兄还在那儿喋喋不休唠叨个没完，宝座上的朱元璋再也坐不住了，心想此人太不知趣，居然当着文武百官的面揭我的短处，让我这个当皇帝的脸往哪儿搁。盛怒之下，朱元璋下令把这个穷哥们儿杀了。

虽然在现代社会，因为一两句不好听的话不会引来杀身之祸，但是如果像上面那位老兄一样专拣别人不爱听的说，早晚会把自己陷入困境的。这样的人，说话不经思考，想到什么说什么，也不管对方是朋友还是恋人，是长辈还是亲友，总之自己先痛快了再说，这就是典型的把自己的快乐建立在别人的痛苦之上的人。

在待人处世中，场面话谁都会说，但并不是谁都能说好，一句不经心的话就可能触到对方的隐私或伤痛。所以，年轻的女士们在朋友聚会或是与人交往时，一定要注意语言美，首先对别人有起码的尊重，不要去评论和传播别人的是非。捕风捉影、东家长李家短是很多女人最喜欢的，可是这种女人也是大家讨厌的女人，无事生非、逞口舌之快不仅有损自己的形象，也会阻碍自己的仕途和人际关系发展。所以，女士们一定要管好自己的嘴巴，以免祸从口出，落得下面这个人的后果。

在春秋时期，越国有一个人大摆筵席，宴请宾客。时近中午，还有几个人未到。他自言自语地说："该来的怎么还不来？"

听到这话，有些客人心想："该来的还不来，那么我是不该来了？"于是找个借口起身告辞而去。

这个人很后悔自己说错了话，连忙解释说："不该走的怎么走了？"

其他的客人心想："不该走的走了，看来我是该走的！"也纷纷起身告辞而去，最后只剩下一位多年的好友。好友责怪他说："你看你，真不会说话，把客人都气走了。"

那人辩解说：“我说的不是他们。”

好友一听这话，顿时心头火起：“不是他们！那只能是我了！”于是长叹了一口气，也走了。

这个人说话简直颠三倒四，自己请客吃饭，却连一句话都表述不清，最后连最好的朋友都离开了自己。在日常交往中，与人谈话本来是很愉快的事，但是如果在特殊的环境中说一些含糊不清的话，就很容易被人误解，这样的结果适得其反，还不如不说的好。

一些女士经常喜欢说这样的话“笨蛋，一点小事都做不好！”，“还愣着干吗？没长眼睛吗？”或是“你这身行头从哪捡来的啊？”等等，这样的语言明显带有责备和嘲讽的口气，对方听了会感到非常不舒服。或许你会说自己只是无心之举，只是习惯这样说话了，那我只能告诉你，这样的习惯害人害己，还是赶快改正吧！

同样是说话，小锦辞客的方法就很委婉，非常值得学习。

有一回，小锦家里来了一位客人，坐在客厅里一直聊，很长时间都没有离去的意思。

小锦还有其他事要做，屡次暗示客人，但那客人却“执迷不悟”。无奈之下，小锦心生一计，对他说：“我家的月季开得正旺，我们到园子里去看看吧？”

客人欣然而起，于是小锦陪他到花园里去赏花。

看完后，小锦趁机说：“还去坐坐吗？”

这时，客人看看天色，恍然大悟，连忙说道：“不了不了，我该回家了，不然会错过末班车的。”

像小锦这种说话方式，就是既照顾了他人的感受，又达到了自己的目的，是很聪明的做法。如果小锦在屡次暗示客人失败之后，就口无遮拦地对客人下逐客令，肯定会使客人非常难堪，下次决计不敢再来了。

女士们，如果你在待客的时候，碰到这样的情况，是不是也可以运用这样的好方法呢？如果你真的不小心说了伤人的话，就要在你意识到的时候第一时间去向对方道歉，并且大声地说出自己的懊恼和悔恨。多数情况

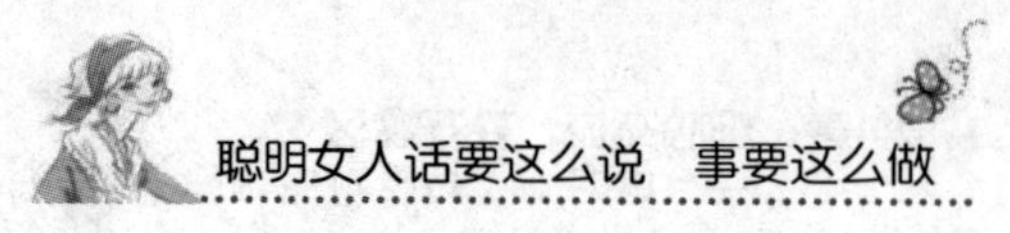

下，别人不会那么得理不饶人，还是会原谅你的。但是如果你屡屡发生这样的行为，那么恐怕大家会视你如瘟神，敬而远之了。

女人的话不能说得太直接

职场上的人们，最害怕被批评，而这样的批评中，最害怕的就是被和自己同级的人批评。被别人批评意味着自己的工作能力不如别人强，是别人对自己的一种否定。当然，被自己的老板批评就没有那么难以接受。因此，同事之间在讨论工作上的事情时应该注意自己说话的方式以及语气，不能说得太过直接，这样会伤害同事的自尊心，破坏自己与同事之间的友谊。应该尽量委婉地将自己的意见表达出来，不致伤害到他人。

有的人说话就是太直接了，只顾自己说话时的感受，而不去考虑听话人的感受，这样的说话方式是最不讨人喜欢的方式。

晓芳是一家公司的销售经理，她的工作与公司客服部有着密切的联系，最近客服部的工作态度以及工作效率令人极不满意。对此，在公司的例会上她就对客服部的工作提出了自己的意见。但是，晓芳说话的方式太直接，她本来是对客服部提出意见的，后来就变成了她要求客服部按照她想要的方式去处理事情。她的说法客服部的人听不进去，老板将她的这种意见也当成是对客服部宣泄不满情绪的一种方式，对客服部也进行了批评教育，而且批评得很严厉。

在这之后，客服部的人在工作中就不再像以前那样配合她了，对她也产生了一些抵制情绪。由于少了客服部的配合，晓芳在工作中也没有以前那么得心应手了，工作变得困难重重。但是，晓芳还不知道客服部的人为什么会变成现在这个样子，难道只是因为自己提出的让他们改善工作状态的意见吗？其实晓芳自己认为的“意见”，在他人看来却是“投诉”。这两者是有极大区别的。

晓芳就是因为说话太直接，造成了自己工作上的尴尬，工作无法顺利进行，得不到同事们的配合。如果晓芳当时将自己的意见用较为委婉的话表达出来，那么现在也就不至于让自己陷入这尴尬的境地。

绝大多数人都是好面子的，你对他人的批评，说得太直接会伤到他人的面子，这样他会对你产生反感。话说得太直接只会伤害自己和他人之间的友谊，对自己的工作与生活都是没有好处的，这是应该注意的问题。

小张和小赵是大学同学，同时去一家大公司应聘，并且同时被该公司的市场部录取，并在同一领导手下工作。两个人的工作能力以及在公司的表现都很好，几年以后，两人都成了该公司的骨干员工。

但是，两个人的处事风格却完全不同，当领导的决策出现问题的时候，小张总是立刻就作出反应，直言不讳地将领导的错误指出来。而当遇到领导安排的事情有明显错误的情况下还会按照自己的做事风格，不去接受领导给予自己的工作任务。

小赵的办事态度就和小张完全不同，小赵在领导的决策有问题的情况下，不会像小张一样，将领导的错误直接指出来，而是私下找机会和领导单独说，如果将自己的观点说给领导听了之后，领导还是坚持自己的观点，那他也会认真地去完成自己的任务。即使这个任务真的有问题，她也会帮助领导承担另一份属于自己的责任。

于是，在几年之后，领导即将升职，在给自己挑选接班人的时候，他毫不犹豫地选择了小赵。

小张将自己的看法毫无保留地、直接地说给领导听，但是，她没有注意到保留领导的面子，而且有些话也是不适合直接说的。而小赵采取的处事方式和小张完全不一样，这样既让领导知道了她的意思，又保留了领导的面子，自然会受到领导的重用。

心理学家约尔·韦德博士说："给男人提供一个直接明了的约会暗示和可能的约会日期暗示，比给男性发出间接的非语言信号，让他们去猜测更好。"这只能说在恋爱中，说话直接的女性更容易成功。但是，身处职场的女性如果也这样直接地说话做事，那只会伤害到别人，还会使自己处于尴尬境地，不利于自己的职场生存。

说话太直接对自己没有好处，聪明的女人应该动嘴之前先动脑，“三思而后行”。

开玩笑也要注意分寸

有时候形容女人会用“刀子嘴豆腐心”来比喻，这说明嘴巴虽然是用来说话的，但是却能够产生刀子的效果，伤人于无形。虽然说“刀子嘴豆腐心”的女人本质上是好的，心是善良的，却不免让自己经常处于落人白眼的位置，伤人也不利己。

菲儿和菁菁是一对形影不离的好朋友，两人私底下无话不谈。在一次同学聚会上，菲儿一时兴起，嘴上便少了个把门的，笑着对大家讲了菁菁暗恋班上某男生的事，而那位男生已经有了女朋友，当时也都在场，一时间，弄得菁菁很尴尬，下不了台，气得哭着跑开了。

像菲儿这样一时兴起便“口不择言”或者明明知道说出来不好，为了显示自己知道的比别人多、消息比别人灵通便不吐不快的女人，总是管不住自己的嘴巴，在给别人带来痛苦的同时，也破坏了友谊。

我们在与人交谈和交往中，应当尊重他人，讲究语言美，而不是自以为是，出言不逊，要以诚待人，与人为善，不要打听别人的隐私，评论他人的是是非非，不要无事生非，捕风捉影，也不要东家长李家短，说话要有事实根据，不能听风就是雨，左右摇摆。如果满嘴污言秽语，不但伤人，而且有损自身形象，迟早会被别人憎恨和报复。所以，在日常的社交活动中，每说一句话之前，都要考虑一下你要说的话是否合适，不要口无遮拦，想说什么就说什么。人生的经验告诉我们，一定要管住自己的嘴巴，否则很容易祸从口出。

说话简单，但是要做到说话中听、不让人反感，却是需要很大技巧的。一个受人喜欢的人，别人夸奖他往往说这个人会说话。可见，会说话不仅是一个人的优点，还是对一个人为人处世有方法不莽撞的褒奖。你脱口而出的一句话，虽然短短几个字，别人听来却可能暗含他意，尤其是女性之间说话，更容易产生不明的误解。一方面因为女人本身就敏感多疑，另一方面话中有话是很多女人喜欢使用的把戏，这样与人交谈，未免太累了。

景女士每年都会受邀参加某单位的论文评审工作，这个工作在当地非常具有荣誉感，很多人想参加却找不到门路，多数人只参加一两次，就再也没有机会了！景女士年年有此“殊荣”，让大家都羡慕不已。

景女士在年届退休时，有人问她其中的奥秘，景女士微笑着讲述了奥妙所在。她说：自己的专业眼光并不是关键，本身的职位也不重要，她之所以能年年被邀请，是因为她很会给别人“面子”。

景女士在公开的评审会议上一定把握一个原则——多称赞，少批评。但会议结束之后，她会找来论文的作者，私下再告诉作者论文的真正缺点。

虽然论文有先后名次，但每位作者都保住了面子。也正是因为景女士顾虑到了别人的面子，承办该项业务的人员和各个论文的作者，都很尊敬与喜欢她，当然也就每年找她来当评审了。

在大庭广众之下给人留面子，对于景女士来说只是多说几句好话、少说几句话坏的简单事，但这个细节虽然事小，起到的作用却不一般。

每个人都想掩饰自己的缺点，发扬自己的优点，女人更是如此。女人应该是最了解女人的，何不在语言上多加修饰一番，话没说出口之前稍微停顿一下，自己先咀嚼咀嚼，若是别人这样说你，你会怎样反应，设身处地地为别人着想，你也会成为像景女士那样受人欢迎和尊敬的人。

别给自己制造沟通的障碍

沟通其实是一件很容易的事情，但是就是这样一件很容易的事情，给人们造成了诸多不便。这种现象的产生主要是由于人们的沟通方式造成的，现代人往往采用高科技的沟通手段，而忽略了人与人之间最简单的沟通方式。高科技的沟通方式使用起来很简单，也会给人们的交往留下痕迹，可是运用这样的沟通方式太久，会使人们渐渐失去说话的能力，越来越不会说话。

沟通的障碍有很多方面的造成因素，但是其中应该避免的就是自身的因素，也就是人们常说的主观因素。

每个人都有自己独特的性格、气质以及见解，这样就决定了沟通过程中主观因素能制约人们的沟通。双方沟通的障碍主要是因为双方的主观意识的差别构成的，这样的主观意识上的差别会造成双方对同一个事情不同的看法，进而有不同的意见，不利于沟通的顺利进行。

每个人的语言表达习惯也是不一样的，这样也能造成与人沟通中的障碍。不要给自己的沟通造成障碍，在和别人的交往中了解自己和对方之间的共同点能帮助自己实现与别人之间交流沟通的顺利进行。

小羊和小狗是好朋友。有一天，小羊请小狗吃饭，他根据自己的口味，给小狗准备了一桌丰盛的鲜嫩青草。结果小狗并没有像小羊想象中的那样吃得津津有味，而只是勉强吃了几口之后就再也吃不下去了。过了几天，小狗想到，小羊请我吃饭了，我也应该请他吃饭，但是，我不能像他那样小气，我一定要拿出我最珍贵的菜肴招待它。于是，小狗准备了在他自己看来最珍贵的菜肴，结果小羊也像小狗上次那样，只是勉强吃了几口之后，再也吃不下去了。

小羊和小狗之间造成这个结果，就是因为小羊和小狗都没有了解到他人的习惯，只是按照自己的习惯来请客。

在沟通中，应该充分了解他人的生活习惯，这样能帮助自己克服以自己的生活习惯决定与他人之间沟通的情况。

美国石油大王洛克菲勒说过一句话：“假如人际沟通能力也是同糖或咖啡一样的商品的话，我愿意付出比太阳底下任何东西都珍贵的价格购买这种能力。”这就说明了沟通的重要作用，但是如果沟通中遇到了障碍，就得不到想要的积极效果，尤其应该注意在沟通中不能自己给自己造成障碍，否则就达不到想要的结果了。

想要和别人顺利地沟通就必须将自己的意思表达清楚，沟通是一门艺术，而掌握这门艺术最重要的方式是在不给自己的沟通制造障碍的情况下，将自己的意思以及想法表达清楚。

小赵大学刚毕业，看见电脑销售业的发展前景很好，因此就找到了几个比较有钱的朋友，希望能得到他们的资助帮助自己实现理想。可是，他的那些朋友见他没有经验也没有钱，而且对自己即将涉足的领域也没有充分的了解与认识，于是不肯帮助他。

对于这样的情况小赵并没有放弃，而是坚持对自己的朋友讲述自己的想法。他说当地人的生活水平得到了提高，买电脑也成了他们的需要，但是当地卖电脑的商家不多，而且服务态度也不好，接着他又向朋友们讲述了自己的详细计划。那几个朋友听了他的讲述之后，觉得很有道理，而且考虑得也很周到，于是就改变了当初不予支持的态度，将钱借给了小赵。

小赵在借到钱之后，开始了自己的创业之路，由于小赵的服务态度好，而且对于专业知识也很了解，在当地得到了较好的口碑。因此销售业绩也不断上升，没过几年就将创业之初所欠的钱全还清了，而且自己的公司也得到了进一步的扩大。

小赵的成功可以说是沟通带来的，小赵掌握了沟通中的艺术，懂得将自己的想法与意思明确地表达出来，这样就避免了沟通中的障碍。

沟通对每个人来说都是重要的。沟通能帮助我们解决自己生活以及工作中的难题，使我们的事业更成功。但是，沟通中的障碍也是应该避免的，尤其要注意的是，尽量避免自己给自己的沟通造成障碍。

女人别让口头禅影响你的形象

口头禅的原意是指有些禅宗和尚只是将禅理放在口头上而不实行的行为，而现在则是指人们常常挂在嘴边的话语。

每个人都有自己的习惯性动作，每个人也都有自己的习惯性语言。这样的习惯性语言与动作，自己很难察觉到，但是别人却很容易发现，也很容易感觉到。

有的时候，你的口头禅甚至会成为别人衡量你的行为的一种重要标准。改变自己的口头禅也可以改变你在别人心里的印象。口头禅应该是积极的，只有这样的口头禅才会让人们对你的印象良好，而那些对于什么事情都持以怀疑态度的口头禅会让自己与他人之间的关系得不到很好的发展，甚至还会影响到自己与他人之间的关系。

恋爱中，你的口头禅也会影响到自己的形象，甚至已经成为恋人之间衡量形象的一种重要标准。

有个男孩的口头禅是“问题不大”，每次自己和自己的女朋友遇到什么事情之后，就会说出这个简单但是又有力度的口头禅。他运用自己的口头禅表达了自己对于某个问题的看法，也让他的女朋友通过他的这句口头禅看见了他的自信以及他的男子气概，从而增进了双方之间的感情。

男孩因为口头禅巩固了自己的感情，同样地，女孩的口头禅也能影响到自己的形象。女孩的口头禅有的时候也能帮助自己改变自己的形象，因为口头禅能暴露出你为人处世的态度。因此，你拥有的口头禅能帮助别人认识你是什么气质的人。

你常常挂在嘴边的口头禅，能帮助人们更好地认识你。即使你的口头禅只是说说而已，但是由于你经常说，就会让别人将你的性格也往你口头禅所表现的那方面想。

不好的口头禅能够影响你的形象，即使你的形象本来不算坏，但是因为你的口头禅不好，也会使你的形象变得不好。口头禅是你内心深处想法的一种外在表现，正因为内心有了这样的想法，外在的表达也就是内心的想法的一种外化。

自己的口头禅是在自己不自觉的时候说出来的，自己也不知道自己有这样那样的口头禅。但是，还是要清楚自己的口头禅是怎样的一句话，不能让粗鄙的口头禅影响了自己的形象。

小毕在与朋友们相处的时候，最常说的一句话就是“你不明白的”。

熟悉她的人都知道这只是她的口头禅，并不是真地认为他人不明白，但是，不熟悉的人就会认为她是一个目中无人的人。有一次小毕和新来的同事说话时，同事说到小毕的策划案很有创意的时候，小毕就说出了自己的口头禅——“这个是你不明白的。”这句话让那位新来的同事大为恼火，认为小毕因为自己的策划案很有创意就目中无人。从此，他对小毕的形象也大打折扣。

新来的同事不了解小毕的性格，也不知道那句话是小毕的口头禅，而将那句话当成是小毕瞧不起自己的证据。而与小毕熟悉的同事们也在多次听到这句话之后，对小毕的形象下降了，不再像以前那样与小毕亲近了。

小毕这样的口头禅就是应该避免的不好的方面，虽然这并不是粗鄙的口头禅，但是，总是将这样的话语挂在嘴边，会影响自己的形象。即使是自己熟悉的朋友，常常听见你的这样的语言也会降低对你的好感。但是，说出这样的口头禅的人，往往都不知道别人为什么会对自己的形象有所改变。由此可见，口头禅会影响自己的形象，不仅表现在恋爱中，在与同事以及朋友之间的关系中也是有所表现的。

口头禅虽然是自己在不自觉的情况下说出来的，甚至自己都不知道自己有这样的口头禅。但是，在意识到自己的口头禅不合适的时候，就应该改变自己的口头禅。常常将一句话挂在嘴边，就会让别人有“你的性格就是这样”的感觉，即使你的性格不是这样的，别人也会因为常常听见你的这样的语言有这样的感觉。其实，无论你的口头禅是什么类型的，都会影响到你的交际，对自己的形象都会有一种不好的影响，是应该尽量避免的说话方式。

女人在交际中更要注意不能有口头禅，因为口头禅都是会影响自己的形象的。不想自己的形象受到影响，就应该尽量避免自己有口头禅。

女人别哪壶不开提哪壶

每个人都有自己不愿意说起的事，也就是那些对于自己来说很敏感的话题以及自身的伤痕。既然自己不愿意提起，当然也就不愿意被别人提起。但是，如果你在与别人的相处过程中总是说到别人的痛处，那么别人也就不会信任你。所以，在与别人说话的时候应该先对对方有一个了解，避免出现哪壶不开提哪壶的现象。

在劝慰别人的时候尤其要注意不能哪壶不开提哪壶，我们在与人交往中应该注意到运用合适的方式将自己与“哪壶不开提哪壶”的人以及这样的做法划清界限。劝慰别人其实就是帮助别人扫除心灵的垃圾，善于劝慰别人的人，就是那些能清醒地认识自己，并且能够明白别人的人。

哪壶不开提哪壶，其实就是由一个民间故事引申来的一句俗语。其意思就是给人沏茶的时候，提凉壶、让人喝凉水。其引申义就是说话做事时说那些不该说的话，做那些不该做的事。

张小姐的朋友得了癌症，已经是晚期了，她去看望朋友的时候对她说道：“你不要多想，好好休息，一定能好起来的。”她的朋友听见她说这些话的时候，脸上的表情就变得十分难看了。这时候，张小姐还没有认识到自己语言上的不妥之处。

其实，张小姐的这句话表面上听起来确实是安慰病人的话，没有什么不妥的地方，但是，病人对自己的病情都是敏感的，听见张小姐这样的话语之后，就会想到自己的病情好像比以前更严重了。

在安慰病人的时候一定要注意把握好说话的分寸，尽量给予病人精神上的安慰与支持。多说说病人在患病之前的事情，这样病人就会暂时忘掉自己的病痛。反之，在安慰对方时强调对方的病会尽快好起来，只会让对方有你“哪壶不开提哪壶”的意思，不但不能安慰病人，还会让病人对你产生厌恶情绪，是应该避免的说话方式。

哪壶不开提哪壶是一种不尊重他人隐私的说话与做事的方式，这样的说话、做事方式不但得不到他人的友谊，还会使自己在他人心里的美好形象受到破坏。想要在与人交往中得到他人的尊重，就必须使自己改变哪壶不开提哪壶的说话方式，尽量地将那壶没有烧开的水烧开。

说话的时候总是哪壶不开提哪壶的人，往往都是那些不善于察言观色的人。他们看不见对方已经变了的脸色，却还在继续他们自以为能引起对方共鸣的话题。这样的人往往在人多的时候也不注意保守对方的秘密，不分场合地将对方的隐私以及对方不愿意说出口的事情说出去。

在与人说话的时候，说到他人的隐私或者是他人的痛处，只会激怒对方，对自己的人际交往没有好处。说话的艺术就是要求我们在说话的时候要尽量地维护他人的尊严与面子，只有这样，自己的人际交往之路才会越走越宽。

第5章　舌绽莲花，巧言表达

——聪明女人不说青涩话

说话稍沉默，偶尔的停顿显示女人内涵

如果说话是一朵热情绽放的娇艳花朵，那沉默就是为它无声奉献的种子；如果说话是顶风而立的挺拔大树，那沉默就是它赖以生存的根须；如果说话是远游四方的坚实巨轮，那沉默就是为它指点方向的舵手；如果说话是风驰电掣的尖锐利箭，那沉默就是它充满力量的弓弦。说话与沉默是相辅相成、情同手足的好兄弟。女人，时而要说话，则需要字斟句酌；时而要沉默，则需要思考等待。女人要学会说话、善于说话，也要学会沉默、善于沉默。

女人在人际交往中，要多听取别人的意见和建议，说话斟酌考虑，不要随便发表议论。听不进别人意见的女人与祸从口出的女人都不会成为笑到最后的胜利者。只有多听慎言，做到凡事心中有数，该说则说，不该说不说，这样女人才能更成熟地做人做事，彰显自己的深度。

古时，曾经有个小国派使臣到我国来进贡了三个一模一样的金人，皇帝十分高兴。但是小国的使臣提出一道难题：这三个一模一样的金人哪个最有价值?

皇帝思考了很久，试了各种办法，还请来能工巧匠仔细检查，称重

量，看做工，都没有发现有任何区别。皇帝十分苦恼，使臣还在宫中等着答案，应该怎么办呢？堂堂一个泱泱大国，如果连这种小事都无法解答，实在有失上邦之仪。最后，一位老大臣想到了方法，解决了这个问题。

使臣被请到大殿参见皇帝，老大臣胸有成竹地拿出三根稻草分别从金人的耳中插入：第一个金人的稻草从它的另一边耳朵出来了；第二个金人的稻草从它的嘴巴里直接掉出来；而第三个金人，稻草进去后掉进了肚中，没有任何响动。老大臣当即说道："第三个金人最有价值！"使臣默默无语，点头称是。

"沉默的性质揭示了一个人的灵魂的性质"是梅特林克的名言。善于沉默的女人消隐在喧闹的大千世界里，世界因而述说了一个好女人难能可贵的内涵。

善于沉默是一个女人思维厚重的积蓄，是离开羞耻、烦躁和厌恶的最佳选择和方式。著名诗人北岛这样表达沉默："也许最后的时刻到了，我没有留下遗嘱，只留下笔，给我的母亲。"鲁迅永载史册的不朽名言如此描述沉默："不在沉默中爆发，就在沉默中死亡。"女人言语之间的沉默是望尽天涯路、独上高楼的无言思量，是女人永不腐朽的存在方式，是平常心的最佳体验。

在纷繁复杂的世界里，在嘈杂喧闹的环境中，能保持一份冷静、一份耐心、一份洞察力、一份宠辱不惊、一份淡泊宁静的女人，注定会收获意想不到的惊喜。

一家享誉世界的知名企业招聘一名处理琐碎敏感事物的高级职员。在面试的时候，前来的大多数应聘者都在高谈阔论，口若悬河，以求获得公司高层及其他员工的钦佩，唯有一位女子一直在喧哗的环境里沉默着。这个女人看上去三十多岁，仪态成熟，举止典雅宁静。

从广播里传出一个微弱的声音：我们想招聘一名有着安静天性以及敏锐观察力的人，听到这个指示的人可以进来拿聘书。这个微乎其微的声音只有她听见了，也只有她拿到了聘书，获得了这个令人羡慕的职位。

这位优雅的女人正是运用沉默才成为了胜利者，其实在我们的生活中这样的故事随处可见，并不是神话传说。正如“大智若愚，大巧若拙”所言，真正有内涵的女人往往是那些嘈杂环境中的沉默者，她们往往会成为最终的胜利者。

在如今浮躁的现实生活中，女人们难免觉得自己也非常厉害，总会看到自己的力量，而忽视他人的优势。她们觉得自己是强大无比的女人，便会有强烈的表演欲，不断地想说话、想炫耀、想展示。殊不知，这恰恰是最惹人讨厌的，人们往往会觉得这类女人毫无内涵可言，真正聪明的女人自然会体会出这其中的浅薄。真正有内涵的女人，会懂得沉默的意义与价值，会懂得字斟句酌的珍贵。

女人在三十多岁时要锻炼好自己的口才，与人交往，善于说话的人总是能占据先机。但信口开河却不是好的榜样，斟酌后的沉默有时更具备无言的力量。女人言辞的沉默绝不是麻木不仁的慵懒，不是拒绝感动与真情的矜持，不是害怕碰撞和承担的躲避，不是讨乖买巧与敷衍的忽略，而是狂放之后的收敛，是豁达之后的冷静，是散淡之时的从容，是浮华之时的内涵。

说话有保留，学会给自己的话留后路

中国有句俗话说：“说话做事留一线，今后好见面。”即不要把事情做绝，不要把话说得不留余地，正所谓凡事留三分，一路有人跟。这犹如女人行走在独木桥上，你倘若不给别人留一定的余地，那被挤下水的有可能就是你。同样，女人说话亦是如此，要留一定的空间给别人，没有空间，你自己便失去了回旋的余地，没有回旋的余地，你的思维就会被缚住从而一事无成，说话留余地是为了自己能更好地发挥。

女人说话要善留余地，要学会总揽全局，从大处着眼、小处着手，在细节上要做到精益求精，尽善尽美，拥有“忍一时风平浪静，让三分海阔天空”的风度和气量，不要把话说绝，免得对方也把自己逼到死墙角里去。

说话留余地，首先要给自己留有余地，比如对于没把握的事情，可以说“我试试看吧”或“我尽量帮你”，不要说“包在我身上”或“一定能办妥”。如果你尽力了但是又没办好，你自己也有退路。其次，要学会给别人留有余地，比如有人要约你，而你不想去，可以说“哎呀，真对不起，我有事”或“等以后有机会吧”，不要说“我不想去”或“不行”。可能你不一定有事，但是你留有余地的拒绝，撒个善意的谎言，可以让对方免于难堪，给对方一个台阶下。否则，就会得罪人，也害了自己。

有一次，王红向李敏借钱，但李敏知道王红借钱不是为了办正事，就不想借给她。李敏说：“真对不住，我最近手头也紧。要不这样吧，我和我丈夫商量一下，看他能不能借点钱给我。”王红当然不好意思这样，就赶紧说：“不用了，不用了，那怎么好意思呢，我到别处想办法吧。”李敏的话就留有余地，让王红能自己下台，不至于尴尬，而自己的意图也得以实现了。

女人说话留有余地是一种善意的说话方式，不等同于圆滑世故、虚伪狡猾之类。因为把话说得不留余地而给自己造成窘境的例子，在现实中比比皆是。这样做的结果，就如把水杯里装满了水，再也不能滴进一滴水，否则就会溢出来一样；亦如把气球充满了气，再充下去就会爆炸一样。

由此看来，在现实生活中，女人应该学会说话留余地，不把话说满、把人逼上绝路。因为凡事总有意外，留有余地，就是为了容纳这些意外，以免自己将来下不了台。

张娟是列车上的产品推销员，她这次推销的是一种新产品——螺旋状的袜子。为了表明这种袜子的透气性，张娟随手拿起一只袜子，对乘客们说：“来帮帮忙，拿住袜子一端，使劲儿拉。”说着，她就和一位乘客对拉起来，袜子的韧性的确很好。

接着，张娟又随手拿起一根长长的针，在拉得绷直的袜子上来回划动，袜子也没有损伤，说："看一看，这种袜子不易抽丝。"紧接着她又拿起打火机，在袜子下面晃动，而袜子也未受到损伤。

在张娟的一番介绍之后，袜子在乘客手中传看。一位乘客有意地拿起针，只是一划就在袜子上划了一个洞，原来如果顺着纹理划不易划破，但并不是划不破。另一位顾客要用打火机烧，急得张娟赶忙补充说："袜子并不是烧不着，我只是证明它的透气性好。"最后大家终于明白了是怎么回事，没有乘客再买袜子了。

张娟的遭遇告诉所有的女人们，在谈话时，尽管是绝对有把握的事，也不要把话说得过于绝对，不留余地，这样容易引起他人的挑刺。与其给别人一个挑刺的借口，不如把话说得委婉一点。同时，如果不把话说得绝对，还可以为自己赢得在更为广阔的空间与对方交流的机会。

有时候你即使与人交恶，也不要口出恶言，更不要说出"情断义绝"、"势不两立"之类过激的话，不管谁对谁错，说话都最好留有余地，以便他日狭路相逢还有个说话的"面子"。女人说话多给他人留余地，其实并不仅仅是为对方考虑、对对方有益，更是为自己考虑、对自己有益，是项双赢的高招。

有道是："十年河东，十年河西。"在突飞猛进的当今时代，人际关系的发展根本不用"十年"便实现了此消彼长的变化，人们相互间更是"低头不见抬头见"。女人中年时如果把话说得太满，将来一旦发生了不利于自己的变化，就难有回旋的余地了。

总之，世间事恰如白云苍狗，变化良多，没有定数，未来更是不可预测，所以不要一下子把话说绝了，把路堵死了，不留余地，这样对自己是百害而无一利。

说话巧把握，女人说话要拿捏住分寸

世间诸事，有成有败，有得有失，而其中三十多岁女人做事成败得

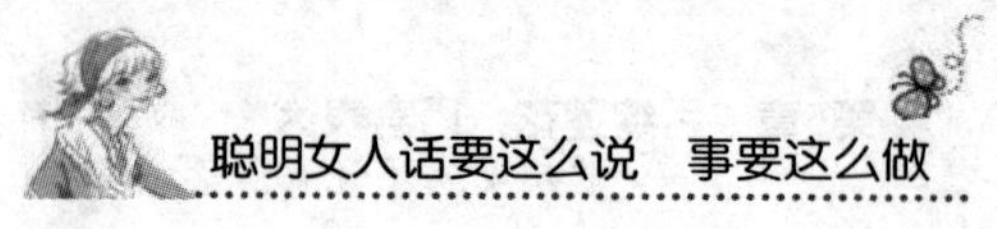

失的关键在于对说话分寸的掌握。说话有分寸要求女人在人际交往中对语言、表情、动作等都要把握一定的度，力求谦恭有礼，得体自然，潇洒大方，同时注意说话的时机和方式。任何夸夸其谈或是词不达意的话语，都会影响相互间的交流。

女人在交际中要注意说话的分寸，尽量做到言语真诚、委婉，该说则说，不该说则应保持缄默，说话的程度及尺度应根据对象和交际目标而定。我国的一句古话叫做“说者无心，听者有意”。有时候，明明只是无心的一句话，却“有意”地伤害到了他人。如此，轻则引起对方的反感，重则为自己引来灾祸。因此，当女人在社会上和他人打交道时，就需要谨言慎行，注意拿捏自己说话的分寸。

一大早就听赵小惠不停地抱怨，“烦死了，烦死了！”一位同事皱皱眉头，不高兴地说着：“本来心情好好的，被你一吵也烦了。”赵小惠是公司的行政助理，工作了好多年，每天的工作都事务繁杂，她觉得很烦。其实，赵小惠性格开朗外向，工作起来认真负责。虽说牢骚满腹，该做的事情，她一点也不曾怠慢。

一天，赵小惠刚交完电话费，财务部的同事就来领胶水，赵小惠不高兴地说：“昨天不是刚来过吗？怎么就你事情多，今儿领这个、明儿领那个的？”抽屉开得噼里啪啦，翻出一个胶棒，往桌子上一扔，“以后东西一起领！”这位同事有些尴尬，又不好说什么，忙赔笑脸：“你看你，每次找人家报销都叫得那么亲热，怎么我一有点事求你，你的话就变难听了呢。”大家正笑着呢，销售部的同事冲进来，原来复印机卡纸了。赵小惠脸上立刻晴转多云，不耐烦地挥挥手：“知道了。烦死了！和你说一百遍了，先填保修单。”单子一甩，“填一下，我去看看。”赵小惠边往外走边嘟囔：“维修部的人都死光了，什么事情都找我！”

赵小惠所在的公司每年末的时候都会选举先进工作者，大家虽然都觉得这种活动老套可笑，暗地里却都希望自己能榜上有名。领导们认为先进非赵小惠莫属，可一看投标，五十多份选票，赵小惠只得12张。有同事私下说：“赵小惠是不错，就是嘴巴太没分寸了。”赵小惠自己很委屈：我累死累活的，却没有人体谅，连个先进也没人选我。

赵小惠的经历说明，女人在说话时要记住：在任何地方和场合都要注重说话的分寸，有时候沉默也是掷地有声的话语。无论你是在探讨学问、接洽生意抑或是交际应酬、娱乐消遣，凡是每一句从你口中说出来的话语，都要做到既有分寸又得体。即使你现在未必能够达到这样至高的境界，也应朝着这个目标去努力。

有俗语道：一言可以兴邦，一言可以乱邦。且不说兴邦还是乱邦，就这句俗话本身而言。就足以说明说话要有分寸的重要性了。女人在说话时，可以不开口的，就尽可能做到三缄其口。嘴边不注意分寸，有很多害处，许多女人也吃过这方面的亏。所以作为女人一定要有“心计”，与人交往要把好口风，什么话能说，什么话不能说，什么话可信，什么话不可信，心里都要有数。

如琳的一位男同事刚新婚不久，随着心情和生活的改变，男同事人渐渐胖起来，和婚前有了很大的差别。一天，如琳和几个同事在一起聊天，大家聊了一会儿，如琳突然对新婚的男同事说：“你怎么搞的，胖成这个样子！”大家听了笑了起来。

谁知，男同事马上变了脸色，一句不吭。等笑他胖的其他女同事走了，他才爆发开来，大声指责如琳说话恶毒，场面一瞬间变得很尴尬，甚至在以后的工作中他也和如琳没有再来往过。

须知，再豁达随和的人也有自尊心，你若搞不清楚他的好恶，说了没有分寸的话，他就算不发作，也会记在心里。人不可能完全了解另一个人，这点女人必须承认，在说话时也要注意。女人注意说话的分寸其实并不难，牢记孔子所说的“言未及之而言谓之躁，言及之而不言谓之隐，未见颜色而言谓之瞽”即可。

在公共话题进行中尽量避免毛躁的性格，你一定要徐徐道来，这才是合适的、恰当的、最有分寸的，才能显示你的修养和智慧。如果随便插话，则剥夺了其他人说话的权利，是不可取的。而轮到你发表意见时，应条理清晰有分寸地进行下去，并灵活运用优雅的肢体语言、活泼俏皮的幽默，如此能给人以自信、干练、聪明的印象，也有利于你未来的人际交往。

说话有分寸还包括在说话中学会看他人脸色，你看看别人希望说什么，你能不能够说出来最合适、最有分寸的话，还需要自己有心理准备，你必须要作一个了解对方的女人。其实朋友之间永远是有顾忌的，不仅仅是朋友，亲人之间都应有所顾忌。每个人都有他生命中的荣耀与伤痛，真正的说话艺术是不断地放大他的自豪，而不去触及他的伤口，这就需要把握谈话的分寸，也需要你有眼色，知道他喜欢什么，不喜欢什么，这不同于投其所好和拍马屁，而是你是否能给朋友和亲人一个宽容友好的氛围，继续沟通下去。

凡事纸上谈兵是行不通的，还需要在实践中历练、积累。这就需要女人把寻“度”、把握“分寸”，当成是日后的事业去看待。

说话懂礼仪，有礼貌的女人更易赢得尊敬

与人相处时，如何说话确实是一门艺术，值得女人细细琢磨。当你需要向他人表达意思时，除了文字、肢体语言外，说话也是一种人际传达工具。如果说话不当、不得体、不礼貌，非常容易在语言上伤害别人，造成人际交往中的不和谐。因此，如何说话、说话的礼貌都是不容忽视的。

女人说话时的态度和语气极为重要，有的女人谈起话来滔滔不绝，绝不容许他人插嘴，把大家都当成自己的学生；有的女人为了充分显示自己的伶牙俐齿，总是喜欢用夸张的语气来说话，甚至夸大其词，危言耸听；有的女人以自己为中心，丝毫不顾他人的喜怒哀乐，成天谈的话题全是显示自己。这些女人常常给人傲慢、放肆、自大、不尊重人的印象，对个人的人际交往百害而无一利。

说话通常是为了与他人沟通思想，要达到这一目的，首先当然必须注

意说话的内容，其次也必须注意说话时声音的轻重，还要在说话时注意保持与对话者的距离。说话时与人保持适当距离也并非完全出于考虑对方能否听清自己的说话，另外还存在一个怎样才更合乎礼貌的问题。从礼仪上说，说话时与对方离得过远，会使对话者误认为你不愿向他表示友好和亲近，这显然是失礼的。然而如果在较近的距离和人交谈，稍有不慎就会把口水溅在别人脸上，这是最令人讨厌的。因此，从礼仪角度来讲，一般保持一两个人的距离最为适合。

在交谈中，无论是新老朋友，一见面就得称呼对方。每个人都希望得到他人的尊重，人们比较看重自己业已取得的地位。对有头衔的人称呼他的头衔，就是对他莫大的尊重。此外，不管是名流显贵，还是平民百姓，你在同对方交谈时，一定要选择大家共同感兴趣的话题，不要打听对方的年龄、收入、个人物品的价值、婚姻状况、宗教信仰等隐私话题，这是说话中不礼貌的表现。

女人在说话时，一定要有礼貌，用心与人沟通，不仅仅是毛躁地发表自己的意见，滔滔不绝，也要学会以对方能接受的方法展开对话。女人说话时要说正派的话、善良的话、中肯的话，让他人知道你心里是怎样的想法，以减少沟通障碍，如若哗众取宠、举止轻慢、信口开河的话，则难以树立自身的形象。当你与多数人在一起时，也不可只与一两人谈话。当对方所述要求自己办不到或与他人意见相左时，若要拒绝或辩论，必须以委婉的态度说明缘由，灵活机智地转换话题，切莫语气严峻冷酷，毫无通融的余地，这容易令人难堪而反目成仇。

女人与人谈话时，要讲正事、谈正题，不要偏离主题，而进行自我宣传、夸大自我。最好不要说或问别人难以回答的问题或事情，比如别人不愿意回答的问题等。在说话过程中主动寻求他人的优点，尽量避免谈及缺点。谈话中，不能出现倦怠的神情，如“打呵欠”、“屡屡看表”、“跺脚”等，说话时要面带微笑、谦和有礼、态度亲切。言谈举止不可太过做作，故弄玄虚，这容易让人反感；亦不可言词抽象，让人产生误解，语言表达要简单明了。

当对方的话尚未结束时，不可强行打断抢说，如需先说，则要征得对方的谅解，插话时也要注意用词的礼貌，宜多用“抱歉”、“打扰了”等词。女人在谈话时，要注意音调、速度适中，并应将内容说清楚，讲明白，不可贸然与人发生争执冲突，以免产生烦恼。与人交往中要尽可能谈上几句话，如遇到有人想同自己谈话可主动与之交流，如谈话中遇到冷场，应设法使谈话有礼貌地继续下去。在谈话中如因故需退场，应向他人说明原因，并致歉意，不要自顾自一走了之。

女人在听别人谈话要全神贯注，不可东张西望，或不耐烦，应当积极地表现出对他人谈话内容的兴趣；听别人谈话就应该让别人把话讲完，不要当他讲到兴头时打断他，如要对别人的谈话内容加以补充或发表个人看法，也要等到最后，如喜欢抢白和挑剔对方都是极不礼貌的。在聆听时积极反馈是种互动方式，适时地点头、微笑或偶尔重复对方谈论的要点，适度赞美都是必要的。

如果要参加他人正在进行的对话，不要悄悄地凑过去旁听，应征得当事人同意才进行，一言不发或自吹自擂都是女人令人扫兴的原因。

女人如想建立自己知性而又优雅的形象，帮助自己成功地打开交际网络，建立良好而广泛的人脉，那么学习有礼貌的说话是其中的重中之重，能起到事半功倍的效果。

说话讲逻辑，条理清晰彰显女人能力

每个女人都希望自己在人际交往中能谈笑风生。谈笑自若的女人往往很容易开展自己的事业，成就自己的蓝图。其实，想要成为一个口若悬河的谈话高手并不难，说话有条理，逻辑思维是其中的根本所在。

女人如果说话有条理、有逻辑，说出的话自有妙趣横生的魅力，这能帮助你打开工作圈和社交圈。如果在社交场合中能将你的想法行云流水般顺畅而恰到好处地表达出来，那将提升你的吸引力。

说话有条理就是要女人根据交谈的中心内容所涉及的话题安排好先后顺序，力求达至“众理虽繁，而无倒置之乖；群言虽多，而无棼丝之乱”。在交谈中说话毫无逻辑、前后矛盾、语无伦次、词不达意是无法继续进行的。

世间万物错综复杂，各种关系盘根错节、层出不穷。如果你想把话说得头头是道、有条有理，那么就必须考虑说话内容的先后顺序，明白先说什么，再说什么，最后说什么，并在大脑里谨慎思考一番才要说出来，切不要脱口而出。一般说来，事情有发生、发展和结束的过程，而其中的各个不同阶段又有时间和空间的差异。说话时，或沿着事情发展的先后顺序从一而终，或按空间位置的转换交替逐个说明，如此说话才能滴水不漏、杂而不乱。

当然，在谈话中有时为了加强表达效果也可以变更说话条理及顺序，这基于女人有清晰的逻辑思维能力，明白自己所要陈述的重点，并能合理地利用各事物之间不同顺序体现出不同的侧重点。首先，你在说话前，心中要有一个大的纲，即，这次说话要达到几个目的。然后在说话之中，顺序一一落实。对没有达到目的的，要继续沟通，直到达到为止，这是说话的原则，不可不坚持。逻辑性就是要说出为什么，给对方演绎一个逻辑推理的过程。如果你需要回答一个问题，也要首先有一个大背景，即你说话的立场，这个立场是要绝对坚持的，谈话中绝对不动摇；其次，提炼出问话者提问的真正意图后，进行判断，是否问话者表达的意思与自己所持的立场不同。如果不同，则要表明自己的立场，进行逻辑推理，向对方说出道理；如果相同，注意一下你所持立场的性质边界上的细则便可。

说话没有条理的女人常让人产生不信任的感觉，她常因为轻率的言语将人引入信口开河、离题万里的泥潭。没有组织的说话，毫无逻辑的交谈，反映出一个女人思维的混乱，这样的人，也不会有人愿意跟他打交道。

女人想要说话有条理、有逻辑，首先要具有敏锐的观察力，能深刻地认识事物，只有这样，说出话来才能一针见血，并准确无误地道出事物的本质；其次，思维能力一定要严密而有逻辑，懂得怎样分析、判断和推理，如此才能把话说得有理可循、有条不紊；最后，还要具备流畅的表达能力，知识渊博、谈资范围广，才能把话说得生动有趣。

女人把话说得有条有理，有着很大的妙用，而把话说得到位、有条理是大智慧。言谈是女人成事的敲门砖，语言有条理、有逻辑的女人容易让人信任，常会委以重任。如此便为她们提供了展示自我的平台，令她们快速找到自己的立足点，明确自己发展的方向，从而在人生的汪洋大海中平稳航行，让工作和家庭能稳定运行。

第6章　轻声慢语，甜美情话

——女人要把感情“谈”出来

恋爱中，第一次约会从哪儿说起

人与人之间在初次见面的时候，总是有一种约束感，不能将自己要说的话、要表达的意思很好地表达出来。但是，见过一两次面之后，这样的情况就会有所改善。男女朋友之间也是这样的，初次见面，说话时总会有一种拘束感。其实，掌握了初次见面时应该说的话之后就会消除这样的拘束感。

恋爱也像是平时说话一样，没有什么特殊的地方，平时与别人怎么说话，在恋爱中就怎么说话。准备一些彼此都感兴趣的话题，这样会对你和对方的沟通交流起到积极作用，同时还会让对方对你的印象加深。

但是，你在谈对方可能感兴趣的话题时，应该注意到对方面部表情的变化。因为彼此都是初次见面，而你说的话题也只是对方可能感兴趣的。如果对方的脸色不好，或者是很不耐烦，你就得停止自己的话题，对方这样的反应其实就是在提醒你“我对这个话题不感兴趣。”

不管是在什么样的情况下，初次见面都应该给对方留下深刻而良好的印象，便于今后的进一步交往，恋爱中也应该是这样的，往往初次见面的双方都是经过朋友或者同事介绍而认识的，大家都想给对方留下良好的印

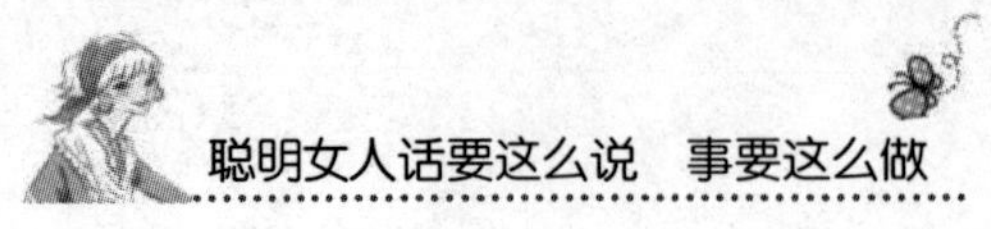

象。基于这样的目的，就应该更加注意其中说话的方式与原则，知道什么样的话题可以说，什么样的话题不可以说。

恋爱中，初次见面有些话题是不能说的，其中就包括以下几个方面。

在初次见面中不能问对方的经济状况，这样会使对方反感。有的女性在这样的过程中很注重对方的经济条件，对于对方的经济状况一定要了如指掌。第一次见面就问对方的月收入，对方是否有车有房，这样只会让对方对你的印象大打折扣，认为你是一个拜金女，你们之间的良好气氛也会被你的这种说话方式而破坏。你说出这样的话，对方会认为你与他交往只是为了他的钱。但是，经济上的事情，也不是说就不能去了解，只是去了解也不应该是初次见面时就去了解，应该在彼此发展到了一定的阶段之后再去了解，这样才有助于双方感情的进一步发展。

在第一次见面的时候不应该问对方家里的老人的赡养问题，这样对方只会将你当成是一个自私的人，只会让对方觉得你不愿意在婚后与对方一起赡养对方家里的老人。这样的事情，在以后的交往中可以问，甚至不用问，你自己都应该知道。而你却在第一次见面的时候就将自己的想法表露出来，即使对方对你有好感，也会因为你的不合时宜的话题而对你失望。

第一次见面总会想着以后还能再有见面的机会，如果你也是这么想的，那么你在与对方的第一次见面中，不能将自己的所有事情都告诉对方，这样只会让对方失去想要继续了解你的想法。无论是男人还是女人，都可以比喻成一本书，而你如果在第一次见面的时候就将自己所有的事情都告诉对方，就好比是将整本书都摆在了对方的眼前，对方看完之后，也就失去了继续看下去的欲望。因此，想要和对方留有再见面的机会，就不要将自己的所有事情都说出来，尽量保留一些悬念，这样能给自己造成与对方再见面的机会。

不论是在什么情况下的说话，都应该以和对方能产生共鸣为基础。如果你说的话对方听不懂，或者是对方对你说的话题没有兴趣，那只会造成你们之间交流的尴尬。而掌握了上面几种交流中的禁忌，你就能在与对方的交流沟通中处于主动地位，有利于自己与对方的进一步交往，还会为自己的爱情加分。

其实，恋爱中第一次见面说什么，和与普通朋友第一次见面说什么是一样的道理，应该注意的事情、应该避免的话题是一样的。关键是要找到适合自己以及他人的兴趣点，让自己与他人的交流沟通变得轻松愉快。

恋爱中，第一次见面谈什么，其实就是谈彼此都感兴趣的话题，避免谈及煞风景的话题。

爱要含蓄表达才让人回味无穷

爱情是一首诗，爱情很美好，诗歌是诗人强烈感情的一种自然流露。可是，在中国式的爱情中还是那种朦胧美更加美丽。如果双方将自己的爱意表露无遗，只会让自己的爱情变得索然无味。中国人向来都是以委婉著称的，所以，还是含蓄地表达自己的爱意会更好。想要自己的爱情变得醉人心扉，就必需学会运用含蓄的方法表达自己的爱意。

含蓄的爱情别有一种韵味，而那些过于直接的表情达意的方式，可能还会将自己的爱情扼杀在摇篮里。含蓄地表达自己的爱情，可能就会因此而得到自己想要的爱情。

有一位男青年通过相亲认识了一个女青年，两人只是见了两次面。男青年对女青年的印象非常好，也对女青年产生了好感，他觉得爱了就必须勇敢地表达出自己的意思。于是，他就将自己的感觉写成了一封长长的情书，整封信都表达了自己对女青年的爱意。女青年看完这封信之后，觉得那个男青年太轻浮，本来对那个男青年的好感也因为他的这种直接的表情达意的方式而消失了。

男青年就是因为自己的勇敢而失去了自己的爱情，而他还不知道自己为什么会被女青年否定。他认为自己的做法是在争取自己的爱情，女青年这样的做法，是不珍惜自己，自己是没有错的，爱一个人就应该大胆勇敢地将自己的意思表达出来。他甚至还认为女青年的这种做法，会影响她以后的爱情生活。

女性在恋爱中也不可太直接，否则，会失去自己的爱情，含蓄往往会更有韵味。

无论是在什么样的国家，什么样的人，对待爱情的态度都应该是以含蓄为美的。这就表现出了爱情的美好，爱情的美好其实就在于含蓄的美好。含蓄也就是将自己所要表达的意思，以一种委婉的说法表达出来，外表平静，内心激烈。可以说含蓄就是贯穿于爱情生活的始终的一种表情达意的方式，这样的表情达意的方式能让自己的爱情更加耐人寻味。

爱情的表达方式多种多样，但是，往往含蓄的表达方式能给自己带来较好的结果。同时，表达自己爱意的方式不同，所得到的结果也会不同，甚至在这样的过程中太过直接的话，还会使自己失去爱情。

而含蓄地表达自己的爱意，要将含蓄表达得自然，否则只会得到与自己预期相反的效果。在表情达意的时候，应该明白含蓄在此过程中的正确意义。事实上，无论是西方人还是东方人、男人还是女人，都知道含蓄的表情达意的方式的巨大魅力。

从前，有一个长得很漂亮的女孩，在择偶的时候，要求过高，结果久久没有遇到自己喜欢的男孩。这样过了很多年，直到她已经成了三十几岁的“大龄剩女”。又过了一段时间，她终于遇见了自己心仪的对象，她想自己年纪已经不小了，不能再这样错过自己的另一半了，应该主动出击，把握住自己的幸福。于是，就主动地对那个男士表白了，将自己的心意直接地表达出来。结果，那个男士因为她过于直接而拒绝了她，甚至还怀疑她是不是有问题。有的时候就是这样的，太过直接往往会将自己喜欢的人吓跑，而含蓄的方法有的时候则会帮助自己达到目的。对于女孩来说，在表达自己爱情的时候更是要以含蓄为主。

在恋爱中一定要注意自己表情达意的方式，要用合适的方式将自己的爱意表达出来，如果你太过直接，只会将你心里的他吓跑。含蓄的表情达意的方式往往会给你的爱情保持一点新鲜感，永葆它的神圣。

在表达自己爱意的时候，不仅要含蓄，还应该知道语言的简洁，简洁而又重要的语言，能帮助你实现自己表情达意的目的，也能使对方知道你想要表达的意思。总之，含蓄地表达自己的爱意会让你的爱情更美好。

说爱，要从尊重开始

两情相悦，两情相依，彼此不能独活的感情，是每一个女孩都渴望拥有的。每一份恋情开始时，都那么热情浓郁，然而，并非所有的恋情都能开花结果。更多的是，两人在相处过程中，会出现情感危机。美国心理学学者斯蒂芬·斯托斯尼博士耗时三年，对600名出现感情问题的恋人进行调查访问，并将调查结果发表在美国心理学杂志《今日心理》网络版上，结果表明：不懂得尊重对方更容易导致恋爱关系的破裂。

人际交往中，每个人都渴望得到他人尊重，恋爱中也是如此。在与恋人相处的过程中，女人如果能够给对方尊重，既可以体现你的高尚品德，更可以体现你的内在修养。因而，给予恋人尊重是女性朋友与恋人交流中最基本的要求。在生活中，人们往往用“相敬如宾”比喻和谐互爱的夫妻关系。其实，对于恋爱中的男女来说，给予对方尊重也是必不可少的。那么，女性朋友与恋人相处时，该如何用语言表达出你的尊重之情?

1．与恋人交往，女人要学会使用“万能用语”

与恋人相处时，女人要表达对男方的尊重，最为直接有效的方式就是学说“请”。在生活中，与“请”搭配的词语数不胜数，如请问、请说、请慢走、请稍候。原本都是一些极为普通的语言，然而，一旦与请字搭配起来，则显得委婉而有礼貌，无形之中，也就把对方的地位给抬高了。因而，女人多用“请”，可以表达你的尊重。

2．与恋人交往，“谢谢”也是女性必须掌握的一种语言

在生活中，有些女性认为说“谢谢”会显得两人之间生疏，甚至会认

为男方所做的都是理所应当。其实不然，婚姻专家揭秘，男女双方和谐的恋爱关系是通过彼此的努力营建起来的，这种努力就包括了语言的沟通。可以说，良好的语言交流是促进男女和谐恋爱关系中的重要因素。恋人之间的“谢谢”不是一句简单的客套话，而是女性内心深处的一种感动。与恋人交往中，无论是来自对方多小的帮助，女人的一句“谢谢”可以让对方感到你的尊重与重视。因此，女人请别“吝啬”你的感激，多向对方表达吧。

3．女人想要拥有和谐的恋爱关系，更不能忽视“对不起”

在现实生活中，谁都会犯错，恋爱中也一样。即使两个相爱的人，也会出现一些不和谐的变奏曲。恋人之间发生争执或存在矛盾时，应该如何来缓解这种紧张的关系呢？当然是主动道歉。“对不起”三个字，看起来简单平常，然而，它却是缓解双方紧张关系的良药。

当双方关系紧张时，聪明的女人懂得，无论你的观点正确与否，能够及时主动地表达歉意，不仅可以迅速扑灭对方的怒火，同时，还可以让对方感受到你的纯真与善良，以及对他的尊重。

4．女人想要让自己的言语充满尊重，多征求对方的意见

在现实生活中，许多女性与恋人相处时霸道任性，自认为爱对方，便包揽了男人所有的权力，所有的事情都要按她的意志来办。这样的女人，到头来总会失去美满的感情。要知道，一份长久的恋情是建立在互相尊重的基础上的。聪明的女人懂得，爱一个人就要让他幸福，给他表达的权力。因而，恋爱中的女人，要多学会给予对方选择的权力。女性在遇到问题时，要学着征求对方的意见，多给予对方表达的机会，这样更能体现出你的尊重之情。

每一个女人都渴望能够拥有一份刻骨铭心的爱情，然而，你的爱情能否美满，要看你是否善于经营。聪明的女人明白，尊重男人是获得美满爱情的前提。因而，从现在起，做个聪明的女人吧，用你的尊重去浇灌你的完美恋爱吧！

向恋人传达不满要婉转说明

爱生气，是女人的天性，对于那些恋爱中的女人，更是如此。有时，女人会因为爱情的滋润，而迷失方向，变得更加敏感任性。此时，很可能对方的一个小小的动作，都会引起女人内心的不满。这个时刻，女人该如何处理自己的不满情绪？是默默在藏在心里，一忍再忍，还是大发雷霆？其实，这些都不是最好的做法，唯有婉转地表达出来，才是化解矛盾的最佳解决途径。

热恋中，女性往往缺乏安全感，她们希望男人凡事都按照要求来做。一旦出现差错，女人就会觉得没有受到重视，便会产生不满情绪。其实，每个人都有缺点，恋爱不会让一个男人变得毫无缺点，出现差错也是在所难免的事。因而，女人没有必要斤斤计较，双方相处一旦存在不满，女人学会婉转地表达才是关键。那么，女性在面对这种情况时，该如何做？

1. 创造有利的沟通条件，以聊天的方式，平心静气地与对方沟通

相恋的感觉虽然美妙，然而，两个陌生人走到一起，肯定会存在某些方面的分歧。女性遇到这种情形时，没必要大惊小怪，更没必要生闷气。如果实在无法忍受的话，你可以选择平心静气地与对方交流。要先分析自己的不足，再告诉对方你认为不妥的地方，这样一来，对方自然不会与你较真，反倒会因你的善良与单纯倍加爱护你，自然也会自觉改正不足之处。

2. 以幽默的方式表达自己的不满，让对方自己体会

恋人之间，存在矛盾是很正常的事情。然而，女人如果非要把这种不满以严肃、愤怒的方式表达出来，会让双方都觉得难堪，不利于问题的解决。因而，聪明的女人懂得巧用幽默往往更能达到效果。

吴明和林晓是一对情侣，两人的性格可以说是互补关系。吴明性格开朗，喜欢结交朋友，常常会因此忘了时间。林晓刚好相反，无论什么时候，她都是一副文静的样子，就连笑起来，都显得那么秀气，她很不喜欢与外界打交道。

吴明有一个最大的爱好，那就是跳舞，每个周末他都会参加，这个爱好最令林晓头痛。因为她最讨厌在这种环境下待着，如果可能，她会选择在家看书或睡觉来打发时间。可是，吴明却每次都要拉着她一起去，美其名曰："有个美女坐在台下观战，我会跳得更加起劲！"

此刻，林晓独自一人坐在台下，看着台上疯狂的吴明，她有些不满，她决定无论如何要与他摊牌，以后她再也不愿意到这种场合来了。于是，回家路上，林晓说道："没想到你的慢四跳得越来越好了，不过我还没看够呢，要不你今天就一路跳回去吧！"听到这里吴明做个鬼脸："你还真想累死我啊，亏你想得出来，那我得跳到什么时候才能到家啊？深更半夜的，你也不怕我被强盗打劫啊！"听了他的话，林晓趁机说道："你怕什么啊，一个大老爷们，刚才你把我一个人扔在舞厅的时候，你都不怕我被人占便宜吗？"听到这里，吴明才明白，原来林晓为陪他来跳舞这事不满呢，赶紧追上林晓赔不是。

吴明与林晓是一对情侣，双方性格不同，自然爱好也就不同。性格开朗的吴明喜欢跳舞，每次都要拉上林晓。在这种混乱的环境中，林晓很生气。然而，她并没有直接吵闹，而是借用幽默的方法来表达不满，让吴明自己意识到错误。这样一来，不仅问题得到解决，吴明也会更喜欢这个替他着想的女友了。

3. 借用身体语言表达，让对方知道你的真实想法

在生活中，一个人的喜、怒、哀、乐都能够从她的表情中展现出来。因而，女人在情绪不满时，如果无法直接说出口的话，也可以借用一些身体语言来表达，这样的话，相信对方一定可以马上看出你的不满情绪，从而及时反思自己的问题。

两个陌生的男女，因为爱情最终走到一起，是一件非常幸福的事情。

然而，生活不仅仅是感情，还有许多琐碎的事情。恋爱的过程，也是两个不同的人相互了解、相互磨合、相互改正的过程。只有经历这些，两人才能最终走到一起。聪明的你，只要能够通过巧妙的方式表达自己的不满，一定会让爱情之花开得更美好！

拒绝他人不要拒绝情谊

今年21岁的李璐和男友是在同一家公司上班时认识的，男友比她大两岁。两个人在一起，快两年了，关系一直很好。可是，最近一段时间，正是因为“性”的问题，使得两个原本相爱的人几次提出分手。虽然，因为舍不得，两人最终选择继续在一起的。然而，曾经完美的感情还是为此而受到影响。

走到这一步，李璐也很难过，因为，她并不想因为这个而失去爱情。可是，让她放下自己的原则，答应男友的同居要求，又不容易。现在提起这个，她都有些反感。可能是她的思想有些保守，总之，她认为没到结婚阶段就迈出这一步，是绝对不可理解的。在她的几次拒绝下，男友抱怨了好几次，认为这样表明李璐还不够爱他。李璐也感到有些无奈，不知道如何是好。她不知道自己该如何做才能既不违背自己的意愿，又不伤害这份感情。

在这个案例中，年轻的李璐虽然与男友恋爱2年，可是思想保守的她，在男友提出同居要求时，断然拒绝了男友的要求。两人也曾因为这个，分分合合好几次，尽管彼此心里都爱着对方，可是还是会为此而受伤。其实，李璐所面对的问题，是许多女性朋友在热恋中都会遇到的情况。面对来自男友的性要求，女孩们既不想违背意愿，又不想伤到感情，许多女孩都会为此而苦恼。其实，面对这种情形，只要能够巧处理，女人也可以轻松化解难题。

时代在进步，人们的观念也在进步，不知道从什么时候起，婚前性行

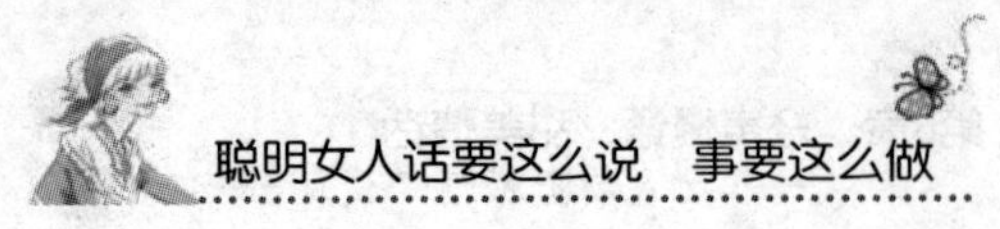

为已经成了成年男女心照不宣的事情。处在热恋中的男人，当感情升温到一定程度时，往往会主动提出一些性要求。当他们的要求遭遇拒绝时，有些男人还会打着“爱我就给我”的幌子，来迫使女孩们放弃自己的坚持，以奉献自己的身体来证明爱情。

在爱情中，男人由于生理心理等方面的差异，往往会主动提出性要求。而女性如果没有足够的心理安全为前提，往往会为此而摇摆不定。在这种情况下，女人不想这样做，又担心贸然拒绝会打击对方的自尊心，更害怕会因而失去爱情。要知道，热恋中的男人，提出这种要求实属正常，因而，女人也不必恐慌。女人要学会如何巧妙地拒绝对方，才是最关键的。那么，当女性遭遇这种情形时，该如何做才能做到既达到目的，又不会伤对方自尊心呢?

1．提出合理的理由，反驳对方观点，从而轻松化解难题

在现实生活中，许多男人都喜欢以女友愿不愿意与自己发生关系来检验对方的爱。这种看法过于片面。女人由于生理心理方面的原因，恋爱时往往比较注重情感忠诚度，如果没有十足的把握，她们是不会轻易把自己交给一个男人的。因而，女人不愿意并不能代表她不爱这个男人，只能说明她对这份感情还缺乏安全感。女人遭遇这种“威逼”时，要懂得表明自己的爱意；同时，还要强调自己还没有足够的心理准备，如果能够借助于巧妙的示弱，你的行为一定会引起对方的同情心，自然也就可以把这件事情揭过去。

2．言明自己的原则：婚前绝不“闯红灯”

女人面对男友的过分要求时，要表明自己的立场，严肃地向男友表明你的原则要求：“我是清白的，更是热情的，如果爱我，就共同努力经营爱情，把自己的完整身体保持到结婚。”相信女人如果能够以“认真”的态度来对待这份感情，自然能够得到对方的尊重与理解。如果男人还愿意继续陪伴你，那么，证明他的确是真心地爱着你。当然，如果男人真的为此而离开的话，至少表明他是一个经不起考验、自控能力不强的男人，这样的男人即使结婚以后也很容易因诱惑而出轨。

3．用前人的经验为依据，委婉地指出他的意图

当男友因为你的拒绝耿耿于怀时，告诉他：性感女神麦当娜曾说过：“诱惑男人最佳的方法，就是不要让他轻易得手。”同时，表明你的看法，那就是：想让自己富有吸引力，就不能轻易让男人得到手，这样才能保持亲密状态。言外之意就是，你认为现在还不是共同体验美妙时刻的绝好时机。相信，只要能够幽默地表达出你的看法，也会轻易化解对方被拒绝的尴尬场面。

如何巧妙地拒绝热恋中男友所提出的性要求，是每一个女孩都应掌握的技巧。这样一来，既可以达到自己的目的，又不会因此而伤害感情。

第7章　蜜语绵绵，爱人常伴
——女人的甜言蜜语征服人心

甜言蜜语给婚姻加些养料

在一些影视剧中，我们常常可以看到女人们神色黯然地抱怨老公：“现在，他对我一点儿热情都没有了，一天到晚，除了‘吃饭吧’、‘睡吧’，干巴巴地没二话，他到底还爱不爱我？”女人是花，需要男人用“我爱你”来滋润。男人呢？他们是否也需要来自妻子的爱情的表达？答案是肯定的。但是由于男性一向以强大的施予者自命，他们担心暴露自己的心理需求，会招来别人的轻视和嘲笑，所以他们常常会下意识地隐藏自己的心思。

大部分女人都相信，她们是应该被爱护的、听人讲些甜言蜜语的。通常，女人抱怨自己的丈夫忽略她们，不知道赞扬她们时，往往也吝于对丈夫赞赏示爱。然而，最能够体贴地表示出爱心的女人，在付出爱的同时，也从丈夫那里得到了需要的一切。

其实，爱情的饥渴并不是女性专有的一种疾病，男人也会患这种病。曾经有人把夫妻间对爱情的冷淡叫做“精神食粮不足”。这个比喻很恰当。因为，男人不是只靠面包就活得下去的，有时候，他们也需要一杯充满爱的咖啡——还要在里面加一点方糖。

生活虽然看似已经被柴米油盐等非浪漫物质填满，充满了琐碎和枯燥，但若想学一些表达爱意的技巧，其实也很简单。

佳楠的丈夫对她可以说言听计从。在刚结婚的时候，以前的闺中密友经常打电话和她聊天，每当别人问道："你现在还好吧？"她总是一脸幸福欢快地笑着说："我很幸福！他对我很好，只要我哪儿不舒服，他就叮嘱我吃药、喝水……还有他做的饭菜好香好香……我工作忙的时候他就收拾家务，比我打理得还好……"在她这样说的时候，她的丈夫一定就在她不远的地方，看上去似乎在忙碌自己的事情，其实正竖着耳朵听，心里高兴得不得了。其实，一开始他只会炒鸡蛋，收拾屋子也是偶尔为之。只是到了最后，听到妻子在别人面前这样夸他就有了劲头去做，后来成了一个"模范丈夫"。

女人在施展自己的拿手本领、发挥甜言蜜语功效的时候，一定要将美好的感情和对男人的敬爱之心见之于言表。反之，总把不好的感受放在心上，并讲些令人不高兴的话，讲话的语气又很直、很冲，时间长了，定会使人厌烦。要维持感情的热度，语言就要有热度，所以还要增加一些感激、安慰、鼓励和体贴的话。

其实，在恋爱期间需要甜言蜜语，走进婚姻的殿堂更需要甜言蜜语来滋润婚姻。在讲话的时候，不要太苍白，太没有情味。讲话直来直去，缺乏女人味，这样会招致情感上的冷淡，甚至走到家庭破裂的边缘。

语言是人类文明的标志，生活在现代文明社会的夫妻，更要充分利用语言进行沟通。一方说句笑话，或开一个玩笑，一下子就使气氛活跃起来了；表示一下亲热，说一句温柔体贴的话，立即唤起对方心底的暖潮；一句抱歉和亲切的抚慰，立刻化解了对方的怨气；争论不休的问题，却因一句甜蜜的情话和温柔的爱抚而变得心平气和……

一天傍晚，于军夫妻二人因为一件小事闹了点别扭。于军推门就走了，妻子也很生气，可是冷静地一想，也觉得是自己理亏，因为脾气不好，有话没有好好说，这时自己的气也消了，反而对丈夫放心不下。九点多钟，于军还没有回家，于是妻子拨通了丈夫的手机，温柔地说："老

公，你没事吧？我等你回来。”于军只觉得心头一热，对妻子再也气不起来，原本“住三天办公室”的想法此时已是烟消云散。

妻子不失时机的一番关爱之语，向丈夫传送了自己的关心与牵挂，语虽短，意却浓，话虽简，情却真，令丈夫不由得怦然心动，怨气全消。

不论是热恋中的情人还是夫妻之间，爱情的表达并不是多余的，它可以将平淡的生活之海激起一朵朵五彩的浪花。但现实生活中却有许多人忽略了这一点，结果感到婚后的日子平淡无奇，少了激情，更有甚者陷入情感危机。其实有时候，一句直抒爱意的“我爱你”，分别时候的一句“我想你”，对你来说可能只是举“口”之劳，可对对方来说却是备感温馨。

如果你有心让男人知道自己喜欢他们，对方不会毫无感觉的，热情与接纳是促成“来电”的催化剂。

婚姻中关键时刻懂得说软话

与恋人相处时，男人难免会因一时糊涂而做出一些不适当的事。这种情况下，女人该如何做？是苛刻地指责男友的不足，还是巧妙地博得他的怜惜？相信聪明的女人都会明白，适当地示弱才是解决问题的有效办法。然而，有些女人认为这样做不是太软弱吗？不就是做错一件事情吗，干吗还要向对方服软？

要知道，当今社会，每个人都是吃软不吃硬，在某种情况下，女人用强硬的态度 “命令”男友如何做，很可能会让对方产生对抗心理。相反，女人如果能够凭借性别优势，巧妙地服软，关键时刻向对方主动示弱，很容易打动男人的心。这也是男女方热恋中一种有效的沟通方式。一起来看看下面这个女孩的爱情故事吧！

张薇出生在有钱人家，父母把她当公主一样养着，因而，她从小就娇惯任性。与男友恋爱时，最初她还会多少有些收敛，时间一长，小毛

病就露出来。与男友在一起，她总喜欢控制男友，美其名曰关心对方，其实，她就是想掌握他的一切行踪。为此，她要求男友时刻汇报自己在什么地方，干什么，都与什么人联系。刚开始时，面对女友的要求，男友张峰还能耐心地服从，日子一久，自然谁都会烦。

一天，当张薇再次盘问起张峰的行踪时，隐忍已久的他终于爆发了，随口吼道：“你每天烦不烦啊，我是一个自由人，不是你们家买来的犯人，能不能给我点生存的空间，这还没结婚呢！”看到张峰的反抗，张薇有那么几秒钟的失神，因为她从来没有见过张峰发火的样子。回过神后，张薇觉得面子无光，从小到大她哪里受过这种窝囊气，随口嚷道：“有能耐了是吧，你早怎么不这样啊，要不是我们家帮助你，你能有今天？有本事你爱走多远走多远！”听了这话，张峰心中原本还有的内疚感，立时烟消云散，顿时反讥道：“原来我在你心中一直是这个样，无论我再怎么努力，也不可能讨得你们家的欢心，老子还不伺候了。”说着，张峰摔门而去，想想往昔种种，他真后悔当初为什么要跟这种富家千金沾染上，自己恋爱后，哪里有一丝尊严。思来想去，他暗下决定，明天一定要与她分手。

在这个案例中，富家女张薇娇惯任性，总想掌握男友的一举一动，却引来一番争执，两人互不相让，最终闹得想分手。其实，相恋中的男女过分关注对方，是正常的事情。然而，如果事无巨细总这样要求对方，势必会引起对方的反感。面对张峰的反抗，如果张薇能够主动示软，告诉他自己其实是害怕失去他，才做出这种举动，相信再铁石心肠的男人听了，都会原谅她的过分行为。其实，恋人之间发生争执时，女人如果能够嘴软、心软一些，许多爱情都还有机会。

其实，爱情原本就是吃软不吃硬的，即使你身强百倍，能言善辩，对它威逼、利诱、穷追猛打……到头来，未必能让对方心悦诚服。相反，女人如果能够温柔地呵护，用柔软的方式来应对，效果也就大不相同。

许多女性在恋爱中只想显露自己的锋芒，让对方服从自己，做最后的胜利者。其实，这是一种错误的想法。要知道，这个世界上，不仅仅只有女性要面子，要尊重，男人也一样。有时，男人的这种思想甚至比女人要更强烈。爱情里，并没有胜负之分，表面上你可能一次次赢得口头上的胜利，然而，如果不懂得关键时刻说软话来化解男人内心的委屈与愤怒，最终会失去你的爱情。

人在社会上生存，自然会遇到许多失意与不满，每个刚强的男人背后，都会压抑着一种"被柔软"的需要，他们也希望一天的劳累与奔波后，能得到爱人温软柔美的声音的交流，让疲惫的心灵得到休憩。因而，女人想要得到完美的爱情，就让自己柔软起来，适当地说些软话，只要能够化解他内心的不满，"软"一些又何妨呢！

恋爱中，聪明的女人懂得用"软"去化解男人内心的"刚"，会收到意想不到的效果。怎么样，相信你也学会这一招了吧。从现在开始，多运用"软"话去拴牢对方的心吧，相信做到这些，你的爱情也会更加甜蜜！

爱他就要大声说出来

恋爱中，主动说出你对对方的爱，会让你获得更多的机会。主动说出"我爱你"，虽然有被拒绝的可能，但是也有成功的可能，如果你不说出来，就只有与你爱着的他错过。

茫茫人海中，遇见你喜欢他而他也喜欢你的那个人是很不容易的。因此，遇见了就不能轻易放弃。主动说出"我爱你"让你命中的他无法逃走，即使是已婚女性，在婚姻生活中常常说出"我爱你"也能使自己的婚姻保鲜。

有个女孩遇见了自己喜欢的男孩，虽然他们只见过一次面，但是女孩对男孩有着一见如故的感觉。经过后来的慢慢了解，女孩发现自己对男孩的这种一见如故渐渐变成了喜欢。但是那个男孩子却很腼腆，始终不见男孩子主动 ，就连打电话或者是发短信都是女孩主动。这时候，女孩的朋友们开始劝女孩放弃这个男孩，可是男孩在女孩心里的形象并没有因为他的腼腆而有所破坏，反而因为他的腼腆而让他在女孩心里的形象变得更加高大了。

后来，女孩觉得自己不能错过这样一个好男孩，决定主动出击。经过自己的努力，以及自己的主动终于让男孩接受了自己。

女孩在以后的日子里也像当初那样主动，甚至常常将“我爱你”三个字挂在嘴边。对于女孩的这种三字经式的表达爱意的说法，男孩给予了女孩深刻的爱意。两个人之间的爱情也变得更加深刻了，彼此之间也都明白了自己就是对方的唯一。男孩在与女孩相处的时候也变得不那么腼腆了，对于女孩的爱意表达，还会给出自己的回答。

可是，如果女孩当初没有将自己的爱意表达出来，就不会有这样幸福的结局。不光是面对腼腆的男孩的时候应该主动，应该常常说出你对他的爱，即使是对不腼腆的男孩，也应该常常说出你的爱意，将“我爱你”三个字经挂在嘴边，这样对方能感觉到你的浓烈爱意，从而对你的感情也会变得更加深刻。

爱情就像是流星那样美好，但是爱情与流星还是有区别的。流星的美好，在于它的难得一见，而爱情的美好就在于它的永恒与唯一。在爱情中，最重要的就是对你心爱的人说出“我爱你”。

往往会有一些人，对于“我爱你”有着错误的理解，认为爱没有必要时时刻刻都说出来，你爱着对方，对方肯定能感觉得到。而有的女孩更是认为，说出自己的爱意，只是针对男孩来说的，女孩只需要配合就好了。爱情是两个人的事情，在说出自己的爱意方面也就应该是双方的。

其实，恋爱中主动说出“我爱你”的女孩，往往就是那些最具有魅力的女孩。这样的女孩知道自己想要的爱情是什么样的，而那些被动的女孩，不知道自己想要的是什么，而只能被花心的男人伤害。

无论是在什么样的情况下，主动且经常将“我爱你”当成三字经那样说出来，对自己的爱情都是一种良性的投资。这样的女孩不容易被伤害，知道自己的爱情自己掌握，在选择上也是占尽先机。所以，要将那种“说出‘我爱你’是男孩应该做的事，我们只需要配合就好了”的想法与做法彻底改掉。

大家都知道，王家卫在《东邪西毒》里，借欧阳锋之口说出了成功男士对于爱情的看法“与其被别人拒绝，不如首先拒绝别人。”这也就说出了成功男士的尊严感，这样的男士有了成功的感受，就害怕成功与失望之间的落差，因而对待任何事情他们都采取以守为攻的方式，对待爱情也不例外。

而这样的成功男士往往就是最受女孩们欢迎的，但是他们对待爱情的态度，决定了他们与那些被动的女孩无缘，而主动的女孩在与这类人的相处中会占有一定的优势。

但是，不是光靠你的主动就能得到你的爱情。想让自己的爱情保持新鲜的状态，经常对对方说出“我爱你”，就是其中较为有效的方式。

让“斗嘴”成为婚姻的调味剂

爱情需要激情的碰撞，准确说来，有些像碰碰车游戏，不在于开得多快，乐趣全在于敌我双方东碰西撞、你攻我守的模式当中。恋爱也是一样，如果两个人的感情总是四平八稳地发展，就犹如喝白开水一样，时间一长自然会“爱无力”。因而，恋爱双方如果能够适当地斗斗嘴，反倒可以丰富两人之间的沟通方式，让平淡生活中的两人在趣味横生的游戏中，加深了解，拓宽恋爱的疆域。

恋人之间的斗嘴，其实是一种有趣的语言游戏，既不同于吵架，也不同于口角。很多时候，男女双方在你一言我一语的针锋相对中，增加彼此的感情，使得感情更加稳固。然而，女人要知道，斗嘴既然是游戏，自然也就有游戏规则，一旦违反规则很可能会使其走向反面。因而，女性巧用斗嘴增加感情的话，需要注意以下几个方面。

1．斗嘴要看情况，把握好感情深度才是关键

谈话有一个总的原则：“浅交不可深言。”这一点在恋爱中也同样适

用。处于恋爱初级阶段中的女人要知道，当双方还没有形成稳定的感情基础，贸然斗嘴的话，肯定不太妥当。因为，很难保证男方不会把斗嘴的话当真，从安全角度来考虑，女人还是不要斗嘴为妙。

2．斗嘴也要分场合、看心情，才能达到理想的境界

恋爱中，男女双方通过斗嘴可以增加感情。然而，斗嘴是两个人的事情，女人即使想要斗嘴也要看对方肯不肯接招才行。女人在想斗嘴的时候，要先看看时机是否成熟。毕竟男女之间的斗嘴，其实就是一种打情骂俏，自然是不能有外人在场，否则，会影响两人的形象。同时，还要看看男方是否有心情“参战”，如果对方正处在情绪低落期，很可能你的“挑衅”会演变成一场“战争”，在这种情况下，还是不斗为妙。

张静与林海的感情很好，两人闲来无事总爱互相斗嘴，以此为乐。可是，最近却因为一件小事，感情很好的两人也闹起别扭。事情很简单，林海在公司干了三年，这三年来，他辛辛苦苦，为的就是能够得到提升的机会。好不容易等到了升职的机会，没想到却被老板的小舅子横插一杠，坐上了部门经理的“宝座”。看到这种情形，林海内心极度不平，可是却无处发泄，他知道自己谁也不能得罪。对于林海所经历的事情，张静并不知情。下班回家，看到满脸愁容的林海，她像往常一样，笑眯眯地说道：“哟，你这是怎么了？好好的一张瓜子脸怎么变成了传说中的苦瓜脸了？瞧你这苦大仇深的样子，好像比窦娥还冤哪！”原本只是几句玩笑话，没想到句句说在林海的痛处，让他原本压抑的感情一时找到了出口。于是，林海板着脸说道：“你烦不烦啊，一天到晚没个正事，下了班也不让人清静点！”听了这话，张静一时摸不着头脑，不过也听出来了，他肯定是工作上遇到烦心事了。张静随口说道：“有本事外边使去，冲我算什么能耐啊？”听着这话，林海心里更郁闷了：“连你也觉得我没能耐啊，怎么不找个有本事的啊！”

这可好，两人扛上了，为了面子双方使劲贬低对方。末了，两人谁也不搭理谁，进入了“冷战阶段”。

在这个案例中，林海因工作问题心情郁闷，张静并没有及时发现，看

到愁眉不展的林海时，就开了几句玩笑话，没想到林海此时根本没有心情斗嘴，也就指责她无聊；正是这几句话，让张静觉得没面子，开始挖苦林海，最终就造成两人的吵架场面。因而，在恋爱中，女人斗嘴之前一定要观察一下时机，否则，很可能好心办坏事。

3．斗嘴时，语言可以锋利泼辣，但不要伤害到男友的自尊

恋人式的斗嘴，表面看来与吵嘴很相似。斗起嘴来，你来我往，互相“打击”，然而，却与吵架有着根本的不同。因为，斗嘴的双方是在一种亲密的心态下，进行语言的交流，表现出的则是关系密切与娇嗔的意思，自然也就容易博得对方的理解与宽容。尽管如此，女人与男友斗嘴时还是要注意内容的选择。要知道，每个人内心深处都有一块别人不能触及到的东西。女人想要利用斗嘴来增加感情的话，就要学会尊重对方，远离那些“雷区”。

斗嘴，是恋人之间用来增加感情的“食料”，然而，使用不当的话，也可能会给彼此的感情带来伤害。因而，女人在与恋人斗嘴时，一定要注意这些方面，才能“斗”出情趣，“斗”出境界来！

别让“唠叨”毁灭你的婚姻

唠叨是婚姻的最大杀手，但是，有的女人却认为唠叨是自己爱丈夫的一种方式，自己的唠叨能帮助丈夫改变缺点，能够使丈夫认识到自己对他的爱。美国专栏作家陶乐丝·狄克斯认为：“一个男性的婚姻生活是否幸福和他太太的脾气性格息息相关。如果她脾气急躁又唠叨，还没完没了地挑剔，那么即便她拥有普天下的其他美德也都等于零。”

一个唠叨的女人只会让自己的丈夫回避自己，即使你们婚前有再坚实的感情基础，也会被你的这种唠叨而摧毁的。一个女人对自己的丈夫的各方面过于挑剔，就会在婚姻中变得唠叨，而就是自己这样的唠叨毁掉了幸福。

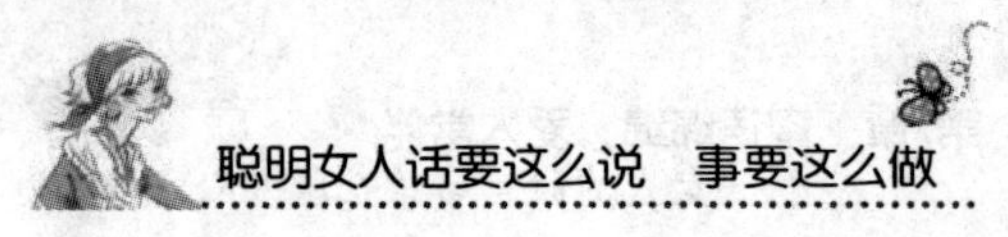

女人往往在唠叨的时候，会将自己的这种唠叨冠以好听的名字——我这都是为了你好。但是，她们并不知道自己的丈夫根本就忍受不了这样的唠叨。

田恬和孔斌是大学时代就在一起的情侣，从大一一直在一起，直到毕业参加工作两年后，两个人最终走到了一起。他们两个人能走到一起，好多大学时代的同学朋友都非常羡慕。但是，结了婚之后的田恬好像变了一个人似的，对孔斌所做的一切事情都是横挑鼻子竖挑眼的，只要是孔斌做的事情，她都能找出自己不满意的地方。不管是洗衣、做饭，还是别的方面，反正就是没有一个地方是自己能满意的。自己不满意的时候，对孔斌说话的态度也是很不礼貌地大声指责。

孔斌对于田恬的这种转变总是归结为还没有适应婚姻生活，也就不说话。但是，时间久了之后，也忍受不了了，开始对她说出自己的想法，希望这样的沟通能使田恬改变态度，但是在发现这样的沟通不管用之后，就开始和田恬顶嘴，反击她的无礼。甚至有几次两人还冷战了好几天。和好之后，田恬对孔斌做的事情又开始挑剔，并又开始了自己的唠叨。这样的日子孔斌还是接着忍受着，终于有一天忍受不了了，向田恬提出了离婚。田恬没有想到自己的婚姻会走到这一步，对于孔斌的决定，田恬觉得很委屈："你以为我愿意说你啊？说你还不是都为了你好，希望你能有所改进。换成是别人，求我说我都不说呢。既然你现在受不了我了，要离婚，那就离吧！"孔斌听到田恬的话之后就出去了，自己也感到委屈，同时也想冷静下来好好想想两人之间的事情，是不是到了非离婚不可的地步。

朋友们知道了他们的情况后，劝说田恬："你这样的行为只会遭到孔斌的反感，孔斌能忍受这么久已经很不容易了。你的唠叨只会让他害怕，并不是对他的爱的一种表现。每个人都不是完美的，都不是没有缺点的，你不能那样苛刻，这样只会让他害怕，对你们的相处没有一点好处，甚至还会影响你们之间的感情。"

听了朋友的话之后，田恬对于自己的行为也有了正确的认识，之后就改变了自己的行为，变得不那么唠叨了，对于孔斌做的事情也不再那么挑剔了，而是不时地给予肯定。刚开始孔斌对于田恬的这种改变还有点不适应，但是不久之后就觉得田恬这样的改变之后变得更加可爱了，两人之间的关系也得到了改善。

女性的唠叨对丈夫的影响，在《圣经》里就有几点非常幽默的表述，形象而又生动地表达了女性唠叨对丈夫的不好的影响：宁可住在房顶的角上，不在宽阔的房屋，与争吵的妇人同住；宁可住在狂野，不与争吵使气的妇人同住。

由此可见男人对自己老婆的唠叨是多么的害怕，唠叨的女性是男性都会拒绝的。女人也不要认为自己的唠叨是对丈夫的爱，即使自己真的是出于爱的目的而唠叨，但是也应该认识到自己的唠叨可能带给丈夫和婚姻的不好的影响。

其实，妻子对丈夫的尊重不是通过整天的唠叨来让他知道的，整天生活在你的唠叨里，只会让他倍感压力。最重要的保持你们爱情的方式就是双方之间保持沟通，适时地将自己心里的想法说出来。丈夫将你的唠叨说出来的时候，你就应该静下心来想一想自己这样做的好处与坏处，发现真的是像丈夫说的那样坏处比好处多时，就必须立刻改变自己的处事方式。在这样的情况下，你才能得到自己想要的美好爱情与幸福婚姻。

女人的唠叨是对自己婚姻的最大威胁，是婚姻最大的杀手。

那些婚姻里不能说的话

人与人之间需要沟通，即使是夫妻之间也需要沟通。不沟通，我们就无法知道对方心里的想法。不要以为夫妻之间有足够的默契不需要沟通，这样的想法是不正确的。如果不沟通，不知道对方心里的想法，就会在彼此的交流中将事情扩大化。

夫妻俩在一起的时间是很久的，这样就更要注意生活中的沟通了。沟通能使自己与对方的关系得到进一步的改进，让对方更好地认识自己，更好地磨合自己与对方之间的性格。

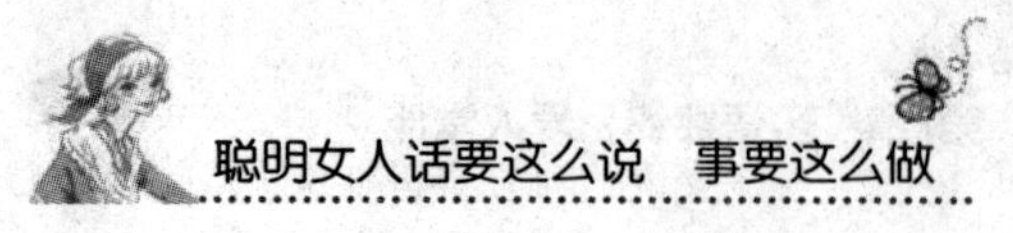

而生活中那些婚姻出现危机的夫妻，往往就是因为缺乏沟通造成的。但是，沟通不是说什么事都说，什么话都说，而是应该有所禁忌的。不注意说话中的禁忌，对自己的沟通就不会起到好的作用。

小黄最近知道了自己老公在外面有了一位“红颜知己”，对于老公的这种行为，小黄很气愤，想过要与老公闹。但是，被朋友们劝住了，她也认识到了是自己有错在先的。自己不应该在老公面前老是强调别人的老公多么多么能干，自己没有哪一点比不上别人，但就是嫁得不如别人，自己如何如何的不甘心之类的话。就因为自己老是在丈夫面前说他的短处，才让他在不能再忍受的情况下，出去找那个“红颜知己”。

由于自己说了在婚姻中的禁忌话题，她对老公道歉。得到谅解之后，对老公的行为也给出了自己的理解与看法，认为老公在不影响家庭的前提下去找“红颜知己”是可以的。老公听了她的话之后，收敛了很多，将自己的心思全投入到了自己的家庭中。小黄与丈夫之间的关系也得到了改善，对于婚姻中的禁忌话题，小黄也有了自己的认识。

在与丈夫的交流中应该注意自己的说话方式，不能因为你们已经是一家人就无所顾忌，这样只会给自己的婚姻带来不好的影响。夫妻之间说话应该有所禁忌，不能自己想说什么就说什么，还应该考虑对方的感受。

夫妻双方之间相处的时间很长，对对方的长处以及短处都有一定的了解。但是，你不能因为对对方的了解就在交流的时候将对方的短处以及对方禁忌的话题说出来，说话的时候应该更多地考虑对方的感受，考虑你说的话能不能被对方接受。

赵丽和张华是一对刚结婚的夫妻，结婚之前两个人很相爱，结婚很长一段时间之后双方之间的关系也很融洽。对于婚姻中的一些不应该说的，或者不方便说的话他们没有问过对方。虽然心里很想知道对方的过去，但是他们明白，将这样的话题说得太清楚，让自己以没有隐私的状态暴露在对方的面前，只会让对方对自己的过去更加好奇。对于他们两个人的这种“都是一家人了，还设置什么秘密”式的生活方式，朋友们很不解。但是，看见他们运用这样的方式生活居然也过得很幸福，就问他们是怎么想的。赵丽说道：“两个人一起过日子，又不是过以前的日子，过的是眼前和将来，已经过去了的事，就不要再将它说起，这样只会让对方对自己的过去耿耿于怀，虽然对方不会将这样的耿耿于怀说出来，但是自己在这样的家庭里活得也很压抑，还不如将过去的事情忘记呢，过去了的，就是已经成为历史了的。”朋友们开始思考自己的生活方式、自己处理婚姻生活的方式，发现赵丽他们这样的生活方式确实能够给自己的婚姻生活带来好处，觉得自己在婚姻中不能再继续那种什么都对对方说的方式了。

在婚姻生活中，将自己所有的事情都告诉对方，只会对自己的婚姻不利。而适时地保持自己的秘密，则会让自己以及自己的婚姻充满新鲜与神秘。在婚姻生活中，不能考虑对方与自己已经是一家人了，就什么都说、毫无顾忌地说。无论是在什么情况下，说话的时候都应该多替别人想想，站在对方的立场上为对方想，会保持自己婚姻的长久。

把握好夫妻之间说话的禁忌，不说或少说绝情话，不要在说话的时候揭对方的短。根据自己与对方说话的情况明白哪些话该说，哪些话不该说，就能基本上掌握巩固自己婚姻的方式与手段。

多给他点积极暗示的话

在我们的感情生活中，有一个非常有趣的现象是，男人们的自我评价大部分来自妻子对他们的看法。如果妻子说他经常不守时、不懂得理财或者穿着邋遢，那么丈夫在某种程度上就会相信自己是这样的人，因为他相信妻子是这个世界上最了解自己的人，她的说法不会有错。

有个小故事，充分证明了这个观点。一次家庭宴会之后，丈夫帮助妻子收拾碗筷时，他的妻子想起了多年前的一件小事，就转身对她的一个朋友说：“小心！他常常会端不住碗，把汤洒得到处都是。”事情果然被她言中了，丈夫似乎是按照妻子的“旨意”去做的，当然，妻子并不希望他出错，但是丈夫却感觉到无论怎样这个错误都会成为事实。

有些妻子随时都要给丈夫一些提示，当然，她们的出发点是好的，这也是为了匡正他的行为，不让他出乱子，但结果往往不尽如人意。

向丈夫传达出负面暗示不仅使他受到伤害，而且对于我们来说也不会有任何收效。如果你认真审视一下你们夫妻间的关系，就不难发现这些负面暗示从未起到任何作用。在你明确地指出他的不足之后，他并没有花更多的时间陪孩子，没有比以前更频繁地去看医生，也没有就此改掉了一些不良习惯。通常情况下，当一个人丑陋的一面被揭开时，他是不会试着改善自己的。他最多不过是心不在焉地配合一下，最糟糕的是，他会很反感并按相反的意思行事。当你习惯了使用这种负面暗示的方法和丈夫相处时，最终会导致丈夫产生逆反情绪，使事情越来越糟。

相反，来自妻子的积极的暗示，却可以帮助老公找到自信，充分挖掘出自己的潜力来。

因为单位不景气，小米的丈夫下岗了。他先是卖了一年报纸，后来发现经销图书很有发展前景，就开了一家书店。事业刚起步，一切都很艰难，但小米却没有忘了给老公打气，当着亲朋好友，她总是自豪地说："以前，我真不知道他会这么能干，其实，他过去只是没有找到发展自己才华的机遇而已。现在可好了，他在这个行业里如鱼得水，我真佩服他掌握的行情那么准，捕捉的信息是那样的多，对读者的需求把握得那么好，进的书总是好销，总是供不应求……"毫无疑问，妻子的夸奖，给丈夫树立了良好的形象，从而也激励着丈夫把书店的生意做好。

当老公的事业走向正轨时，小米就成了他的福星和宝贝，不论他去哪里应酬，如果可以，他都带着小米；如果不带她前往，超过10点，就会往家赶。

对丈夫表现出信任是负面暗示的对立面，当丈夫看出你相信他会在事业上取得成功、会照顾好孩子、会明智地进行投资时，他不会忍心让你失望。

当你给予丈夫充分的信任时，即使你的信任看起来有些过火，但只要是信任就会激发丈夫不懈地朝更好的方向努力，同时唤醒他对你本能的温存。这时，你会相信自己当初决定嫁给这个男人是个正确的决定，他也会给予你更多的快乐和宠爱。

你和他之间那些善意的谎言

“爱一个人，就要爱他的一切，包括他的缺点。”这话阐释了一条爱情的真理。当一个女人选择了一个男人作为终身伴侣时，她就和他踏上了同一条船，两个人相处愉快，配合默契，这条小船才能更平稳一些，划得更快一些；若一直疙疙瘩瘩、别别扭扭，小船就容易搁浅，给身在其中的每一个人，带来的都是难堪和伤害。

再坚强的男人，都需要女人温柔的抚慰。一个好女人可以改变一个男人对自己的整个看法，使他变得更像个优秀的男人。

汤姆·乔斯顿在战争中受了伤，他的一条腿有点残疾且疤痕累累。幸运的是，他仍然能够享受他最喜欢的运动——游泳。

一个星期天，在他出院以后不久，他和他的太太在汉景顿海滩度假。做过简单的冲浪运动以后，乔斯顿先生在沙滩上享受日光浴。不久他发现大家都在注视他。从前他没有在意过自己满是伤痕的腿，但是现在他知道这条腿太惹眼了。

下个星期天，乔斯顿太太提议再到海滩去度假。但是汤姆拒绝了，说他宁愿留在家里。他的太太的想法却不一样。“我知道你为什么不想去海边，汤姆，”她说，“你开始对你腿上的疤痕产生错觉了。”

“我承认了我太太的话，”乔斯顿先生说，“然后她向我说了一些我将永远不会忘记的话，这些话使我的心里充满了喜悦。她说：‘汤姆，你腿上的那些伤痕是你的勇气的徽章，你光荣地赢得了这些疤痕。不要想办法把它们隐藏起来，你要记得你是怎样得到它们，而且要骄傲地带着它们。现在走吧，我们一起去游泳。’”

我们都希望，自己爱上的男人像施瓦辛格一样有一身发达的肌肉，像日韩明星一样有一副英俊的面孔，但是说出来，无疑让他伤心悲叹、自惭

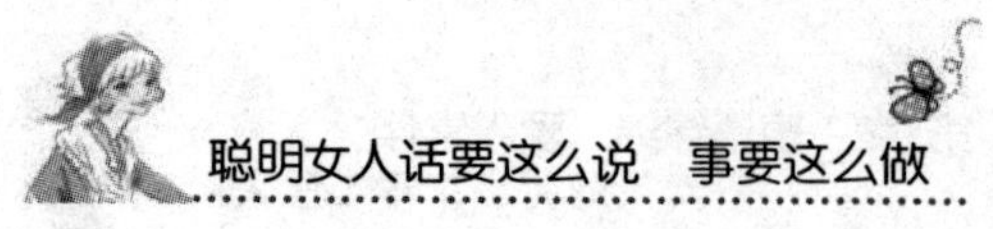

形秽。告诉他，你喜欢他毛茸茸的啤酒肚，因为它让你在冬天感觉到春天般的温暖；告诉他，你喜欢听他夜里像大灰熊一样打鼾，这样你感觉到安全。如果你爱他，就告诉他，你欣赏他的一切，他的缺点就是他的特点，你爱的就是他，他不必为了和你在一起而需要改变。

现在社会上有很多少年得志、腰缠万贯的男人，可你的爱人现在只是一个囊中羞涩的打工仔。你爱上他，不是因为他的存折，而是因为他本身。因为他健康、勤奋、幽默、善解人意而又忠实可靠。你选择他是因为你认为他是潜力股，他会富起来，他会让你的后半生过上物质文明和精神文明双赢的生活。没错，这是你的如意算盘。可现阶段他的确没有给你买房、买车的能力，为此他时常向你道歉，抱怨自己没本事，让你受苦。此刻，无论如何你要编出一个美丽的谎言："我真的不介意你有多少钱。"

在自己面前，你的伴侣总有些盛气凌人的感觉。突出表现是在和你谈天论地的时候总是喜欢争论，而且一定要分个高下。当然如果是你高他下，他肯定不会停止，他会在马路上突然提高音量，为了电影中某个角色的演技高低和你较劲。此刻，提高音量和他针锋相对显然是欠明智的，你需要给男人一点面子，哄哄他"你是对的，说得蛮有道理的。"暂时的退让只是为了日后更好地取用，男人总自以为是地认为自己知道一切、控制一切，可真正有实际控制力的是女人，女人总能不动声色地操纵着全局。所以，别和他计较了。

生活中的摩擦不可避免，女人们要明白，有一些善意的谎言可以减少矛盾，甚至拉近你们的距离。当然，以从小我们受到的教育，做人要做诚实的人，但是做女人，你必须做聪明的女人，才能在两性关系中对男人更有吸引力。为了让他更爱你，为了让你们的关系更紧密，你必须给予你的伴侣积极的影响。

第8章　交际有道，口能择言

——聪明女人收放自如

合适的称谓，给他人留下好印象

在与人交往中，应该注意自己对于他人的称呼，恰当的称呼，会给别人留下良好的印象，会使自己与别人的关系得到和谐的发展。而恰当地称呼别人，也就成了与人交往中必备的关键因素。当然，如何正确合理地称呼别人也是一个非常有讲究的事情，不恰当的称呼会使对方感到你的不礼貌、不尊重，甚至还会因此而生气，进而使你与对方之间的交流陷入尴尬的境地，你们之间的交流也会因此而被打断，无法正常进行。

对于别人的称呼应该以对方的年龄为主，但是又不能太较真，对对方的称呼应该以对方的年龄减少几岁，这样对方听了才会高兴，而你们之间的交流也会因为这样而能得到进一步的发展。

王女士今年已经七十多岁了，但是由于保养得好，看起来也就六十多岁的样子。人们遇见她都只是叫她阿姨，因为她不爱听别人叫她别的。有一天下雨，地上不太好走，而王女士正好从外面回来。这时，小区新来的保安小李赶紧跑过去扶住她，边走还边说着：“老奶奶，您小心点，您家里人怎么放心您这么大年龄了还往外跑啊？像您这么大年龄的人，应该多在家休息才对啊，他们真是太不像话了。”王女士听见小李说的这些话之

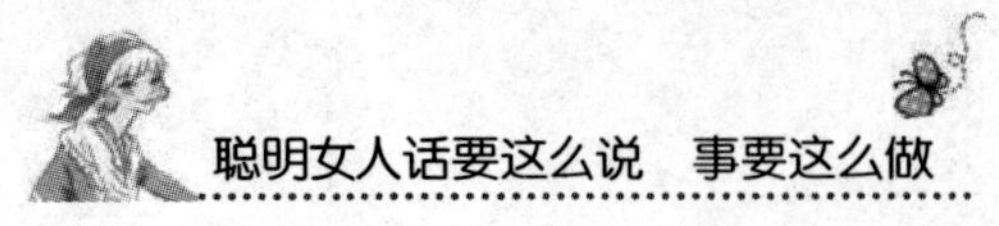

后脸色都变了，急忙甩开小李的手自己一个人往前走了。

小李愣在那里不知道发生了什么事，也不知道自己说了什么得罪王女士的话。而刚刚从保安室里出来的同事刚好看见了王女士一个人在前面走。小李也看见了自己的同事，就问同事，那个老奶奶怎么突然就变了脸色。同事说不知道，他只是看见了王女士甩开小李的手。同事知道小李是新来的，就想到可能是小李说了什么不好听的话。小李说：“我见这么不好走的路，那个老奶奶一个人在走，就去扶她，后来跟她说了一些话，她就这样甩开我，自己一个人往前走了。”小李的同事听出来了，小李就是因为叫了王女士为老奶奶，才会有这样的结果。他告诉小李，王女士只喜欢别人叫她阿姨，这时小李才明白过来自己错在哪。

第二天小李又遇见了王女士，于是热情地上去叫了一声阿姨，这时王女士别提多高兴了，还一个劲地夸小李有礼貌。恰当的称呼，帮助小李赢得了王女士的好感，这个恰当的称呼就是根据王女士的习惯而来的。你觉得恰当的，对方不愿意听，也会被认为是不恰当的，也会说你不会说话。因此，真正恰当的称呼就是那些对方愿意听，但是与现实差距不太大的称呼。

恰当的称呼别人，透露出你自身的一种修养，反映了你对对方的尊重。恰当地称呼对方，会给对方留下良好的印象，就像小李那样，最终叫了王女士一声阿姨，就得到了王女士的夸奖。而不恰当的称呼，不利于你在对方心中的形象，同时不利于你与对方之间交流的顺利进行。

称呼，在与人交往中具有很重要的作用，在与人交往中应该注意自己对别人的称呼。会说话的女性，知道称呼的重要性，知道怎样选择自己对别人的正确称呼。

根据对方的年龄、身份以及地域给予对方合适的称呼，对于正确处理自己与他人之间的交流沟通来说具有极其重要的作用。聪明的女人，对于如何称呼别人，也有自己的看法，她们不会因为称呼方式的不合适而阻碍自己与他人的沟通。

在恰当的场合根据对方的年龄、对方与自己之间的关系、对方的身份职业，给予对方恰当的称呼，不会让对方反感。因为你对对方的称呼是恰当的，还会赢得对方对你的好感，进而有助于你们之间交流的和谐发展，对自己、对对方都是有好处的。

其实对于别人的称呼不仅在沟通中具有重大的作用，还会成为表情达意的重要手段。即使是在路上遇见朋友，也应该跟对方打招呼，这是对别人的一种尊重，也是自己的一种表达自己礼貌的方式。对待不同的人就应该有不同的称呼，如果称呼错了，不仅会闹出笑话，影响自己与他人之间的交流沟通，甚至还会在此过程中给自己的沟通造成误会，让对方对你产生怨恨情绪。

恰当的称呼方式才会帮助自己实现与他人之间的良好沟通，让对方看见你的尊重，感受到你带给他的温暖。双方之间会因此而达到心理共鸣，双方之间的沟通也会因此而变得轻松舒畅。

交际中话要少说，避免掉入是非陷阱

古人很早的时候就告诫人们“祸从口出”，这是他们在长时间的生活中总结出来的至理名言，在现在的社会中，我们同样应该谨记。一些女人在说话的时候，口无遮拦，话说出以后，就后悔了。无心的话，经常会成为伤人的武器。

女人无论是在平时的生活中，还是在职场上，都应该时时地提醒自己少说话多做事，避免让自己掉入是非的陷阱中。尤其是在现在的职场上，更要注意自己的说话，言多语失，祸从口出。一些女性在平时的说话中，应该三思而后语，少说话、多做事有时候就会让自己少犯一些错误。尤其是在职场上，多说话未必就是一个好事，多做事少说话倒是能够获得不少人的青睐，尤其是老板的欣赏眼光。一个整天东家长西家短的女人，往往很容易得罪人，因为说不好，谁和谁有些什么样的关系，背后议论别人同时也会在无形中降低自己的人格，为自己以后的前途埋下不少的隐患。

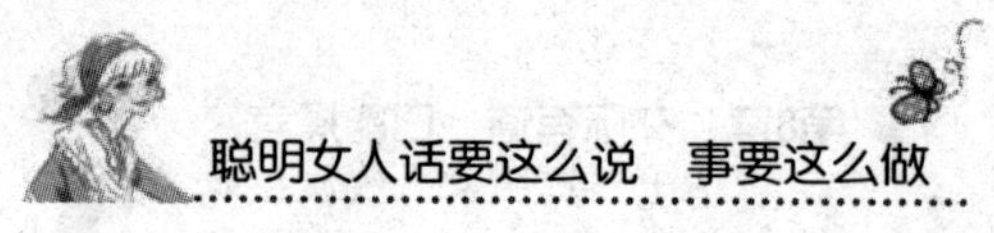

聪明的女人不论是在职场上，还是在生活中，都应该时时提醒自己不要乱说话，最好能够做到少说话多做事。做出的事情，是有实际效果的，这比说几千句空话都管用，领导也喜欢这样的员工，自己不用吩咐，无声无息地就将事情漂漂亮亮地做完了，看着就让人高兴，这样的人怎么会得不到领导的赏识。

在职场上，人际关系很复杂，有时候自己无心地说了一句话，可能就会伤害到很多人，语言对人的伤害，不是几句话就能圆过去的。职场其实就是一个小型的社会，这里面的人际关系非常复杂，女人不知道水深水浅，就使劲地往里面跳，无形之中，自己多说的那句话，就会成为别人心中最大的芥蒂，在遇到困难的时候，根本就没有人愿意帮忙。

女人在职场上应该多听少说，甚至是不说。尤其是刚步入职场的一些新人，初涉职场对很多事情都不了解，这时候，自己和谁交往，和谁多说了什么话，就会成为某些人攻击的对象。所以有些时候，女人就应该注意自己的言语，稍不注意，可能就会无端地卷入人际关系的是非之争。这对于初涉职场的女人来说，不是件好事。尤其是想在职场上大展身手的女人来说，更是一件很不利的事情。

初涉职场应该谨记这样一条忠告，平时的时候少说话多听，多做点实事。多听，你才会从中了解到更多的信息，尤其是职场上的更多的人际信息。通过这些信息，你就能够筛选出更多有利于自己的信息，这样自己在职场上就能更加如鱼得水，同时还能少走不少的弯路。一些在职场上有经验的人，总是很少说关于工作以外的话题，他们通常是嘴巴紧闭着，但是耳朵却是竖着的，积极地搜寻着周围的信息。言多就会暴露出自己很多的问题，甚至会在说话的时候无意中说出一些对自己不利的信息。很多时候，自己说的话可能不具有什么深意，但是在添油加醋的传到领导的耳中时，可能就会为你带来意想不到的麻烦。为了避免这样的情况出现，唯一有效的办法就是少说话多做事，没有一个领导不喜欢实干的下属，他们更欣赏的就是那些不需要老板督促，自己就能将事情出色完成的人。职场是一个复杂的大环境，任何想在这里面如鱼得水的人，都应该谨记职场的规则。职场上最忌讳的就是空谈，最应该做的就是实干，从工作的点点滴滴做起，自己就会积累做大事的经验。

女人们在一起总是喜欢说三道四的，工作之余更是将其当做一项饭后谈资，很多无心的话，就在这样的情况下诞生了，同时自己的前途就在无心之谈中谈没了。

所以，女人在职场上应该时时谨记少说多做的职场规则，只有这样才能在职场上左右逢源，少走些弯路。

真诚的话语更容易打动人心

女人在社会上行走一定要说话真诚。真诚的话语如一缕沁人的春风，能滋润孤寂的心灵；如一杯新沏的绿茶，安抚着酷暑下扰人的心境；如一滴心灵的洗涤剂，荡尽尘埃开启清澈的心房。说话真诚的女人往往给人一种信任感，能在纷繁中演绎默契沟通。

女人真诚与否，不仅仅表现在是否告知他人关于你的一切，而是看在彼此间交谈的时候，有没有欺骗的行为。女人而言，卸掉虚伪的假面具，释放满腔爱意和友情，营造感情温馨的氛围才是真诚所在。例如，对少管所的孩子来说，给予他们鼓励和支持，并教他们坚持努力的女人才是真诚的女人。

有位三十多岁的女心理学家到一家少管所访问考察并为在那里服刑的青少年辅导。当她在面对那些孩子模样的罪犯时，一时竟不知该如何称呼他们，因为在她的家里，自己的孩子也只比他们小几岁而已，看着这些孩子，她想起了自己母亲的身份。

若叫他们为犯人，孩子们心理上必然会产生反抗情绪，这样对辅导教育十分不利，甚至会扭曲他们的人生观；称他们为先生，显然也不太理想，最后她开口说“误触国家法律的年轻朋友”。

谁料这一称呼却收到了意想不到的效果，那些孩子们听到这一称呼时

都专注地凝视着她，有的甚至还激动得哭了。辅导过程相当顺利而且效果显著。

这位女心理学家一句真诚的称呼唤醒了服刑孩子们敏感的心灵，开启了他们脆弱的心门，显然这样的收效是她自己都未曾料到的。

女人一句真诚的语言常常包含三种含义：给予尊重，给予亲切感，对彼此相见或交往的珍惜。当她把这三样礼物，通过一句真诚的话语传达给他人时，也显示了自身的热情、开朗、风度和涵养。

女人说话的魅力并非你说得多么流畅而滔滔不绝，而在于你是否真诚。当你用得体的话语表达出真情实意时，自然就为你赢得了对方的信任，建立起了人们之间的信赖关系，对方也就可能由于信赖你这个人而喜欢你说的话，进而喜欢你这个人。

女人说话如果缺乏真诚，就如同滔滔不绝、一泻千里的演讲，就算言辞流畅优美，却因为缺少诚意而难以引人入胜；亦如同一束没有生命力的绢花，美丽优雅却不鲜活动人，缺少魅力。因此，女人说话要真诚，竭尽全力将自己的心意传递给对方。只有当他人感受到你的诚意时，他才会打开心门，才能实现彼此的沟通和共鸣。

女人真诚的话语好比温润的细雨，滋养万物细润无声；好比潺潺的流水，温婉动人丝丝入扣；好比融融的春光，明媚照人风华正茂。女人真诚的话语能把人与人之间的气氛变得愉快、祥和，好比化学反应中的酸碱中和，往往能够化干戈为玉帛，使双方真诚地握手言和。

真诚女人思想上的健美操，需要经过长期的修养锻炼；真诚是女人文化的积淀，需要达到一定层次的要求水准；真诚是一个女人整体素质的组成因素，体现着这个人的精神世界、道德情操以及文化素质。

女人说话贵在真诚，当遇到困难、挫折、不幸和苦恼时，真诚的话语和问候能赐予他人极大的安慰和支持。真诚是女人说话的最高境界，一个真诚说话并乐于面对生活的女人，定能成为一个真正拥有幸福和快乐的女人。

透过言谈看出对方心思

人们在交往的时候经常会说一些富含深意的话，有时是因为场合不合适，只能说一些模棱两可的说话。女人在和人交谈的时候，应该会听话听音，有些话是弦外有音，如果一听话是这样，不再加以分析，有时就会领会错说话者的意思。

女人在听人谈话的时候，不仅应该做一个认真的听话者，同时还应该做一个谨慎的听话者，能听得出对方话的真实意思，只有这样，才能领会透说话者的意图。

在谈话中首先听的是语速问题，如果一个人的语速较快，给人的印象是很外向，而且，他的性情很直爽，让人对他的办事能力非常相信。同时，一个人的说话语速快，就会给人一种无形的压力，感觉好像有什么很重要的事情发生了似的。如果这个人说话很有条理，就会让人觉得这人办事很果断、干练。如果这个人说话的条理不清楚，甚至说话的时候颠三倒四，就会让人的心情变得很急躁。

如果一个人说话的语速很慢，就会给人一种这个人办事非常谨慎，说话深思熟虑的感觉。如果语速过于慢，就会让人感觉到这个人非常木讷，办事效率不高，甚至办起事来犹豫不决，如果你的确有什么急事，就应该提醒提醒他。如果这样的情况出现在一个人身上，这就应该注意了，一般来说如果某个人对人怀有敌意的时候，说话的语速会比较慢。如果一个人做了什么亏心事，或者是对对方有愧疚的事，就会不自然地将语速加快，这时候就应该仔细留意他的行为了。比如一个男人回家晚了，他可能在下班的时候没有加班，只是和朋友出去玩了，他就会对妻子说自己加班了，这个时候为了掩饰内心的不安，他就会不自觉地加快语速。而谈话时不自觉地变慢语速，有可能是说到了什么不适合说的话，也有可能是将一些秘

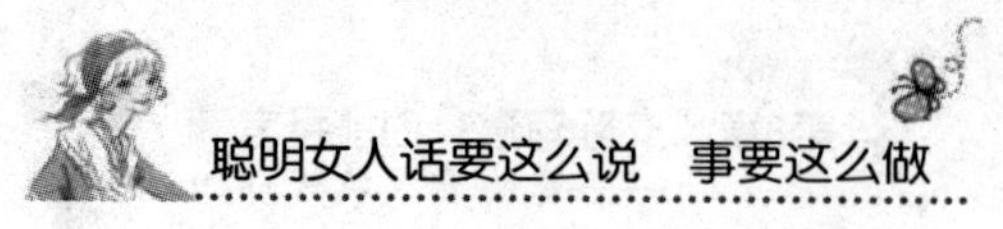

密无意中透露出来了，这时候就应该仔细想想如何应答，如果牵涉到自己无关紧要的事情时，大可以一笑了之。如果真的说到了不想提的话题，自己可以巧妙地转移一下话题。如果是透露了什么不能说的秘密，就应该仔细推敲一下了。

在人们交谈的时候，一些语调也会透露说话者的内心。一个自信的人说话的时候，通常是用果断肯定的语气；自信心不足的人说话的时候就会用一些不确定的语气，同时说话的时候经常是看着别人的脸色再说话。不诚实的人、内心有事情的人说话的时候，就会支支吾吾，含糊其词；内心平静没有什么心思的人，说话的时候就会心平气和。浮躁的人说话没完没了，木讷的人半天说不出一个字。内心比较极端的人，说出的话也是如刀一样直接插在人的心里；会说话的人，会让人听了心里非常舒服。两面三刀的人说话的时候，经常是说一些模棱两可、不得罪任何人的话，他们不敢直接表露自己的意思。

所以听人说话也是一门不小的学问，听出说话人的真实意思，再根据说话人的态度做自己想做的事情，这样解决起事情来才容易。如果一个人本来就没有什么地位，说话躲躲闪闪，你还非想让他帮你办成某件事，这就是非常不可能的。所以听话听音，你就能大体判断出这个人的一些基本信息，如这个人的身份、工作、交往的能力等，这些你都能通过倾听对方的言谈，判断个大概。有些时候对方是不是言过其实，是不是故意兜着说话，这些都是能听出来的。

经常会碰到这样一些情况，有些领导在吩咐下属做什么事情的时候，他们经常不会将事情挑明，所以这个时候，重要的就是听出领导的弦外之音，只有这样才能将事情做对。

有些女人在听话的时候，不会听到别人的弦外之音，经常会闹一些笑话。有个女人的品位不怎样，但还老是喜欢四处招摇，有人就说她："这件衣服真是适合你穿着去外交啊！"她以为别人是在夸她，还在心中沾沾自喜，这样的人就是不会听话音的人。

人们在说话的时候，都会讲究一些说话的艺术，说出来的话让你觉得很中听，其实他们说话的意思往往是在话的弦外之音上，仔细推敲，就能猜透对方的心思。

插话是门艺术，恰当时机才有效

会说话的女人不仅善于将自己的语言表述清楚，而且还善于在恰当的时间打断朋友的话而不被朋友厌恶。

在与朋友交谈的时候不能一味地只是点头同意朋友的意见，也不能一语不发，适时地插话能帮助朋友发散思维。知道在什么样的情况下说出什么样的话，这是一种智慧。而在别人说得正有激情的时候，突然插上一句，只会让对方反感，而且还是一种不礼貌的行为。

把握与朋友之间说话的插话时机，是女性必须懂得的一种说话以及处事的方式。聪明的女人不会在与朋友说话的时候不懂装懂，装出什么都已经听进去了结果什么也没明白的样子，她们在自己没听懂的时候，会给自己找机会说出自己的疑惑。

虽然认真听别人说话是一种对别人的尊重与礼貌，但是你在恰当的时间，向别人说出自己的困惑也是一种对别人的尊重。别人会因此而觉得你是在认真倾听他的话，对你提出的疑问不但不会反感，还会替你仔细讲解其中你不明白的地方。

与朋友说话时的最佳插话时机，就是等对方将自己的话说完。如果对方还没有将话说完，你就提出了自己的疑惑，并要求对方予以解答，这样是很不礼貌的。

小敏是一个刚刚踏入社会的女孩，对于自己的说话艺术她有很强的自信，觉得自己虽然是刚刚进入职场的新人，但是由于自己大学时代就经常研究职场人士应该怎样合理地说出自己的想法之类的职场说话艺术的书籍，所以对于自己的说话方面总是有着极强的自信。

最近，同事小燕好像遇到了什么自己难以解决的困难，经常闷闷不

乐的。小敏看见之后，就问小燕自己有没有什么可以帮她的地方，小燕见小敏这么热情就将自己遇到的困难向小敏说了一遍，同时对小敏的这种热情充满感激。可是，在小燕说自己的事情时，小敏却总是插嘴，小燕还没说完小敏就说：“把你刚刚那句话重新说一遍可以吗？我没听太明白。”小敏总是以这种方式打断小燕的话，这让小燕烦不胜烦，但是，想到小敏也是一片好心想要帮助自己，就没怎么说。但是，她从心里就做了一个决定——以后，无论遇到什么样的困难都不要找小敏帮忙，虽然小敏为人热情，但是她不懂得尊重别人。

小敏总是乐于帮助大家，但是通过与小敏的交往之后，同事们好像都对小敏的这种热情不太喜欢，这让小敏疑惑不解。小敏甚至觉得自己这么善于解决同事们之间的问题，这么明白办公室的说话艺术，大家不喜欢自己只是因为他们还不了解自己，等他们真的知道自己的好的时候，就会改变现在的状况。小敏还是深信自己掌握着职场说话的最合理的方式，对自己的说话艺术还是有着极强的信心，颇有一种天才不被世人认识的感慨，还没有认识到自己的行为其实就是错误的。

小敏以为与同事之间说话的语气尽量好，就能得到大家的好感。但是，她不知道说话的时候光凭语气好是不够的。小燕在和她说话的时候，小燕还没有说完，她就插嘴，这样小燕当然就会认为她是不尊重自己。而小敏呢，居然还没认识到自己的错误，自己就是错在不恰当的时机说出了不恰当的话，而这不恰当的话，是不能以自己的良好语气去掩盖的。

与朋友说话的时候，应该有始有终，让对方将话说完、说清楚之后自己再发表见解。自己所认为的合适的时机，或许在别人的眼里就不是合适的时机，如果你真的不能正确判断什么样的时机才是真正合适的时机，最保险的做法就是等到对方说完你再说，这样就会避免不恰当插话的尴尬。

有的女性在与朋友交流的时候，不注意对自己插话时机的把握。这样的女性往往认为大家既然是朋友就没必要忌讳那么多，只图自己说得高兴，不管朋友的感受。殊不知，这样的做法会影响彼此之间的感情，即使再好的朋友也无法接受你一而再再而三的不礼貌行为。

把握与朋友之家说话的插话艺术，也是说话的一种艺术，这种艺术能帮助女性更好地处理与朋友之间的关系。在恰当的时机说出自己心里的想法，不仅不会引起朋友的反感，还会得到朋友的欣赏。但是，插话的时机把握得不好，就只会让你与对方之间的谈话、交流陷入尴尬境地。

甜美的声线，让女性轻松打动他人

人生活在社会上就应该有与社会上的其他人沟通的能力，而沟通就成为了我们生活中的主要部分。在与人沟通中你所用的语言，你说话的声音、语气对你的沟通都有着重要的作用，甜美的声音，以及适当的语气能帮助你成功地打动人心，实现沟通中的成功。

有效的沟通方式，能在我们与人沟通的过程中帮助我们更好地与人交流。而这样的有效的沟通方式，在生活中又是可以通过实践来锻炼的。通过这样的锻炼，我们与别人之间的交流能力会得到增强，同时，我们与别人之间的理解也能因此而加强。

甜美的声音对于女性来说，可以帮助她们打动别人，从而获得良好的沟通效果，尤其是在打电话沟通的情况下。有时候甚至在没有和对方见过面的情况下，对方也会因为你的甜美声音而被你打动，事情就会朝着有利于你的方向发展。

小玲是一个贸易公司的职员，前几天她们公司的经理将自己拜访过几次的一个客户交给她负责。在将这个客户交给小玲的时候，同时告诉小玲，这个客户很挑剔，这让小玲感觉到了难度。小玲和那个客户只是进行电话沟通，而没有见过面，她怕见了面自己会紧张。但是，令小玲没有想到的是，这个很挑剔的客户，在与自己进行了几次电话沟通之后，居然一次性付清了几十万的全款，而且还是在没有交货的情况下付清的。对于客户这样的做法，不光是小玲想不到，就连将这个客户交给小玲的经理也没有想到。

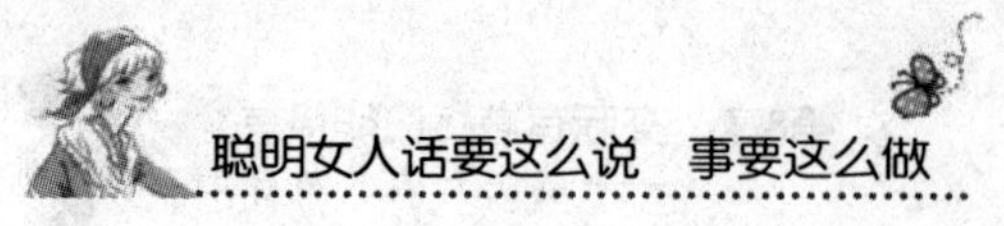

这让小玲难以想象，在以后与这个客户的接触中，小玲就问客户为什么会在没有交货之前就将全部的货款付清了，而且他们两人还没有见过面。客户说就是因为小玲甜美的声音打动了他，他才做的这个决定。客户说自己的工作中就需要这样的甜美的声音来帮助自己舒缓压力，而小玲的声音正是客户想要听到的那种甜美的声音，小玲就是用自己的甜美的声音打动了这个挑剔的客户。仅仅是因为对方声音甜美，就做出了这样大的决定，可见甜美的声音能带给女性多大的好处。

女性甜美的声音，能帮助听她说话的人缓解浮躁与迷茫，甚至这样的甜美声音还能让人们得到享受。这样的声音是谁都爱听的，谁都不会拒绝的。

一个客户仅仅因为供应商是一个声音甜美的异性，就在从没与对方见过面的情况下被其吸引，并作出了如此之大的决定。这令人不可思议，但是甜美的声音却真的有如此之大的吸引力。

甜美的声音可以穿透人们的心灵，懂得控制并驾驭自己声音的女性就是那些聪明的女性。拥有甜美声音的女性，往往在与人沟通中能帮助自己取得较好的沟通效果。甜美的声音就是世界上最好的乐器，甜美的声音打动人心，帮助女性实现与人之间的成功交流。声音甜美的女性更有魅力，如果想在职场上充分展示你自己，就必须注意锻炼自己的声音。

人与人之间的交流主要是靠声音来实现的，可见声音在其中的重要性。甜美的声音无疑在这样的沟通与交流之中具有不可替代的作用，有人甚至认为声音已经成为了身体的一部分。甜美的声音不仅能帮助你吸引异性，更是你工作与事业成功的重要因素之一。

有的时候声音也是女性的一种武器，拥有甜美声音的女性，即使是在训斥别人，也不会让别人感到难以接受。虽然说一个人的声音是无法改变的，但是就算自己的声音不够甜美，你也可以通过改变自己说话时的语气来尽量地使自己的说话方式能更易于被别人接受。如果你找到了适合自己的说话方式以及语气，认为这样的方式能令自己的语言更易于被他人接受，就试着运用这样的语言去和别人交流，会有你自己也想不到的良好效果。

甜美的声音，能让别人在与你交流的时候感觉到你的亲和力，对你的人际交往以及工作都有积极的作用。而一个说话声音太硬的女性，则会让人感觉她说话就像是在念大字报似的，很不自然，也就没有与之继续交流的想法。

声音是一个女人的修养与优雅的外在表现，即使是一个外表很好的女性，如果声音不好听，也会影响她的个人魅力。而那些声音甜美、充满魅力的女性，则会拥有更多的自信，改变自己的气质，而且能在关键的时候帮助她们改变自己的人生与命运。

第9章　智言妙语，恰当言辞

——职场之上说话滴水不漏

职场女性先会“听”再学“说”

每个人都有两只耳朵与一张嘴，这就告诉我们要多听少说。在生活中，真正做到了多听少说的女人往往是那些最有魅力的女人。仔细倾听别人说话，是对别人的一种尊重、一种赞美。只有尊重别人，才会得到别人的尊重。在与人交往中，善于倾听的人会得到别人的认可，在职场中也是，善于倾听的女性会拥有更多的机会。

倾听是对别人最好的赞美与尊重，只有懂得倾听的人，才会受到他人的欢迎。在职场，无论是面对上司、下属，还是顾客，都应该注意倾听。懂得倾听，并且“听而不厌”就是为自己扫清了职场前进道路上的障碍，为自己的前进与发展提供保障。

小丽是公司里最年轻的员工，是一个很有上进心的女孩，大家都很喜欢她。在公司里，无论大家和她说的话题与工作有关还是无关，她都能做到仔细倾听。而另外一个同事小张，就只会在公司里说自己的事，不善于倾听别人说话，虽然她也很努力地工作，很有上进心，但是，别的同事就是不喜欢和她说话，因为和她说话没有被重视的感觉。

由于小丽善于倾听，并且听而不厌，受到了同事们的欢迎，而小张不能做到善于倾听，所以无法达到小丽那样的受欢迎程度。办公室的人事关系很复杂，像小张那样不能受到同事们的欢迎，就会被孤立，在办公室的处境也会变得很尴尬。

善于倾听并不仅仅是用耳朵去听，更要用心去听、去感受，只有这样，才能让你交到真正的朋友。倾听，也并不是说要保持沉默，更重要的是要帮同事分析她所说的事情。如果只是简单地用耳朵去听，而不用心去理解对方的心意，那也没有达到倾听的目的，也不能够和对方进行有效的沟通。

身在职场，与同事之间的沟通很重要，会沟通的女人更受别人的喜欢，而善于倾听的女人则更能帮助自己实现自我价值的增长，赢得更多人的尊重。倾听时也应该注意做到“听而不厌”，如果同事向你倾诉的事情是她以前说过的，也要做到仔细倾听，只有这样才算是真正做到了仔细倾听。

刘芸是某公司的员工，她所在的部门有一个大姐经常向她诉说自己工作和生活中的事，而且一般都是祥林嫂那样的重复式地诉说。但是，刘芸从来没有烦过，都是仔细地倾听，并且帮她分析造成这种局面的原因，这让那位大姐非常感激，同时也让别的同事非常不解。他们问刘芸：“她每次说来说去都是那几句话，你怎么还听得下去，还帮她分析？”而刘芸说，她这样做是对大姐的尊重，如果谁都嫌她烦，不理她，那么大姐就会觉得自己只是别人的累赘，觉得自己没有受到他人的欢迎。

职场中的女性，应该像刘芸那样，不仅善于倾听，更应该听而不厌。这样是对同事的尊重，在这个过程中，也会给予同事一份自信。真正做到了仔细聆听他人说话，他人就会在以后回报你的真诚。

职场女性应该注意，当对方所说的话比较多，甚至是有些混乱的时候，也应该耐心地将对方的诉说内容仔细听完。这里面肯定会有你不爱听的话，但是，无论是什么情况你都必须将话听完，不要中途打断别人的话，这是一种不礼貌的行为。

职场犹如战场，而身处职场的女性更得注意自己的言行举止，一不小心就可能成为办公室的公敌。想要别人接纳你，你就先得表现出自己的友好，这种友好可以通过冷静倾听他人的诉说开始，能仔细倾听他人说话的人会得到别人的尊重，受到别人的欢迎。但是，你能做到认真倾听他人的话语，但是却对别人说过几遍的话题感到厌倦，或对别人混乱的逻辑感到厌烦的话，那只能说明你还没有真正学会如何倾听。

女人倾听，要用口、眼、心相互配合，使得倾听更有成效，而你的巧妙应答可以帮你将别人的话题引到你感兴趣的方面，从而帮助你掌握谈话的主动权。没有人会拒绝一个善于倾听，并且“听而不厌”的人。所以，善于倾听的女性，会处处受欢迎。

诚信，是女性在职场打拼的金字招牌

言必行、行必果，表现的是女人的为人态度和格调，是好女人为人称道的品质。古人说：人无信不立。女人要踏实做人、守住家庭和事业都离不开诚实守信。诚实守信就是女人智慧做人的基石，没有一种成就是建立在谎言和欺骗之上的。

信，讲的是人在言谈中的诚实性，言由心生，表里一致。女人在言谈中要有诚信。心有诚意，口中说的话才让人信服；口出信语，做人则必慎行，从而让人信赖。正所谓：自尊者人恒尊之，自敬者人恒敬之，自信者人恒信之，这是人际交往的必然规律。

女人说话不是敲击锣鼓，而是敲击人的“心灵”，而敲击人“心灵”的最好方法就是诚实的语言，只有用一张诚实的嘴与人交往，才能换来彼此的心灵相通、坦诚以待。如果女人说话只追求外表漂亮，缺乏诚实的感情，开出的也只能是无果之花，无法言而有信地行走世界。

女人与人交谈，贵在诚实，只要你与人交流时能捧出一颗言而有信的心，一颗真诚质朴的心，怎能不让人感动？诚实的语言，不论对说者还是对听者来说，都至关重要。说话的魅力，不在于说得多么流畅，多么滔滔

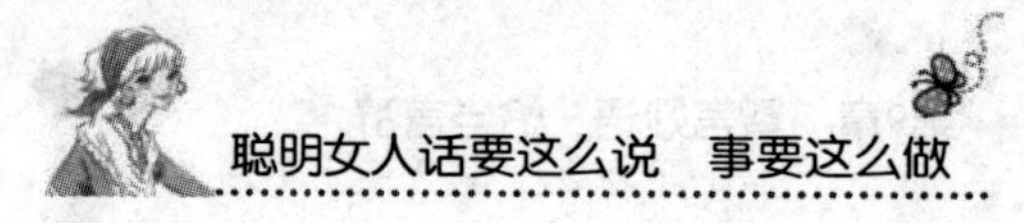

不绝，而在于是否善于表达诚实。最能赢得人心、最言而有信的女人，不见得一定是口若悬河的女人，而是说话诚实的女人。

“互酬互动效应”是心理学家认为的人际交往中存在的效应，即你如果诚实地对待他人，对方也会以同样的方式对待你。如果你能用得体的语言表达自己的诚实，就能很容易赢得对方的信任，与对方建立起信赖关系。

“杀猪教子”讲的正是说话言而有信的故事，教育女人从小就应该树立诚信做人的观念。一天，曾子的妻子要上街，她的小儿子哭闹着也要跟着去。妻子便哄儿子说：“你回去等着我回来杀猪给你吃肉。”等她从街上回来，就看到曾子真的要杀猪，她急忙阻拦道：“我是跟孩子说着玩，哄他的，你怎么当真呢。”曾子说：“同小孩子是不能开这样的玩笑的。孩子年幼没有知识，处处会以父母为榜样，听从父母的教导。你今天欺骗他，就是教他骗人。做母亲的欺骗自己的孩子，那孩子就不会相信自己的母亲了。这不是教育孩子的好办法！”于是，曾子杀了那头猪，煮了肉给孩子吃。

这样一个小故事告诉女人们，诚实的话语才能够打动人心，才可称得上是“金口玉言　”、“一字千金”。在生活中，有些女人长篇大论甚至慷慨陈词，可就是难以提起听者的精神；而有些女人仅仅寥寥数语，却掷地有声。这是为什么呢？很简单，后者能诚实反映自己的内心世界，能设身处地地站在对方的立场，为对方着想，因此她们的话总是能打动人心。

说话诚信是作为女人的一个基本的道德规范。与人交谈，首先要保持诚信。当然，“信”还包含同心相知、彼此信任的意思。也就是说，女人在彼此交往中要以诚信相待，不因偶然事件而动摇，不因时光流逝而褪色，这才称得上是真正的诚信。

说话是否诚信，对每个女人的生活、事业乃至闲暇娱乐都十分重要，言之有信的女人，处处都受人爱戴和欢迎。在生活中，她能认识许多本不相识的陌路人，共同进退；能与许多志趣各异、性格有别的人互相了解，

彼此需要，共绘快乐；能够为他人排忧解难，消除误会与隔阂，共享美好生活。在工作及事业上，她能充分利用自己的语言交际能力来说服他人，使工作顺利进行，左右逢源。可以说，说到做到，是女人追求成功事业的必备条件和言而有信修养的体现。

不恰当的沟通方式是职场交流禁忌

人生活在这个社会里，就时时刻刻需要与人沟通交流，这样才能让你实现和别人的和谐相处。与人沟通的时候需要自己去创造一种氛围，这时如何与人恰当地沟通就显得尤为重要了。

沟通的障碍对自己以及与自己沟通的人都没有好处，应该避免出现沟通障碍的情况。不恰当的沟通方式也就是沟通障碍所引起的后果，这样的情况在沟通初期就注意改变自己的沟通方式是可以得到解决的。

扁鹊觐见蔡桓公，站着看了一会儿，说道：“您的皮肤纹理间有点小病，不医治恐怕要加重。”桓侯说：“我没有病。”扁鹊离开后，桓侯对左右的人说：“医生总喜欢给没病的人治病，拿来炫耀自己的功劳。”过了十天，扁鹊又觐见，他对桓侯说：“您的病已到了肌肉里，再不医治，会更加严重的。”桓侯不理睬，扁鹊只好走了，桓侯又很不高兴。过了十天，扁鹊又觐见，他对桓侯说：“您的病已到了肠胃，再不医治，会更加严重的。”桓侯还是不理睬。扁鹊只好走了，桓侯又很不高兴。又过了十天，扁鹊在觐见时远远看了桓侯一眼，转身就跑。桓侯特意派人去问他为什么跑，扁鹊说：“皮肤纹理间的病，用热水焐、用药热敷，可以治好；肌肉里的病，可以用针灸治好；肠胃的病，可以用火剂治好；骨髓里的病，那是司命神的事情了，医生是没有办法的。桓侯的病现在已到了骨髓，所以我不再过问了。”过了五天，桓侯浑身剧痛，派人去寻找扁鹊，扁鹊已逃到秦国去了。不久之后桓侯就死了。

蔡桓公是一国之君，而名医扁鹊又在自己身边，这样还会丢掉自己的性命。究其原因，就是因为扁鹊告诉他他有病的时候，两个人没有得到良好的沟通，他对扁鹊的不信任的态度阻碍了他们二人的沟通，而这样不恰当的沟通造成了蔡桓公失去自己性命的恶果。由此可见，不恰当的沟通方式所产生的后果有多严重。

那么，该如何避免不恰当的沟通方式呢？这就要求我们掌握好恰的沟通方式，按照恰当的沟通方式去与人沟通交流就能避免不恰当的沟通方式。

做到恰当沟通就必须做到把你的信息、情感以及思想统一起来。在此基础上将三者同时进行，这样可帮助自己实现信息的有效沟通。但是，在这样的过程中也应该分清主次，知道什么样的层次是重要的，什么样的层次是次要的，什么是沟通中的重点。

恰当的沟通就是不断地跨越障碍和别人的一系列互动的过程。这个互动可以利用当时的环境特点来帮助自己实现。

刘先生是某个健身俱乐部的销售总监，最近他报名参加了一个排球的培训班。在一次训练结束之后，刘先生和自己旁边的一位一起训练的队友聊天，无意中发现那位队友是一位运动爱好者，参加了不少的体育活动，并多次得奖。刘先生对这位队友很是佩服。

这位队友知道刘先生的职业之后，表示自己对去健身俱乐部锻炼身体很感兴趣。刘先生就继续和那位队友聊天，并且通过这次聊天，两人成为了好朋友。不久之后，那位队友真的成为了刘先生的客户，而且还将自己的很多朋友介绍给了刘先生。这样，刘先生有了一大批客户，这不仅让刘先生感到高兴，同时刘先生这么好的业绩也让老板非常满意。

刘先生自己也没有想到一次聊天就为自己带来那么多的客户，这完全是自己没有预料到的事情。别的同事也相信刘先生只是一时运气好而已，但是，这真的只是一时运气好吗？不是，而是因为刘先生在适当的时间、适当的环境下，说出了适当的话，这样才有了这意想不到的结果。

刘先生就是利用训练时的特殊环境给自己带来了良好的友谊，以及工

作上的业绩。由此可见，良好而恰当的沟通对于我们来说具有重大的积极作用。

如果女人们懂得在关键的时候说关键的话，那就离成功不远了。

感谢的话语不用遮遮掩掩

人与人之间总是存在着某种莫名的联系，在你遇到困难的时候，别人帮你，说明他看得起你，把你放在心上了，不管这个忙是大是小，心都是一样的。面对别人的帮助我们都会立刻表达自己的谢意，如“谢谢你”，“太感谢你了”等，这是非常得体和有礼貌的做法。然而有些女人并不如此，她们腼腆局促，与人接触时总觉得浑身不舒服，面对别人的帮助，虽然心里感激，可是感谢的话却说不出来。也有些人，想着不过是个小忙嘛，我们这么熟了，还说什么谢啊，以后有机会请她吃个饭得了。不想一拖再拖，这件事也就没了着落。

有这样一个小笑话：六岁的毛毛手里拿着一支棒棒糖兴冲冲地跑来，对爸爸说：“小李子叔叔给我买的。”爸爸说：“你说了‘谢谢’吗？”毛毛说：“没有呀。”爸爸说：“真没礼貌，快去！对小李子叔叔说声‘谢谢’。”过了不久，毛毛回来了，爸爸问：“谢过了吗？”“谢了，但已经没用了。”毛毛回答说。“为什么？”“小李子叔叔说不用谢。”

虽然这只是一个小笑话，却给我们敲响了警钟，感谢的话说得不及时，放到以后就没有用了。在人际交往中，很多人扮演着毛毛这个角色，她们有的是因为的确不会说“谢谢”，而有的则是认为不需要说“谢谢”，不论如何，这两种人都是欠缺人际交往能力的，要在认识到自己错误的前提下积极改正并锻炼自己的语言能力。

女人都有三两个密友，平时说话做事更是亲密惯了，对方的东西拿来就用，别人帮了自己认为是理所应当，谁让我们关系好呢？实际上并不是

这样，任何人对你的帮助都不是义务，也不是理所应当的事情，反而在别人帮助你之后，即时的表达自己的谢意才是有礼貌尊重人的行为。

一句“谢谢”，虽然只有短短两个字，其蕴含的意义却是深远的。

首先，通过这两个字你向对方表达出了自己的感情。每个人在接受别人的帮助和善意的言辞之后都会产生一种感激之情，“谢谢”两个字刚好把你的感激传达给对方，这种自然感情的流露是最真诚的。

其次，一句感谢的话还能够强化双方之间的好感度。人脉资源学认为：人际交往是一个互动过程，一方的善意行为必然引起另一方的“谢意”，例如感谢；而这种“谢意”又将进一步使对方产生好感，并发出新的善意行为。这样，就使双方的关系进一步达到融洽。

再者，感谢的话还可以对双方的距离感进行调适。生疏者通过“谢意”可以拉近彼此的距离，是双方有站在同一条船上的亲密感。当然若是你想与对方拉开距离，“谢谢”两个字也是可以帮大忙的，比如别人在对你进行讨好时，你可以说声谢谢然后转身离开，既不会伤和气，也能够表明自己不想与之为伍的意思。所以说“谢谢”两个字真是不可小视啊。

当然，即时说出感谢的话是一个人有道德、懂礼貌的表现；在此之上，即时道谢也能够满足对方的心理需求。我们都说要向雷锋同志学习，做好事不留名不求回报，然而真正能做到这一点的能有几人呢，即使别人真的可以做到，也还是需要你一句“谢谢”来证明别人的行为是正确的、值得的。你的一句谢谢是对别人的感激也是鼓励，如果每个人做好事都得不到别人的肯定，以后就没有做好事的人了。

人，似乎越大，就越羞于表达自己的感情，对亲人，对父母，或者是对爱人。所以感谢的话要及时说，在别人帮助你之后表达情感要比平常更容易，更能促进双方的感情。当然，对不同的人要说不同的感谢话，每个人要根据自己身份的不同来调整。比如对待长者给予的意见，我们可以说：“谢谢您，您的话使我茅塞顿开，让我想通了很多事情……”这样的话一来表现了对老人的尊敬，二来肯定了老人的生活经

验和意见，让对方有一种满足感并且对你有一定的认可。如果是对待自己心爱的恋人或者老公，你可以说：“谢谢老公，我就知道你是最疼我的，我的老公最棒了……”这样既有感谢，又有鼓励，还蕴含了自己对爱人的爱慕，可以说是促进感情的最佳方式了。当然如果对待同性朋友或者闺密，你可以用比较轻松的方式来表达谢意，如：“多亏你帮我想着呢，否则我就出大错了”等，既显示了你们之间亲密无间的关系，也表达了你的感激之情。

总而言之，“谢谢”两个字说起来虽然容易，但是真正在表达谢意的时候，还是要因事因时因人而异。最重要的是，感谢的话不要留到明天再说，及时表达才有好作用。

酒桌上的妙语言谈为女性拓宽事业路

酒，普遍用于现代人的交际应酬中，而且所起的作用也是极其重大的。酒，可以说是人际交往的一种媒介，在与人交往中发挥了越来越大的作用。所以，职场中人探索酒桌上的奥妙就成为了必需，这样有助于自己的交易顺利进行。但是，酒桌上的语言也有值得注意的地方。

酒桌上一般都是宾客较多的，这时就要谈到一些大家都熟悉的话题，大家都能参与进来，这样才能得到广泛的认同。尤其值得注意的是，在谈话、找话题时要避免出现话题太偏的现象。大家不能跟着你的话题走，不是曲高和寡，而是你忽略了大家的看法与见解。而且，在酒席上也不能显示出与某人特别要好的动作与行为，这样的做法其实是你在孤立大家，不会得到大家的好感。

一般的酒席宴会，都有一个主题，也就会有一个组织者。这时需要做的就是分清楚谁是宴会组织者，把那些只是单纯为喝酒而来的人，尽量地剔除出自己选定的朋友范围，不要因为那些酒徒而让自己失去结交好友的良好机会。

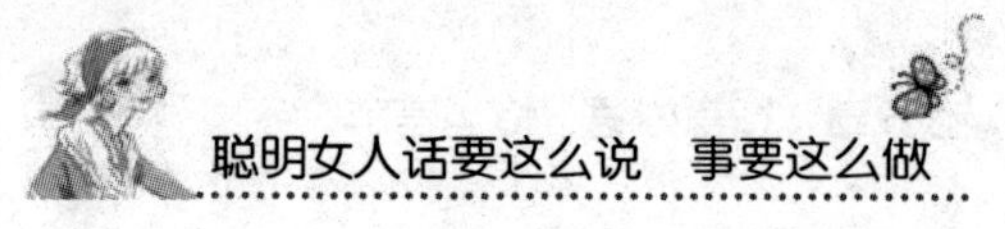

酒桌上的语言很重要，它能显示一个人的才华、常识、修养以及交际品位。有的时候，留给人家的好印象可能仅仅只是你的一句幽默的话。酒桌上也应该知道什么样的话该说，什么样的话不该说，知道什么时候适合说什么样的话。这一点是极其重要的。

酒桌上往往会有人劝酒，有些人总是将宴会看成是战场，一定要将对方喝倒为止，并认为喝不到那么多就是看不起自己，就是不实在。殊不知，这样的做法并非适合每个人，对于酒量小的人来说，这样的做法是不合理的，不能接受的。这时，劝酒就应该适量，不能过分，甚至过分地劝酒还会影响到自己与他人的友谊。

有酒桌，就一定需要敬酒，而敬酒也是一门学问。敬酒一般都是年龄小的敬年龄大的，辈分小的敬辈分大的，还要分清主人与宾客之间的关系。遇到一起参加宴会的人都不认识的情况时，也应该打听清楚对方的身份，避免出现敬酒时颠倒顺序的尴尬。你对其中某人有事相求时，对其敬酒时必须谦恭有度，对于长辈也应该持这样的态度。

无论是在什么样的情况下，与人交往，交的都是“心”，酒桌上也不例外。想要获得别人的认可与肯定，就应该了解对方的心，仔细分析对方的心境，也只有这样，才能帮助自己实现人际交往中的左右逢源，也才会在酒桌上扮演好自己的角色。

酒桌上能显示自己的实力，但是，也必须对自己的实力有正确的分析才行，不能锋芒毕露。正确的做法是，给自己保留一些说话的余地，在不让对方小看自己的前提下适当地展现自己的才华。只有这样，你的能力才会得到别人的认可。

身处职场，不能不喝酒，大部分的业务都是从酒桌上谈来的。逢年过节，公司也都会有聚会，聚在一起总结一下过去，展望一下未来。酒桌上能带给你一定的工作业绩，能帮助你的求人以及交际更顺利地进行。

下篇

做事：这样的女人左右逢源

第10章　结交朋友，储蓄人脉

——女人做事要注重感情投资

感情要维护，不做过河拆桥的事

过河拆桥、忘恩负义一直是做人的大忌，没有人愿意和这样的人打交道。老人们经常对年轻人说的一句话就是做人不可忘本。

女人做人更不应该做个忘恩负义的小人，用得着就将对方拿过来用，用完了觉得没用了就一脚踢开，这样的人不仅不会做事，更不会做人，未来的某一天她终会自食自己酿的苦果。一些成功人士经常说的一句话就是先做人后做事，做人做成功了，做事情的时候才有可能成功。一个连做人都不会的人，又怎么可能做成功事情。成功人士不仅在自己熟悉的领域里能够有所作为，就是他们做人的风范一样值得人们学习，这些人毕竟是有情有义言出必行的人。人在做什么事情的时候，总是会为自己留一条后路，过河拆桥的人就是自己将自己的后路给毁了。

女人应该时时警醒自己不要做这种冒险的事情，这样不仅会毁了自己的事业，同时还让自己的人格蒙羞。过河拆桥的人就是没有道德的人，丢掉了做人的根本。

一个复旦女大学生从上中学的时候，就受到一位姓田的火车清洁工人的资助，从她上中学、高中，一直到她念到复旦大学，这位清洁工人都给予了很多经济上的援助。这位女大学生毕业的时候，应聘到一家美国的某公司上班，月薪数千元，但是她从此就从这位清洁工的视线里消失了，甚至连个慰问的电话都没有打过，不知道是怕清洁工人找上门来让她还债，还是怕对方要纠缠自己，总之是从此就没了这位女大学生的音信。且不说这位女大学生还受过高等教育，就算是没有受过高等教育，做人也不应该这个样子，这就是典型的过河拆桥。

女人做人做事应该有情有义，这与女人的学历没有关系，就算是一个不识字的人，也一样能懂得做人的道理。做人是做事成功的基础，一个连最起码的道德都没有的人，做事的时候又怎么可能成功呢？过河拆桥的人是一个没有道德底线的人，这样的人不管到哪里，总是不能成功的。女人更应该注重自己的名声，就像女大学生，不管她以后能取得多么大的成就，她在做人上也是失败的，这就是她一辈子的污点。

古人就非常重视自己在做人方面的修养，只有被人所不齿的小人才会做出那种过河拆桥的勾当，但凡有点君子气质的人，都是主张做一个有情有义的人。在动物的世界里，人们会惊奇地发现好多令人感动的事情，有些小动物当自己的同伴因为某些意外丧生之后，总是死死地守候在同伴的身边。曾经有只小狗在同伴的身边整整守候了一天一夜，就算是别人靠近它同伴的尸体都不行，稍微近一点，就会受到它的攻击。

不要以为动物就是比我们低等，有时候它们做出的事情，令身为人类的我们感到汗颜。在动物的世界中尚且知道对待伙伴应该有情有义，作为人类的我们有时候却置人们之间的感情于不顾，完全以自己的功利心考虑所有的事情，这真的是人类的可悲。

女人无论是想成就什么样的事情，首先最重要的就是树立自己的良好形象。不过河拆桥是做人的底线，尤其是对方和自己之间的关系已经很长久的情况下更是不能过河拆桥。不过河拆桥虽然不会给你带来经济上的帮助，但是你的形象一经确立，这就是在为你自己打广告，以后会有更多的人帮你，这样你的人缘关系就会非常好，人脉也会不断地变广，这是一种潜在的财富。

现在的社会上，良好的信誉要比其他的一切东西更有价值，因为合作已经成为了人们的共识，而挑选自己的合作伙伴最重要的一条标准就是对方的人品。一个过河拆桥的人，有谁愿意和这样的人合作呢？所以女人不管是工作也好，还是自己想成就事业也罢，首先最重要的就是要有做人的道德底线，那就是不能过河拆桥。

多交朋友，关键时刻才能为己所用

女人交朋友的时候，应该多拓宽自己的交友渠道，不要老是凭着自己的感觉走，尤其是一个想在事业上有所作为的女人，更应该多交一些对自己有帮助的朋友。

女人在交朋友时，往往都是凭着自己的感觉走，觉得和自己有话说，谈话的时候发现对方和自己有很多相似的地方，只能和这样的人交朋友，这样的观点就错了。因为很多时候，对自己有帮助的朋友往往不是这些和自己志趣相投的朋友，而是其他的一些朋友，比如说和自己优势互补的人，或者是和自己性格相反的人，这种事情是非常普遍的。

所以女人在交朋友的时候，不应该只将自己的眼光放在那些和自己志趣相投、性格相似的人身上，一些和自己性格相反的人也是可以交的，比如自己做事非常冲动，做事的时候容易欠考虑，而你的另一个朋友性格可能比较沉稳，做任何事情都是深思熟虑，这样的朋友在你做出什么决定的时候，总会给你一些非常有用的建议。还有就是一些和你专业不同的人，同样也应该列为你的交友对象，不要以为朋友就是和你在某专业领域非常有话说的人，不同专业领域的朋友会在你需要的时候为你提供一些你根本就不知道的信息，而这些信息的有无可能直接关乎着你事业的成败。还有就是一些比较有经验的老人也应该是你的可交之人，老人经过了很多的风雨，有很多关于人生还有事业上的经验，他们的帮助可令你少走很多弯路。这些朋友的关心和帮助是你事业之路上非

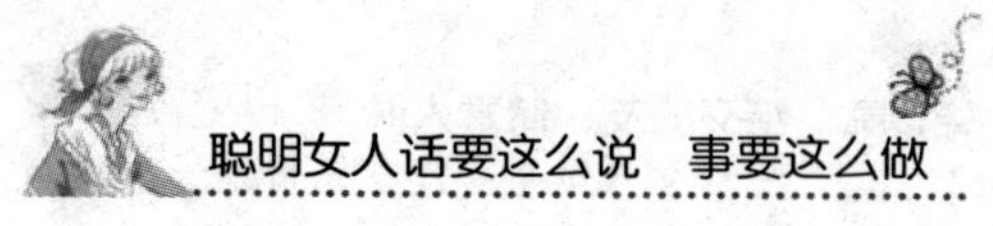

常宝贵的财富。

女人应该放宽自己的眼界，正视来自各方面的朋友，不要小看这些朋友，在关键的时候这些朋友的有无，直接关系到你事业的发展，因为这些就是你的人脉资源。一位女经理曾经劝解人们交友的时候，一定要多交一些和自己不同领域的人才，因为她是搞电脑的，所以她的很多朋友都是电脑领域的。有一次，因为公司想拓展规模，需要一些市场上的消息，但是因为这位女经理根本就没有市场上的朋友，所以工作进展得非常慢。经过这件事情以后，这位女经理就非常注意自己交友的范围了，她现在的朋友非常多，好多都是和自己专业领域不同的人。

女人喜欢和自己年龄相仿的人打交道，所以很多女人不屑于和上了年纪的人交朋友，其实人生多几个“忘年交”也是非常有益的。因为年轻人做事的时候，非常容易冲动，经常在做事之前，会考虑不周。一些年轻的女性，甚至认为上了年纪的人，做事非常的保守，思想也比较顽固，甚至是非常固执，和上了年纪的人打交道，根本就是一种折磨。其实不然，每个人都有自己的优点和缺点，每个年龄阶段的人也有各自表现出来的共同点。上了年纪的人，虽然说思想比较保守，但是正是因为保守，所以他们做任何事都是经过深思熟虑的，而且他们做出的决定往往都是风险系数最小的。年轻女人做事的时候，非常具有创新精神，而且对于新观念新思想接受起来也非常快，但是她们的缺点也体现出来了，做事的时候会考虑不周，比较容易冲动，往往不计后果，所以她们经常会后悔。将老年人和年轻人一结合，就会变得非常强，而且既发挥了各自的优点，同时还规避了各自的缺点，这样的事情何乐而不为呢?

所以女性在交朋友的时候，不要局限在自己原有的观念中，而是应该广交各方朋友。

虽然说女性在交朋友的时候应该多交，但是也不能滥交，一些势利小人、自私自利过河拆桥的人，不仅不应该和他们成为朋友，而且应该远离他们，因为这些人不仅不会在你需要帮助的时候伸出援助之手，甚至会对你落井下石。所以在交朋友之前，应该看清对方的做人实质，不要交一些对自己帮倒忙的小人。

女性在交朋友的时候最忌讳的就是以貌取人，也不能只结交那些对自己能够有帮助的人，其实朋友的实质不是功利性，那些地位卑微的小人物，其实也应该在自己的交友范围内，因为他们一样会在你落难的时候，尽力帮助你，而不是落井下石地害你。

帮助他人不要常常念叨

有些女人很喜欢帮助别人，因为首先她有能力帮助有困难的人度过困难，其次就是能够彰显自己的人格魅力。但是有些小恩小惠，没必要整天挂在嘴上，一来显得自己小气，更重要的是对方可能会认为这是你在逼迫着对方赶紧还给你这份人情债。

尤其是在朋友之间，这样的事情更应该避免，朋友之间本来就是应该互相帮忙的。作为朋友，当看到自己的朋友有困难的时候，如果不出手援助，那还能称为朋友吗？而且朋友之间没必要将这个人情账算得很清楚，这样太过斤斤计较自己得失的人是不会交到知心朋友的。《战国策》中曾有这样一句名言：“人有德于我，不可忘也；吾有德于人也，不可不忘也。”意思就是如果别人对自己有帮助，自己一定不能忘记；如果自己对别人有帮助，自己一定要想办法忘记。经常听见一些朋友之间这样的对话，“这件事真的是多亏了你，真的很谢谢你。”“这有什么好谢的，咱们之间谁跟谁啊。”这就是朋友之间大恩不言谢的一种方式。

自己帮助了别人，却将帮助人这件事情像是忘记了一样，绝口不提，这就显示出了自己的大度。很多人帮助别人都是抱着对方会报答自己的心态。如果被帮助的人有条件了，他肯定会还上这笔人情债。但是如果对方没有条件呢？你一看对方把自己的帮助当成是理所当然的，心里就着急了，隔三差五地在对方面前说这件事情，对方心里本来就因为还不上这笔人情债心里犯愁呢，现在因为你的时时“提醒”，心里就更加焦急，为了还上你的人情债，对方会想尽千方百计，这真是难为人啊！如果双方还是朋友关系，那这件事情过后，你们之间的朋友关系，估计也就到此终止了。

所以女人在帮助他人的时候，不要老是想着对方还欠自己。帮过对方，最好就当什么都没有发生过。就算不将其忘记，在对方面前也要表现出自己已经不记得的样子，这样对方会更加佩服你。你的大度会让他的心里没有负担，当你需要帮助的时候，只要他能做到，他一定会尽力地帮助你的。这都是人们之间的感情使然。只有帮助了别人且不求回报的人才是真正适合交的朋友，这样会让对方更加感激你。

身为女人，更应该这样，女人的心思要比男人的心思细密，同时更加敏感。如果自己总是将帮助过对方的事情，时时在对方面前提及，对方可能一次两次的不会放在心上，对你有的还是一个劲的感激，但是时间一久，对方可能就会反感了，甚至和你当面吵起来，甚至会翻开旧账和你一起算。自己既然已经帮别人做成了某件事情，而且还不是什么大事，难道还要敲锣打鼓地告诉众人吗？这样的话，女人又能得到什么好处呢？这就是女人不成熟的表现。自己虽然是帮助了别人，但是对方也是有面子的，光想着让自己的面子有光，而完全不去顾及对方面子，这样以后可能就不会有人找你帮忙了，同时当自己遇到难题的时候，未必就会有人来帮你。

女人帮助别人的正确做法是帮助了别人，也别将这件事情放在心上。不要老想着对方应该报答自己，很多事实证明，经常不指望对方会报答自己的人，在自己遇到困难的时候，往往对自己帮助最大的人，就是这些平时自己帮助过的人。

女人在做任何事情的时候，都不应该斤斤计较，尤其是在做人方面，更是应该胸怀大度。施与了别人小恩，就不要放在心上了。

不可忽视身边的每一位平凡人

犹太人的经济法则中有一个法则是78：22，就是世界上78%的财富由22%的人掌管着，而78%的人却只掌管着22%的财富。所以有些人就将这一原则作为自己事业发展上的真理，经常是对22%的管理者予以关怀，对于其他78%的人则是不管不问。虽然说这一法则有它的道理，但是事实上，小人物也应该得到关心和照顾。

有些女性看不起小人物，甚至对他们非常蔑视。

小人物的身份虽然不是很显赫，但是有时候他们给予人的帮助，却比一些身份显赫的人给予的帮助还要有用。女人尤其是身份显赫的女人在平时，一定不要仗着自己的身份显赫就对小人物大呼小叫，甚至是满嘴的呵斥之语。小人物同样是人，他们同样有属于自己的自尊。对小人物的鄙视，同时显示的是你修养的缺失。

人根本就无法预测自己以后的命运，我们中国人有句古话，就是“三十年河东，三十年河西”，谁也说不准自己以后的命运，今日被你踩在脚下鄙视的人说不定明天会成为你的顶头上司，而现在身世显赫的人，在几十年之后，也说不定会成为一个被人看不起的小人物，这些都是有变数的。所以女人在做什么事情的时候，千万不要做得太绝对，要为自己留条后路。

女人对小人物的关心不应该仅仅停留在礼貌的问候上面，而是应该尊重他们，对他们施以自己真诚的关心和帮助。就像是一个刚进公司的新人，而你是公司的一个老员工，这时候你可以主动地帮助她，尽快地熟悉公司的流程和公司的一些注意事项，这些事情对你来说是非常熟悉的，但是对她而言，却是一件很陌生的事情。因为是新来的，她肯定也不敢轻易咨询身边的人，这时候你的主动帮助，可以让她对你非常感激，就算以后你们不在一个部门工作，她同样会和你站在一起。

张晓彤是一个大学毕业生，在她毕业的三个月后，她终于应聘到一家外资企业。但是因为是刚毕业的，虽然她的学历高，但是因为没有经验，她不得不从最基本的员工做起。一些人看不起她，甚至觉得这样一个小丫头片子，根本就不能做出什么事情来。但是公司的王大姐对晓彤非常好，在她刚来的第一天，就告诉了她很多关于在公司内应该注意的事情。后来，王大姐一直尽力帮助晓彤，晓彤很快就对公司熟悉起来，经常给经理提出一些很有实效的建议，这在当时起的作用很大，使得公司的效益不断地好转。晓彤也逐渐地开始升职了，不到一年的时间，她就从一个试用人员成为了公司项目策划部的经理。后来由于金融危机的冲击，好多员工受到了裁员，其中就包括当时帮助过晓彤的王大姐。晓彤知道后，非常难受，但是公司的决定已下，就算是自己有心帮也不帮成了。后来晓彤找到王大姐向她提出再就业的建议，并且帮她打点好了一切，王大姐开了一家属于自己的餐馆，效益非常好，比当时自己在公司里赚的钱还多。

到底是王大姐帮助了晓彤还是晓彤帮助了王大姐，这还真的不好说。如果不是当时王大姐帮助晓彤，晓彤肯定也不会在王大姐最困难的时候帮助她。所以女人千万不要鄙视自己身边的小人物，小人物在关键的时候一样会帮助你渡过难关。

不要以为小人物就是可以缺少的一个团体，没有小人物的努力，世界就得大变样。女人应该端正自己的观点和态度，其实人与人之间，本来就没有高低贵贱之分，只是从事的职业有所不同而已，每个人只要能在自己的岗位上做出出色的成绩，他就不是小人物。不要吝啬我们的关心和爱心，多关注一些现在还被很多人认为是小人物的平凡人吧，也许未来的某一天，当他有条件的话，他也会偿还你今天这微不足道的关心。

处于痛苦中的人需要你真诚地安抚

每个人在人生的旅途上，都不可避免地要遭受一些人生的痛苦。真诚地安慰痛苦中的人，是一种心灵上的慰藉，是感情上的赠与，同时也是心灵上的沟通。人人都不能逃脱生老病死的自然规律，人人都会有遭遇变故引发伤心的时候，给遭受痛苦的人以真诚的关怀和帮助，就是给予他们最好的人生帮助。

真诚的安慰，就像是雪中送炭，他会给痛苦的人送去光明和希望。真诚的安慰别人是一种美德。当别人在痛苦的时候，你送上自己真诚的安慰，自己在痛苦的时候，别人也会给予你他们真诚的安慰。当自己的至亲好友遭受痛苦的时候，送上自己真诚的安慰，就会给他们减轻不少心灵上的痛苦和无助，这同时是自己义不容辞的责任。

所以女人应该学会真诚地安慰痛苦中的人。探望身患重病的人，应该避免谈及对方的病情，尤其是病人并不知道自己已患重病的时候，更应该闭口不提关于病情的事情，应该尽量说一些让对方感到高兴的事情。人逢喜事精神爽，就算有病，心情好也会将病情减轻。所以尽量说一些病人关心的事情，转移对方的注意力，减轻病人的精神负担，让他们从心里觉得自己的病不是什么大病，很快就能痊愈了。

对于丧失亲人的人，不要急于劝阻对方的哭泣，事实证明，哭泣能让人将心中的悲伤发泄出去，缓解人们的情绪，能让人们很快地恢复平静和理智。这时候，就应该静静地陪在他们身边，让他们尽情地哭出自己的悲伤。在他们冷静之后，多和他们谈一下死者以前的事情，比如死者生前的志向、优点，曾经做过什么意义重大的事情，让他们觉得死者的生命价值是很高的，自己应该尽全力地完成死者生前未竟的事业，让他们化悲痛为力量，快速地从悲伤的情绪中解脱出来，重新振奋起来。

对于身有残疾的人，应该尽全力地帮助他们振奋起来，他们因为身体的原因，会变得非常自卑，这时候女人应该做的就是尽力向他们讲述一些鼓励人的残疾人的事迹作为他们学习的榜样，让他们重新树立起生活下去的勇气和决心。

对于那些胸怀大志却在事业上屡屡受挫的人来说，他们最需要的不是别人的同情，他们最需要的往往是对他们强烈的事业心的赞成和理解。对

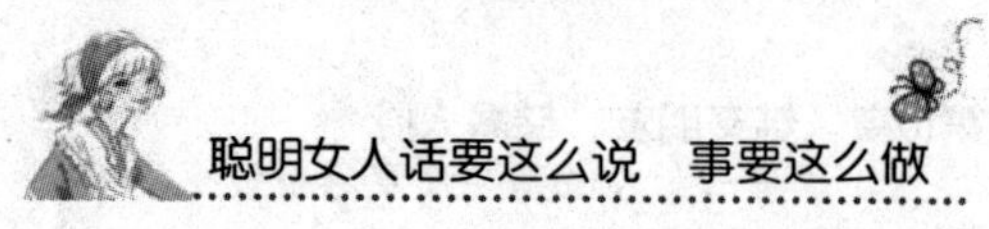

他们的事业心表示鼓励和赞成，往往要比对他们的怜悯给他们的帮助大。最好的安慰就是帮助他们总结失败的教训，不要试图去劝服他们放弃他们的理想和追求，应该帮助他们克服灰心的情绪，重新树立必胜的信念，并且一起探讨通向成功的光明之路。

切记，安慰痛苦的人并不是同情怜悯对方，因为同情含有的更多成分是不平等，是一种不平等地位上的感情的施舍，这就会让当事人在你的安慰中体味到深深的挫败感，不仅不会起到安慰别人的作用，相反还会让对方的痛苦加深。安慰痛苦的人，应该是在双方平等的地位上，从感情上给予对方一种道义上的支持和精神上的鼓励，并且共同分担对方的痛苦，这时对方会从心里感受到你给予她的一种无声的支持。安慰别人就是将别人的痛苦设身处地地当成是自己的痛苦，女人只有将对方的痛苦当成是自己的痛苦，才会真正地将自己的安慰说到对方的心坎里，只有这样的安慰才是痛苦的人最需要的安慰。

第11章 巧借外力，以智取胜

——善“借”力的女人事半功倍

女人做事绝不能埋头苦干

俄罗斯有一句谚语，叫做：“巧干能捕雄狮，蛮干难捉蟋蟀。”一个人只知道蛮干是很难成功的，只有会巧干的人，才会花最少的时间、费最少的力、高效率地成就一件事。现在有很多人还是将思维停在踏踏实实做事、老老实实做人的思维上，虽然这样的人不会有什么大起大落，不会招惹是非，但是他们似乎始终在原地踏步走，就算是有些什么成就，也只是小的，根本就不能引起人们的重视，更不要说去引起老板的重视了。

埋头做事本是无可厚非的事情，但是一味地只做老板交代的事情，是很难做出什么出色的成绩的。有些人喜欢在老板面前加班加点的工作，这些人错误地认为这是引起老板重视的唯一途径，其实不然，这样做会有两种结果出现：第一种是好结果，老板会认为这个人不错，做事比较踏实认真；第二种结果是老板会认为这个人的效率太低，为什么不能在规定的时间完成交给你的任务呢。

现在在职场中流行着这样的一族——司马TA一族，这就是一个知道巧干比蛮干强的一族，他们在做事情的时候，不是一味地埋头蛮干，这样的做法效率太低了。司马TA其实就是英语中的smart一词，司马一族的工作理

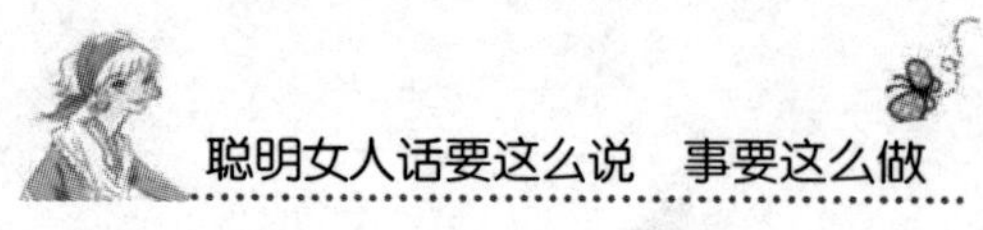

念就是在工作中注意技巧，在短时间内达成现实目标。司马一族的职场生存法则已经在职场上越来越受欢迎，成为了都市白领的职场宝典。司马TA凭借着自己的高超情商在职场上游刃有余地穿行，他们用自己的智慧解决在职场中遇到的各种危机。

实力学历相当的两个人，在职场上要想获得老板的赏识，就不能通过蛮干来实现自己升职的梦想，因为这已经变得很不可行。所有的人都在加班加点的工作，凭什么你加班的时候，老板就得注意你呢？要想吸引老板的目光，得到老板的赏识，就得靠自己不同于他人的成绩。现在的职场上讲究的不是你有多努力，你有多勤奋，而是你能为公司创造多少的利润和价值。老板重视的是结果，不是过程，所以只要能将老板满意的结果呈现他的面前，就算是你雇请别人做的，那也没有关系。一味地埋头苦干蛮干，做出了成绩，别人就会说：“啊呀，这是你辛勤努力的结果啊！”如果做不出成绩，别人的冷言冷语就会铺天盖地而来：“这么努力有什么用，不是一样做不出什么成绩吗？”

两个同样大学毕业的大学生，一起进入一家公司打工。作为职场新人，两个人最初的工作都是在办公室做杂事。其中的一个大学生很快就融入了办公室的生活，她在帮同事订外卖的时候，偷偷记下了每个人的口味，同事有什么需要帮忙的，她总是热情帮助别人，就这样大家都很喜欢和她共事，也经常会在经理面前表扬她几句，而她在别人表扬她的时候非常谦虚，一直将功劳往别人身上推，经理觉得这个人办事挺让人放心的，于是就一步一步给她升职，三年后，这个大学生成了华南地区的销售主管。而另外一个大学生，因为嫌弃做杂活，经常是将自己的不满摆在脸上，不知道的还以为谁得罪她了呢，对于同事经常打理上下关系的行为她非常看不惯，认为这是在巴结人，就在另一个伙伴步步高升的时候，她还在原地踏步走呢，拿着吃不饱、饿不死的工资。

职场是一个非常复杂的人际环境，人与人之间的关系处理得好，女人就会在职场上如鱼得水，就算自己的能力稍差点也无所谓，因为工作是需要慢慢熟悉的，只要将自己的人际关系打理好了，这些都不是问题。千万

不要以为，职场就是一个只要干好活，就能挣钱的地方。要想让自己在职场上能够突出，就必须动动脑筋，蛮干不仅不会让你得到别人的欢迎，还会让大家以为你木讷，不会做事。只有会巧干的女人才能在职场上左右逢源，大展才能，也只有这样，才能登上自己的人生巅峰。

巧借他人力量完成自己的事

“好风凭借力，送我上青云。”一个女人要想成功，仅凭自己的力量有时候会难以做到，聪明的女人在做事的时候，经常会借助别人的力量，成就自己的事。

每个成功的行为都是由一个个想法演变成的，没有好的想法，行动再多也成不了什么创意之举。有了好的想法才能做成一件大事。聪明的人，未必会想出好的想法，但是他会借助别人的想法成就自己的事业。这样的例子在我们国家的历史上屡次出现，一些君王之所以能够成就自己的一番伟业，很多时候不是因为自己多有能耐，而是因为他善于借助别人的智慧和力量成就自己的事业。

一个女人有没有智慧，体现在她做事的方法上。一个女人做事的成功不是体现在她能想出多少成功的点子，而是体现在她能借助别人想出的办法成就自己。聪明的女人不会嫉妒别人的长处，而是应该善于发现别人的长处，借助别人的力量成就自己的事业。

一个人有多少智慧，应该是看他能集齐多少头脑的智慧。一个人有多少想法，也是看他能综合多少人的想法。众人拾柴火焰高，很可能自己绞尽脑汁也想不出的解决办法，别人一分钟之内就能将其想出。如果你是一个事业心非常强的女人，就一定要学会借助别人的力量成就自己的事。

借助别人之力，就会方便自己。借助别人的手干活，其实就是等于自己在干活。综观一些成功的企业，哪个老总没有自己的智囊团？哪个成功的老总是一个人独管自己的公司？所以要想成就一番事业，单枪匹马是行不通的，通过借助别人的力量，很多事情自己可能做不成，但是一旦有别人的帮助，很多事情可能就变得很容易了。

一些成功的人士在总结自己的成功经验时，他们经常说的一句话就是谢谢别人对自己的帮助。如果没有别人的帮助，自己不可能成功。著名的美国钢铁大王卡内基在自己的墓碑上写道："在这里埋着的人是一个善于访求别人的人"，卡内基从一个普通的钢铁工人渐渐地做成著名的钢铁大王，最关键的就是他善于借助别人的力量。一个不会善于借助别人力量的人是一个不可能取得成功的人，因为他不会将自己身边的资源合理利用起来。

女人应该认识到自己的能力有限，学会适时地借住他人的力量，这是一种谦卑，同时也是一种聪明。女人在社会上向来都是以弱势群体的身份出现的，一些男人在社会上经常会表现出怜香惜玉的姿态，这在工作上同样实用。所以女人应该学会借助一些比自己强大的力量来成就自己。

他山之石，可以攻玉。别人的智慧、想法、力量、实力、资源，但凡是我们可以借到的资源，都可以拿来用。最大限度地发挥自己周围人的力量，让他们的努力成就自己的辉煌，是现在一些老板的真实做法。

女人要想自己成就一番事业的确很不容易，尤其现在的社会竞争这样激烈，单凭女人的力量真的很难成事。英语中有这样一句话："No living man all things can。"这句话的意思就是世界上没有万能的人，每个人总会有自己熟悉和擅长的地方，同时每个人也会有自己无法逾越的鸿沟。借助别人的力量，自己过不去没关系，只要这个人能通过去，帮助自己完成任务就可以了。一个成功的人士，不一定非要自己精通各方面的知识，他只要将自己下属的长处和短处分析清楚，在关键的时候用对人就可以做出一番事业。

借助别人的力量，在人生的路上自己才会走得更远更长久，就像是一滴水只有在大海中才会有生命。

是否善于借助别人的力量，直接关系到一个人的成败。一个只有放下自己身段和架子，平等地请求别人帮忙的人才能最好地发挥这个人的才智，就像当时刘备的三顾茅庐，如果不是他诚恳、谦卑的姿态，诸葛亮也不会出山，魏蜀吴的分割局面也许就不会出现。同样，请求别人的帮助，却还端着架子，一副眼中无人的表情，又有谁会愿意帮你呢。

利用名人效应提升自己的名气

一个人要想让自己尽早扬名，如果凭借自己的力量很难做到的话，不如找一个名人，让自己能够借助他的名声，彰显自己的名贵。借名扬名一鸣惊人，在商业上不乏其例。这种方法不仅可以通过别人的力量将自己的名声传扬出去，而且还能让自己的产品尽快占领市场。

借名扬名的事情，现在被很多人上演着，在一些明星的身上表现得非常明显。红透整个中国的小沈阳，如果当时不是因为他的师父赵本山的名声，他不可能在这么短的时间，变得大红大紫。虽然不可否认他的实力，但是正是因为赵本山的名气，他的走红才少了好几年的努力。一些已经开始逐渐淡出娱乐圈的明星，已经意识到自己的事业正在走下坡路，于是他们积极地为自己谋划下一个接班人，借助自己的力量将他推到舞台上，这样在自己退出舞台的时候，就会有一个合适的接班者了。

借名扬名是一个成名的最便捷的途径，因为借助了名人的力量，人们就会少付出很多努力，就像需要攀登五十个台阶才能登上人生的顶峰，可是因为有名人的基础和声望，他们就不用攀登最初的二十个台阶，只要登上最后的三十个台阶，他们就会到达人生的顶峰。

女人要想成名，不妨借助这样的一个名人，让自己能在最短的时间成为人们眼中最耀眼的那个人。借助名人为自己扬名显贵，主意不错，但是仍要注意其中的一些细节。首先必须确定这个人会让你成名，如果适得其反，最好还是速速离开。其次，自己的确是有这样借名扬名的关系，没有人愿意无缘无故地帮助一个人，所以必须要有很深的关系，比如师徒关系、父子父女关系、夫妻关系等。只有具有一定的关系基础，人家才会让你借名扬名。否则你借助别人的力量上去了，直接将他给挤下来了，他这不是成心为自己制造竞争对手吗?

女人要想借名扬名，首先必须考虑清楚这一系列的事情，千万不能贸然行事。为了尽快地让自己的名声变大，借名人的名气为自己扬名的确是一条捷径，无论是想在文艺圈内出名，还是想让自己的事业逐渐兴旺，都可以通过这样的方式。尤其是当自己的商品研制出来的时候，因为已经有老字号的商品占据了销售的市场，这时候要想让自己的商品打入市场，就得另辟蹊径，或者是在原有商品已经深入人心的基础上，将自己的商品借名扬名，让自己的商品也借对方的光占领市场。

在现在的社会上，我们经常见一些人为了出名，尤其是在演艺圈之内，某些人经常是借名人来宣扬自己的名声，比如风靡全中国的模仿秀，有那么多人可以模仿一个明星，或者是一个人可以模仿多位明星。借助名人的名气，为自己的未来铺路。

借着名人为自己扬名，这样的女人是聪明的女人。所以，女人要想成名，最好的捷径就是找一个可以让自己借名扬名的人，让自己借着他的光，不断火起来。

满足他人虚荣心为自己办成好事

女人都是有虚荣心的，有时候满足一下别人的虚荣心，你会发现做起事来可能更加容易。女人天生就是爱面子，喜欢漂亮，喜欢攀比，女人小小的虚荣心其实无伤大雅，人都有爱美之心，女人在这方面只是表现得更明显而已。有时候在职场上满足一下别人的虚荣心，也能为自己的事业成功添砖加瓦!

虚荣心说白了其实就是一个人好面子、爱面子，就是维护自己的自尊心。人都是好面子的，没有人愿意自己的面子被人不当成一回事。所以在某些时候满足别人的虚荣心，也许你们之间的关系就会因此好转，甚至因此而建立起和谐的朋友关系。所以在恰当的时候，满足别人的虚荣心也不失为一种建立良好关系的捷径。

人们不愿意接受的就是别人批评自己，就算别人是正确的，但是这个人也会想尽办法地驳回对方的观点，因为她的自尊心、虚荣心容不得别人的打击。女人都是爱慕虚荣的，自己穿件新衣服，恨不得让全世界的人都知道，尤其是自己的丈夫或者朋友，有时候一句简单的赞美就能满足女人那颗虚荣的心。

人都有自尊，希望自己的学识、外貌、地位等能得到他人的肯定和赞同。所以聪明的女人经常对人说的就是“你今天穿的衣服非常适合你，显得你更有气质了”，而愚蠢的女人经常说的是“你看我今天的衣服，是不是特有档次，花了我一个月的薪水呢。”聪明的女人应该是围绕着别人转，而愚蠢的女人是让别人围着自己转。聪明的女人是让自己积极地去满足别人的虚荣心，而愚蠢的女人是让别人满足自己的虚荣心。两种不同的做法当然会得到两种不同的结果，聪明的女人让自己的人际关系变得更和谐，而愚蠢的女人只会让自己的人际关系变得更差劲。

在和人交往的时候，千万不要太把自己当回事，人们不喜欢和一个以自我为中心的人交往，只有眼中有别人的人才是受人欢迎的人。女人在生活中也应该这样，不管自己的地位有多高，不管自己的外貌有多靓，如果你是一个爱慕虚荣的女人，你肯定会在自己的交际圈中混得不好，尤其是同性朋友之间。一个整天需要别人恭维才能生活的人，有谁愿意天天围着一个这样自命不凡的人转呢。所以在交往的时候，我们应该注意的不是自己的虚荣心有没有被满足，而是自己能不能将别人的虚荣心满足，只有这样自己才能在生活中好办事。

女人要善用凝聚人心的老乡情

现在的很多年轻人，通常都会为了自己以后的发展背井离乡，无论他

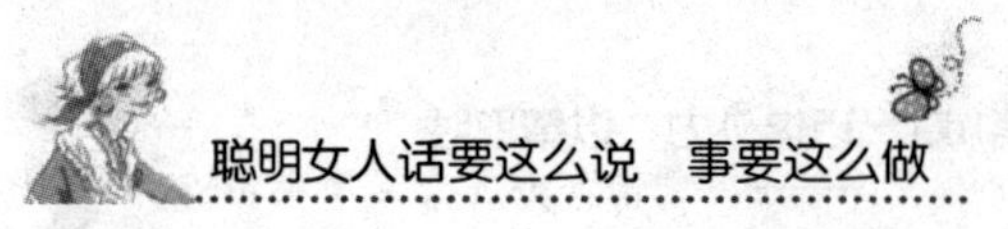

们走到哪里，家乡永远都是最魂牵梦萦的地方。浓浓的乡情朴实、清醇、恬淡，乡情让人感觉到的是坚实、勇敢和自信。

在一个城市里打拼，本来离乡背井就是一件很痛苦的事情，当一个操着和自己一样口音的人出现时，人们就会从心中涌起无尽的亲切感，就算这个人的家乡离自己的家乡很远，但是因为同属一个县或者一个镇，或者是一个省一个市，大家的亲切感依然非常强，因为毕竟大家有一个共同点，那就是大家来自同一方水土，在另外一个城市能碰到自己的老乡真的是非常不容易。

因为老乡的关系我们可以拓展自己的人脉资源，通过老乡的关系，我们可以接触到更多的人，这样的关系网有可能就会成为我们事业上的助推器，所以老乡资源一定要积极地利用起来，不会利用这种资源的人就是一个不会积极利用自己人脉资源的人。

老乡关系不比其他的关系，因为大家来自一方水土，所以就会从心里对对方产生由衷的亲切感，并且从心里会将其当做自己的兄弟姐妹并且愿意帮助对方。而同学关系、同事关系，以及其他的关系很少能让人从心底涌起这样浓浓的亲切感。女人在外离乡背井的时候，这种老乡关系就更不应该忽视了，大家来自一个地方，打交道的时候就会更加容易。因为双方没有什么利益关系，所以大家也没有为争夺利益而引发的钩心斗角。而且大家还会因为同属于某个地方的人，遇到困难的时候，紧紧地抱成一个整体，以抵挡外在的困难。

老乡见老乡，两眼泪汪汪。这是流传下来的一句名言。这就是一种无以言说的感情纽带，让大家在关键的时候，可以成为一个整体，相互帮助，相互体贴。所以女人在遇到困难的时候，不妨向自己的老乡求助，让他们帮助自己解决遇到的难题。

我们应该学会利用老乡资源，浓浓的乡情可以更好地唤起彼此心中对家的久违的思念，一个漂流在外的人，永远扯不断的情就是自己对家乡那浓浓的思念。不管一个人在外面的成就有多大，成绩有多显著，他的家乡永远是他的软肋。当遇到从家乡来的人时，就会从心中产生无尽的亲切感和熟悉

感。因为共同的家乡情，大家就会变得侃侃而谈，说不完的话，道不完的情。都是因为那个共同的家乡之名，都是因为那方养育人们的水土。

因为不同的目的、前途，大家来到了一个城市。陌生的城市，来来往往无数的陌生人，大家陌生而冷淡的关系，让人感到无尽的陌生和冷漠。老乡的热情相助让人们在最短的时间内熟悉这陌生的一切，因为老乡的指引和帮助，人们很快就会找到一份谋生的工作，因为老乡，陌生的城市变得不再陌生，温暖的亲情在大家的心中慢慢流淌。

女人在一个陌生的城市打拼的时候，应该积极地利用起自己的老乡关系，让老乡的人脉资源变成是自己的人脉资源，积极地参与老乡们办的活动。大家从事的职业可能千差万别，在老乡会上，女性朋友会得到来自各方面的信息，甚至还有可能在老乡会上找到和自己事业有关系的业务。因为是女性，老乡们同时也会更加地关心、照顾你，而且，因为是老乡，所以欺骗对方的事情就会很少发生，这些都是大家的老乡情使然。结识了自己的老乡，在办很多事情的时候就会方便得多，不管是在生活上，还是在工作上，大家有个相互照应，就会为自己解决很多麻烦。

很多人每到一个城市，总是先找自己的老乡，在异地的时候，老乡就是自己的亲人。当遇到老乡来找自己办事的时候，往往自己也是不想推脱的，既然是自己的老乡，就感觉到很亲切，这种亲切不是其他的关系所能替代的，而是一种从内心涌出的久违的亲切感，就算自己有很大的困难，也会想办法帮老乡渡过困难。

所以，女人在外打拼的时候，应该想尽办法地用上自己的人脉资源，老乡也是一个不容忽视的人脉资源，用得好的话，一样能够成功。

第12章　把握分寸，有理有节

——掌握求人办事的原则与分寸

求人办事，以情动人成功近在眼前

女人在求人办事的时候，不妨利用一下以情动人的策略。人都是感情动物，世间上的事情逃不出一个情字，在求人办事的时候，情在关键的时候能够打动人，就算再铁石心肠的人，也会有温情的一面。要表现的情不能是冷冰冰的毫无表情的虚伪之情，同时也不能表现得太过热情，让人一看就知道是在演戏。在以情动人的时候，应该掌握好其中的度。

成功的求人者在最初求人的时候，总会将对方的一切调查清楚，从对方感兴趣的话题入手，或者是从对方关注的问题入手，自然地转移到自己要求对方做的事情上。通过巧妙的语言让对方和你达到感情上的共鸣，实现思想上的交流沟通，很多事实证明，这样的求人办事方法很容易达成自己的目的。

在求人办事的时候不要用一些生僻的字句，甚至是一些文绉绉的句子，既然是求人办事，那就将事情用最朴素自然的话语告诉对方，这样很容易博得对方的好感，对方会感觉到你的诚恳和你的真心实意。

有些人在求人办事的时候，经常会流露出一副可怜的样子，这也是打动人心的一种方法，人心都是肉长的，看见比自己境遇差的人，人们总会从心中涌起一种怜悯对方的感情，看见路上食不果腹、衣不蔽体的乞丐，好多人都会出手相助。看到某个地方受苦受难，人们都会伸出援助之手，帮助他们共渡难关。人心都是向善的，没有人会强硬到看见一个弱者受难而无动于衷，人都是有恻隐之心的，只要善于以情动人，将话说到对方的心坎上，求人办成事也不是件难事。

20世纪80年代初，著名的引滦入津工程曾经因为炸药供应不足，面临着停工、延误工期的艰难处境，此时工厂的领导更是心急如焚，于是派了一位工厂的女领导去东北的某化工厂，希望通过协商尽快地解决炸药供应的问题。这位女领导在接到任务后，昼夜兼程地赶到化工厂的供销科，可是自己的星夜兼程得到的答案就是“眼下没货”。这位女领导没有丧气，于是就找到这家工厂的厂长，可是这位厂长也是一脸的冷漠，语气很硬地告诉她：“眼下没货，我也无能为力。”这位女领导并没有打退堂鼓，于是厂长就给她倒了一杯水，希望尽快地将她赶走，这位女领导喝了一口水，突然就有了主意，于是她就说道：“这水真甜啊，天津人苦啊，喝的水全是苦水，不放茶叶那水就是黄色的。”这时她又看见这位厂长戴的手表也是天津产的，于是就接着说道：“您戴的也是天津的手表啊，听说现在全国每十块表中就有一块是天津表，每四个人中就有一个人用的是天津生产的碱。您是办工业的行家，您应该知道工业与水的关系，每生产一辆自行车要用一吨的水，每生产一吨碱要用160吨水，造一吨纸要用200吨水，不管是哪种工业，水都是必需的，引滦入津势在必行啊，只有这样才能解决天津的燃眉之急，现在因为没有炸药，好多工程都要跟着延期……”这位领导的语言很动情，这位厂长听完之后也是非常受触动，了解了她的急切之情，于是就和她聊了起来：“你是天津人吗？”“不是，我是河北人，也许通水的时候我也喝不上滦河的水。”经过这样一番动情的谈话，这位厂长的态度也来了个大转变，他立即下达命令：“全厂加班3天。”终于三天之后，这位女领导拉着载满炸药的车踏上了归程。

女人在求人办事的时候，不妨用一下这样以情动人的求人办事策略。

女性向来在社会上就是一个弱势群体，男性们大都会有怜香惜玉的心理，当一个女人在自己的面前，向自己讲述她遇到的困难和无奈时，就是再铁石心肠的人，也会禁不住心生怜悯之情。做事的时候掺入感情，就会在无形之中拉近和对方之间的距离，这样在求人办事的时候就会更能打动人心。在以情动人的时候，不要表现得太过夸张，真情实感的流露要比伪装的可怜更能激起对方的感情共鸣。

求人办事，先学会“忍耐”这一课

女人在求人办事的时候，不可能什么事情都会顺心如意，毕竟你现在是求人办事，不是别人求着你办事。别人不可能顺着你的意思将你的事情很快办完，这里面也许真的有很多难处，也许仅仅是人家不想给你办，所以女人在求人办事的时候，不应该上火着急，而是应该学会忍耐。

现在社会上流行着一种厚黑的做人智慧，其中第一条就是学会忍耐。求人的人应该要有耐心，不能着急，今天做不成那就明天来，明天还做不成，那就后天来，总之什么时候你帮我做好了事情，我就不来了。

求人办事就得应该有这样的一种厚脸皮精神，不要因为别人总是拖延你的事情，你就不好意思再去请他帮忙。女人应该明白，自己去求人办事是因为自己有求于他，这样的话，他当然就会“拿捏”你了，你们之间在地位上是不平等的，这是没有办法的事情。如果双方是平等的，那就没有必要去求别人了。既然你现在有求于他，而他是在为你提供帮助，假如你不能向他提供他认为是等价的东西或者服务的时候，你们之间就是一种不等价的交换，对方一看自己没有什么可图的东西，做起事情来当然就是拖拖拉拉的了。遇到这种地位不平等求人办事情的时候自然很难成功。“忍”就是让人在貌似不可能的情况下行可能之事。首先女人要知道求人办事是一件很被动的事情，主动权掌握在对方的手中，你所要做的就是变被动为主动，就是练就一

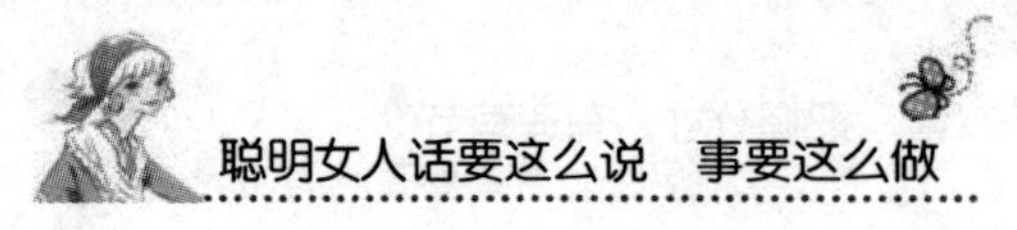

颗超强的忍耐之心，采取非常的措施，就是自己撞了南墙也不要回头，只有这种忍功了得的人，最后的时候才能将自己想成之事办妥。

女人应该知道人的耐力是有限度的，就像你求别人办事，可能在一开始的时候，他会很坚决地告诉你，这件事情他根本就做不到，其实这可能只是他的违心之词，这时候你就应该尽量说一些好话。如果他实在没有能力办到这件事情，你可以向他问清楚谁才能管这件事情，一般他们会给你指出一条貌似前途光明的路。如果在经过你的好话攻击下，他有松动了，就是说他能办这件事情，这时候就该发挥你的忍功了，忍耐他对这件事情的反感，忍耐他对你的拖延，适时地将自己的软弱和无助呈现在被求人的面前，相信他会被你打动的。如果他将这件事情应承下了，但是他不急于处理，这时你也不能和他大吵大闹，毕竟这是自己在求别人做事，将自己的一切不忿、一切怨恨暂时压在心底吧。

在社会上求人办事已经不是一件很稀罕的事情，凭借一个人的力量的确很难成事，只有善于求人的人才能在激烈的竞争中走出一条活路。有些女人觉得求人办事是一件很丢人的事情，其实不然，人都会遇到难处，遇到难处就知道绕着走未必就能解决事情，学会开口求人有时候就是解决问题的捷径。求人办事难免要看人的脸色行事，不要因为对方的脸色不对就给自己打退堂鼓，成就一件事情不是那么容易的，只要自己揣摩透被求者的能力，知道他能帮助自己做成这件事，就一定要有耐心。关键的时候就要学会磨。今天不行明天来，今年不行明年来，总之你得帮我做成这件事情才行。

所以女人在求人办事的时候，应该学会忍耐，将自己的忍耐当成违心的憨直，不要碰一次壁就不敢再去尝试。会忍耐的人，说明她有不罢休的耐力，这样的人在求人办事的时候，她的那种坚忍不拔一样会感动被求者。

求人办事，有礼有数才显示出你的诚意

女人在求人办事的时候，一定要注意一些礼数，只要礼数做得恰当就

会给人留下一个会办事的印象。一个不注意礼数的人，不仅会让人觉得她很没礼貌，而且这也是不会做事的一种表现，可想而知，她在求人的时候会有多少的磨难。

请求别人办事本来就是一件麻烦别人的事情，这是在给别人添麻烦，不要因为对方办不成自己的事情，就将对方进行贬低谩骂，这样的女人是很没素质的，虽然你的心里很不高兴，但是也不应该表现在脸上，也许对方真的是有什么难言之隐，既然对方已经尽力了，那就不要勉强对方了，真诚地对他说声谢谢，这是最起码的礼数。这样自己下次再求他办事的时候，出于上一次的愧疚，也许他会积极地帮你呢。

女人在求人办事的时候，一定要注意自己的礼数。礼多人不怪，在求人办事的时候，非常注意自己的礼数是否周到的女人，不管她的学历高低，她一定是一个有修养的女人，不管这修养是从学校里学来的还是自己在多年的风雨中闯荡出来的。这样的女人不卑不亢，礼数周到，自信而不卑微，语言恰当而不失身份，她的良好形象已经给被求者留下了深刻的好印象，他又怎么会将你的要求置之不理呢?

求人办事最忌讳的就是临时抱佛脚，求人办事应该是一项长期的感情投资，聪明的女人在求人办事的时候，经常会将自己的人脉资源打理好，这样时不时地为自己的人脉资源尽点礼数，在求人办事的时候才不会吃闭门羹。时不时地送上自己的问候，让对方明白自己的心中还是有对方地位的。就算有事相求也不是一件很唐突的事情，自己不出手相助反而有些说不过去。

就算对方没有将自己的事情办好，哪怕仅仅帮助自己了一点点，自己也应该诚心诚意地向对方表示感谢。一句谢谢虽然不是很贵重，但却是对人出手帮助的一种肯定。向别人表达了你的要求之后，不管他会不会帮助自己，一定要向对方诚恳地说声“对不起，给您添麻烦了。”虽然这仅仅是一句客套话，但是却让对方的心里感到很舒服，只有这样对方才愿意帮助你。

女人向来就是一个注重细节的群体，在日常的交际中，更是应该注意这些能为自己加分的小细节。求人办事的时候也应该这样，自己注意礼数的周到，就会博得对方的好感，这样对方也愿意帮助你。一个注意礼数的女人必是一个小心谨慎的女人，也是一个让人值得信赖的女人，被求者对这样的人才放心。而且既然讲究礼数，自然就会知道礼尚往来投桃报李的做法，只有对方觉得自己也不是白帮忙的情况下，一切事情才会顺风顺水地发展下去。

在求人办事的时候，应该注意其中的礼节，一个注重礼节的女人，是一个崇高的人，她不会让自己卑躬屈膝地做事，而是光明磊落地做事。一个女人拥有这样的气节，就算是她现在不成功，但是在未来的某一天她肯定会成功。注重礼数周全的人肯定是一个着眼于细微之处的谨慎之人，而且肯定是非常能控制自己情绪的人，不会让自己的情绪直接写在脸上，就算是对方不答应自己的请求，她一样不会将自己的不满写在脸上，而是优雅地离开，不会苦苦纠缠对方。如果对方真的帮助自己做成了某件事情，她也不会因为自己的一时高兴，就忘乎所以，而是依然会冷静地向对方表示感谢，同时在自己有条件的第一时间，一定会还上对方的这笔人情债。因为她们知道，只有尽早地还上这笔人情债，下次在求别人帮助的时候，自己才会好开口。如果自己不尽早地还上这笔人情债，可能对方就不会再帮助自己。

所以，女人在求人办事的时候，一定要注意自己的礼数，不要以为求人办事自己表现得很软弱、很可怜就行了，甚至是卑躬屈膝地去求别人办事，这些都不是明智的举动，正确的做法，就是做到恰当的礼数。

求人办事，让微笑替你扫清不满

世界上最无价的就是笑容了，同时世界上最贵重的也是笑容。一个经常笑的人，更容易和别人拉近距离，一个整天冷若冰霜、愁眉苦脸的人，有谁愿意和这样的人交往呢？

女人的心理都是一样的，没有人喜欢和一个整天愁眉苦脸的人待在一起，求人办事的时候，更是这样。同样的一件事情在向别人求助的时候，语言的表达方式、说话的表情，可能都会影响到事情的成功与否。一个满脸笑容的人，让人感觉到的是春风拂面的舒心；一个愁容满面的人，让人

感觉到的是无限的闹心。就算是事不难，别人也未必会帮你，因为你的出现已经让他很不高兴了，再帮你办事，还不得天天对着你的愁容，心里还不更加堵得慌。

所以女人在求人办事的时候，一定要注意不要吝惜自己的笑容，不要总是表现得一副忧心忡忡的样子，就算是天塌下来了，不是还有个高的顶着吗？遇到了问题、遇到了困难那都是正常的，谁也不能保证自己的一生不遇见点事，人生不如意十之八九啊，凡事看开些，事情已经发生了，没必要整天苦着个脸，关键还是积极地想出解决问题的办法才是真理。

微笑是人们交流沟通最有效的途径，它使人感到的是温暖和安慰，能更好地打开人的心门。微笑是一束阳光，能射进人的心底；微笑是一串音符，能传递到世界的各个角落。微笑是你给别人的最好馈赠，不是物质财富，却比物质财富更有感召力。在求人办事的时候，微笑能够让人们放松心理戒备，在最为关键的时候，能够调节紧张的气氛，就算是别人不能答应自己的求助，我们同样可以用微笑消除对方的愧疚，同时微笑也向人们传达着我们内心的感受，“没关系，希望我们还能够很好地相处。”

微笑是一种财富，虽然微小但很重要。一个不会微笑的人，他的人际关系估计也不会很好。成熟的人用微笑掩饰自己的一切情感，内心翻江倒海的感受，聚在脸上的笑容里，别人无法猜透他的心思，这样的人最能赢得别人的好感。不成熟的人脸上的表情千变万化，唯独没有笑容的影子。你对别人微笑，别人才会对你微笑。人的感情是相互的，没有人愿意用自己的热脸蛋去贴别人的冷屁股。在求人办事的时候，自己先向别人微笑，别人才会对自己报以微笑。

向别人展现自己的微笑，应该是真诚的微笑，不是虚情假意、阿谀奉承的谄笑，不是笑里藏刀的冷笑，不是趋炎附势的媚笑，只有真诚的笑容才能笑破前面的重重阻碍，只有真诚的笑容才能笑倒别人心中的芥蒂。微笑使得到它的人富裕，但却不会使施与它的人贫穷。用笑脸为自己开道，用合适的言辞向对方阐释，用恰当的表情表现自己内心的感受，只要情真意切，只要在情在理，只要对方力所能及，相信事情不会难以办成。

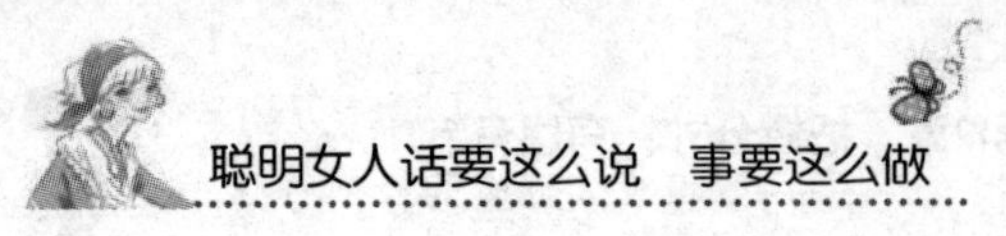

生活的艰难可以压垮女人，生活的困境可以难住女人，但是任何的困境都不能夺去我们的笑容，就算是一个一无所有的人，她依然可以用笑容向人们展示，她依然拥有一样最宝贵的财富，那就是笑容，笑容的展现是一种积极乐观的心态，是不向生活屈服的表现。

求人办事不是一种卑微的事情，没必要因为要请求别人的帮助，就降低自己的人格，就向对方显露自己的卑微。就算是求人帮忙，我们也应该向对方显示我们的自信，笑容就是我们最好的自信名片。笑容的展现说明我们依然是自信满满，虽然现在的我们身处窘境，但是依然有战胜困难的决心。求别人帮忙我们也是迫不得已，但是只要条件成熟了，自己肯定就会还上这笔人情债。

笑容是发自我们内心的真情流露，只有笑对生活的人，生活才会笑对我们。一个整天愁眉苦脸的女人，她的心整天被凡事所累，不会享受生活的美好，一点点的小事都能将她难倒，就算是这次帮助了她，那下次呢？那以后的无数次呢？她的双眼已经被磨难给挡住了，前进的步伐已经被羁绊住了，这样的女人只能看见自己的那一方天空，里面全是苦难的身影，就算外面有再多美丽的风景，她依然看不见。只有时时记得微笑的女人，才懂得磨难的背后就是成功，困难的背后就是风顺，只要拥有笑容，就算是求人办事，女人一样能够取得成功。

求人办事，懂变通才好办事

世界上总是会有运用自己的能力所不能解决的事情，这时候就应该借助别人的力量来帮助自己达到目的。世界上没有办不成的事情，只是每个人办事的风格不一样而已。

会办事的人，在处理自己遇到的问题时，会更加得心应手。而对于自己能力不能解决的事情也不会感到难过伤心，他们马上就会想到解决这一问题的方法——请求别人的帮助。

成功的女人知道怎样办事，知道自己不能解决一件事情的时候，应该用怎样的方式去解决它，知道怎样借助别人的力量帮助自己达到目的。

想要别人帮助自己，就应该在平时和可能会帮助自己的人常常联系，不能在遇到困难的时候才想到对方。如果只是在遇到困难的时候才想到对方，就得不到对方的帮助。这样的做法就是人们常说的“冷庙也要常烧香”，而真正做到了这一点，对于自己来说就是一本万利的回报率。而将“冷庙也要常烧香”运用到极致的莫过于红顶商人胡雪岩了。

胡雪岩本来只是浙江杭州的一个小商人，他不但善于经商，也深知为人处世之道，知道怎样的行为有利于自己事业的发展，对于周围的人，也非常大方，常常对他们施以恩惠。但是，这样的小生意无法让他满意，他理想中的事业就是像先秦吕不韦那样，将自己的事业做大。于是他就想像吕不韦那样既从商又从政，让自己成为吕不韦那样的名利双收的伟大人物。

杭州城有个叫做王有龄的小官，想要把官做大，但是没有钱买官。当时胡雪岩与他的关系很一般，但是随着来往的频繁、交往的加深，胡雪岩知道对方与自己一样，一心想要发财，觉得这是个机会。自己现在如果帮了王有龄，将来对方发达了，一定不会忘记自己，甚至还会利用自己的官职帮助自己。于是，当王有龄将自己有门路但是没有钱的事实说给胡雪岩听的时候，胡雪岩就决定帮助他，即使倾尽自己的一切。对于胡雪岩的帮助，王有龄给出了这样的诺言：“有朝一日我富贵了，一定不会忘记胡兄的大恩大德。”

胡雪岩倾尽自己所有的财产帮助王有龄买到了一个京官，而自己则仍旧留在杭州城做小买卖。别人对于胡雪岩的事情极尽讥笑之能事，认为胡雪岩将自己所有的积蓄交给王有龄去买官，是将自己所有的钱扔进了水里，而胡雪岩对于这些话并不在乎。

过了几年，王有龄的官越做越大，终于有一天，王有龄到了胡雪岩的家里，问胡雪岩有没有希望得到自己帮助的地方。胡雪岩是个聪明人，知道如果自己在这个时候提出要求就会被王有龄看不起，于是就对王有龄说自己现在很好，没有需要帮助的地方。

而王有龄也是个知恩不忘报的人，经常照顾胡雪岩的生意，甚至利用自己职务上的便利帮助胡雪岩，军需处的很多东西都是从胡雪岩的店里买的。这样，胡雪岩的生意越做越大了，最终成就了属于自己的白银帝国。

胡雪岩善于在平时为自己积累人脉，这样才不至于在遇到困难的时候无所适从，也才会得到他人的帮助。平时你帮助了朋友，他就会在你遇到困难的时候来帮助你。人与人之间的帮助与友谊都是相互的，不存在别人理所当然地必须帮助你的情况。

变通之道，就是在为人处世的时候根据事情的发展状况，对自己的处世态度做出相应的调整。但是，这样的调整必须是以对自己有利的方向为前提的。自己在事前帮助过他人，才能在遇到困难的时候想到对方。如果你在遇到困难之前并没有帮助过对方，甚至和对方之间很少联系，那你在遇到困难的时候最好不要想到对方，即使找对方帮忙，对方也不一定会答应。

求人办事的时候，要懂得根据具体情况具体地分析问题。在这个过程中要懂得变通，懂得在生活中给予那些不常联系的朋友一点帮助，这样，在自己遇到困难的时候才会多一个人帮你想办法。

第13章　以柔克刚，所向披靡

——女人做事要发挥性别优势

女人本身就是一种资本

每个女人天生都具有一种与生俱来的魅力，那就是女性的魅力，这其实就是一种资本，只要女性能够恰当地发挥这一优势，不管是在生活还是在工作上，都能够获得比男人更优越的条件。

所以身为一个女人，应该好好利用自己作为一个女人的资本。这并不是要女人出卖自己的色相，而是用自己独有的女性魅力来吸引异性或者是同性的支持，比如灿烂的笑容、温柔的性格、得体的打扮、细嫩的嗓音等，这些都是女性所独有的一种魅力，只要将它们在恰当的时机展现出来，就是一种办事的资本。

女性在职场上的地位越来越重要，身为职场女性，更应该很好地利用自己作为女性的资本。女人可以不漂亮，可以不性感，但是一定要有女人味，就是具有女性独有的魅力，只有这样，女人才能将自己的女性资本利用起来。

女人在社会上经常是被保护的角色。在家里受父母的保护，结婚后受丈夫的保护，工作后受同事、领导的保护。历经千百年文化传统的洗涤，女性需要保护的观念已经深入人心。男性阳刚的身体、强壮的身躯以及宽

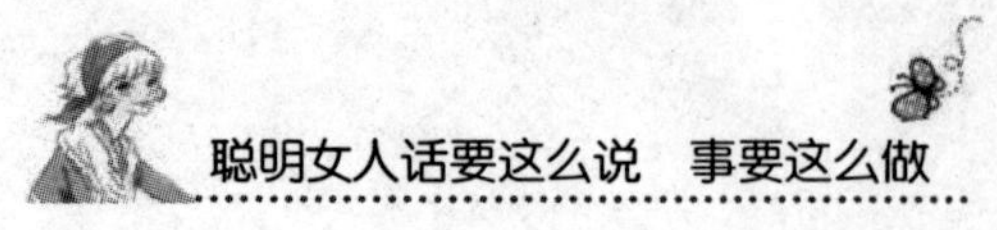

广的心胸，似乎天生就是强者，所以中华民族传承下来的光荣传统中，男性似乎就应该让着女性，保护女性。基于这种文化传统，女性在社会上，更应该充分发挥这一优势。

女性一向以来都是谨慎细心的代言人，所以在做事情的时候，就会更加让人放心和信赖。不仅如此，女性在社会上的地位越来越重要，很多一些重要的领域，现在也是有很多女性的参与，这些担任要职的女性，在她们的重要职位上，只要利用她们的女性魅力，发挥女性特有的长处，就会为女性同胞争得更多的利益，或者是利用女性的思维，为现在社会作出一些更好的贡献。

现在的女明星，都非常懂得利用自己的女性魅力，为自己争得更多的利益，她们可以尽情地向异性展现自己独有的女性魅力，而异性经常就是被这些魅力所吸引，他们甚至可以为了夺得美人一笑而一掷千金。

在日常的生活中，女人也应该懂得用自己的女性魅力为自己办更多的事情。有人曾经说过，每个女孩都是从天上飞下来的天使。世界上没有丑女人，只有懒女人，就算是一个长相不怎么样的女人，通过得体的装束，一样可以变成魅力四射的女人，关键就是要好好地对待自己。

女孩的懦弱天真、谨小慎微、柔弱单薄都是打动人心的砝码，一个再坚强的汉子在一个柔弱的女人面前，也会变得温柔服帖，而不会对她发脾气。女性的魅力何其大，无人知晓，再坚强的男人，也抵不过女人脆弱的眼泪，再铁石心肠的男人也难抵挡女性愧疚的眼神。女人是水做的，男人是石做的，水能穿石。女人的细心缜密能洞悉男人最温柔的角落，能触摸男性最脆弱的那根弦，在女性魅力的吸引下，很少能有男人板起脸来训斥一个温柔的小女人。

英雄尚且难过美人关，更不要说芸芸众生的男人们了，有谁能拒绝一个苦苦哀求自己的女人，不管这个女人和自己有没有关系，女人在男人面前流下眼泪，很多男人往往忍受不了眼泪所赐予的痛苦，往往就会一时冲动地替女人做事了。女人的魅力似是一种蛊，让男人深陷其中而欲罢不能。正是因为这种魅力，女性才会变得更有魔力，这种魔力就是在办事时的一种让人无法拒绝的力量。

所以女人应该摒弃这样一种观点，觉得自己不漂亮，就觉得自己没了女性的魅力，女性的魅力是天生具有的一种天性，虽然不漂亮，但是依然会有动人的神色，每个女人都是从天上化身而下的天使。女人的亲和，可以消灭战乱；女人的甜美，可以为世界带来阳光；女人的微笑，可以让世界少一些罪恶；女人的温馨，可以为家庭带来和睦……

女人是世界上最有魔力的一个群体，只要好好利用作为女人的资本，我们也可以是朵耀眼的玫瑰。

以柔克刚，让他人难以拒绝

聪明的女人善于以柔克刚，而且经常还是专门克男人的那种刚。

男人经常用充满戏谑的口吻说女人是傻女人，不管里面含有多少的讽刺成分还是含有多少的宠爱意味，总之男人最普遍的观点就是女人都是傻女人，他们经常的做法就是管着自己的女人，怕她又哪出了乱子，或者是哪又不会做了，总之是想在女人遇到困难的时候，帮助她。可是女人是真傻吗？

女人是水做的，不仅皮肤水灵，浑身柔弱无骨，就是性格也是温吞似水，柔情似水，男人在这样温柔的女人面前通常都会没了主意。如果男人是石头，那女人就是萦绕他身边的水，水绵绵不绝地围着石头转，就算是石头多么锋利的角，经过长时间的水流冲击，也会变得圆润光滑。石头击水，一会儿石头就会在一片涟漪过后消失无形；而水滴石头，虽然力量微不足道，但是时间一久，也是水滴石穿。温柔如水的女人，虽然非常温柔，但是她的力量却不可小觑。

再阳刚的男性，最终也会拜倒在阴柔的女性面前。女人经常就是以柔克刚来征服男人，动用自己的女性魅力，让男人乖乖地顺从自己。以柔克刚是一种学问，大多数的男人都希望依偎在自己身边的是个小女人，一来

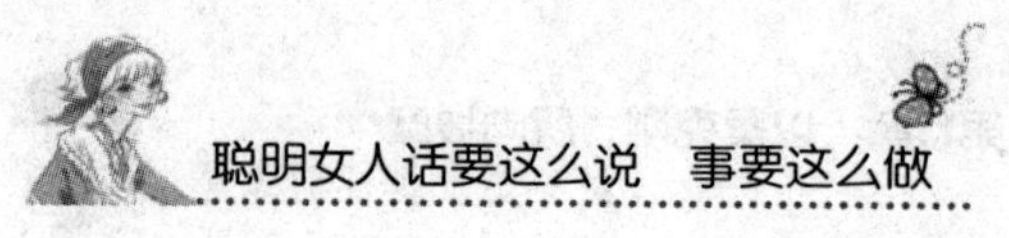

可以显示自己的阳刚、有安全感，满足作为男人的成就感；二来可以显示女人的千娇百媚、温柔可人，对自己服服帖帖，这样出现在朋友同事面前的时候，自己才更有面子。

聪明的女人就是利用自己的温柔让男人为自己做事，男人一直说女人是傻女人，但是为傻女人做傻事的男人却比比皆是。

女人以柔克刚，不仅表现在征服男人上，还表现在做事的方法上。将以柔克刚用到求人办事的过程中，就会博得别人的同情、支持，同时能变被动为主动，有利于突破对方的防线，达成自己的目的。

一些人在做事的时候，容易激动，情绪一激动就会失去理智，而这正是这个人的缺点，所以女人在做事情的时候，用以柔克刚的方式就可以制伏这点。用温柔的言辞向对方阐述自己的困境，用温柔的方式向对方表示自己的请求。如果是求一些情绪比较易激动的人，自己的一句话不对或者是自己的一个表情不正确，就会激起对方的反感，不要说帮忙的事情了，可能自己接着说下去的机会都没有。这样的人，用一种柔和的谈话方式就可以达到自己的目的。

不仅在求人办事的时候适用以柔克刚的策略，就是在平时给别人提建议的时候同样适用。人都是要面子的，有些事情不能直来直去，有些女人就是在办事的时候吃了快言快语的亏。就算是对方真的做错事情了，你不留一点情面地将他说了一顿，就算是你说得很正确，对方也不一定就会接受你的建议或者劝告，相反为了面子，他会和你据理力争，聪明的女人在这种时候，就应该利用以柔克刚的策略说服对方接受你的建议。比如将自己的情绪或者是不满隐藏起来，用柔和的言辞、善意的劝解或者是用提醒和关照的方式向对方说明，这种迂回的解决问题的方式通常都能收到很好的效果。

每个人都有一个属于自己的内心空间，将自己紧紧地锁在里面，抵挡外面的风霜雨雪。使用激烈的言辞向对方挑明他的错误，对方不仅不会接受，还会对你产生强烈的反感。语言是把看不见的锋利的剑，无形之中就会伤害对方，而柔和的言辞却是一柄木头剑，虽然有剑的外形，但是却伤害不到对方，这样的言辞既能显示出自己语言的魅力，同时还能不显山不露水地将对方说服。强硬的态度、威力的言辞，不如一句春风般的柔和言语来的威力大。

要想成为一个聪明的女人，就赶紧修炼自己以柔克刚的功力吧！

打动人心的眼泪，女人要用在刀刃上

女人是最容易动情的，流着眼泪的女人最容易打动人心，尤其是男人的心。人都是有恻隐之心的，一个泪流满面的女人在向你求助时，有谁会忍心拒绝她呢？这就是眼泪的力量。

人心都是肉长的，没有谁的心肠是真正的铁石做的，在办事的时候，女人在恰当的时机可怜兮兮地流下几滴眼泪，很容易就能唤起对方的同情心。眼泪是无助、可怜、示弱的一把软刀子，任何人都很难抵挡得住它的威力，就算是一个再坚强的男子在流泪的女人面前也会变得手足无措，甚至会毫不犹豫地答应对方的要求。女人天生就是一个弱势群体，在求人办事的时候，更是用眼泪将自己的艰难处境描述的令人欷歔，这样的求人招式何人能够抵挡得住？很多事情，费了再多的口舌、再多的精力可能依然不能将问题解决，但是在关键的时候，可能流下几滴眼泪就能将事情全部解决。

有人称眼泪就是刺向别人的软刀子，一刀一刀地在剜着对方心上的肉，人都是有同情心的，每个人几乎都有同情弱者怜悯弱者的慈悲，当女人将自己的遭遇用哀伤愁苦的面容、涕泪而下的眼泪告诉对方时，对方一定会同情你、可怜你，尽自己最大的力量帮你完成某事，因为他不忍心驳回你的请求。

有人觉得硬刀子比软刀子强多了，其实不然，软刀子要比硬刀子更具杀伤力，因为硬刀子的对象是身体，而软刀子的对象则是人心，是人们最柔软的地方。历史上的一些名人也是用眼泪才成就自己的事业的，比如刘

备的江山就是哭出来的，吴王夫差对越王勾践的仁慈也是勾践用软刀子争下来的，因为他们知道眼泪能帮他们成事。

不仅如此，就是在家庭中，当一个男人在道理、证据上面都证明自己的做法是有道理的时候，如果女人用眼泪求他，你以为对方会觉得他就是正确的吗？情况往往不是这样的，他们通常会说："啊，刚才是我的语气太差，害你伤心了，对不起，这件事情就按你说的办吧。"通常男人在面对女人眼泪的时候会无所适从，尤其是自己喜欢的女人，更是变得手足无措，乱了阵脚，一番持久的口争舌战不如几滴眼泪的威力大。

在当今的社会上，经常看见一些已经成名的演员，在大众面前哭诉自己的血泪史，说自己以前受过什么什么样的磨难，自己的母亲、父亲的身体是多不好，自己能够走到今天，实在是太不容易了。适当的背景音乐、合适的光线，将明星的眼泪衬得相得益彰，观众们最见不得的就是一个明星在他们的面前流眼泪，就这样通过自己的眼泪，这些明星在观众的面前赚足了人气，自己的名气也提上去了。

用眼泪来赚取人心是一种求人做事的方式，千万不要将它当成自己的手段，眼泪只有在恰当的气氛和场合下，才能彰显它的魅力，毫无节制的痛哭，虚情假意的假哭都是虚伪的骗取人心的计谋，这种时候，不见得就会有人愿意帮你了，相反别人还会认为你假情假意，根本就不会帮你。

女人是最容易动感情的，所以在求人办事的时候，一定要掌握好流泪的时机。当说到自己的难处时，不妨将自己痛苦的表情展现在对方的面前，让他明白自己的确是有解决不了的难处；当说到一些自己的窘境时，不妨掉一些眼泪。当你真心实意地向对方诉说自己的难处时，对方的情绪也会跟着你的情绪波动，会和你产生共鸣，这种时候他想不帮你都难。

会办事的女人在做事的时候，应该利用女人天生的优势，只要掌握好自己的哭功，很多事情就会轻而易举地被解决。

示弱，体现你的别样风情

在求人办事的时候，最重要的一条就是学会向对方示弱。女人在这方面的表现应该说更胜男人一筹。示弱是人生的一种姿态，能够放下自己的架子向人们示弱的人才是拥有大智慧的人。

美国的一项科学研究调查发现，一位彪形大汉在横穿马路的时候，人们愿意给他让道的概率只有50%，因此车祸的概率特别高。而一位老人过马路的时候，人们愿意为他让道的概率却可以达到100%，人们愿意主动帮助一个弱势的人，认为这是在做一件善事，所以车祸的概率就会非常小了。

向别人示弱，并不表示自己没有实力，只是不想让自己在竞争中表现得那样风头强劲。枪总是先打出头鸟，一个人太过强势就会成为别人首先攻击的对象。在求人办事的时候，更是应该谨记这样的道理。既然是求人办事，就没有必要表现得太过强势，既然有求人的地方，那就说明自己还有事情是不能独立完成的。想让别人帮助你，就得向别人表现出和对方相比，自己确实是有不如对方的地方。

聪明的女人在求人办事的时候，就应该学会向别人示弱这样一种求人的策略。女人表现得太强势就会让人很恐惧和她在一起，尤其是男人。男人都希望保护女人，因为男人普遍都有一种英雄情结，他们认为保护女人是自己的责任，尤其是自己的妻子或者女朋友。而女人太强势了，就会给男人很多的压力，工作上时时争强好胜，在家里处处显得大女人的女人，往往家庭关系不好，因为作为丈夫，谁不希望自己能够为女人遮风挡雨。

聪明的女人应该学会示弱，示弱是一种智慧，同时也是一种境界，示弱不是怯弱的表现，而是为了更好地保存实力。芦苇在面对强风的时

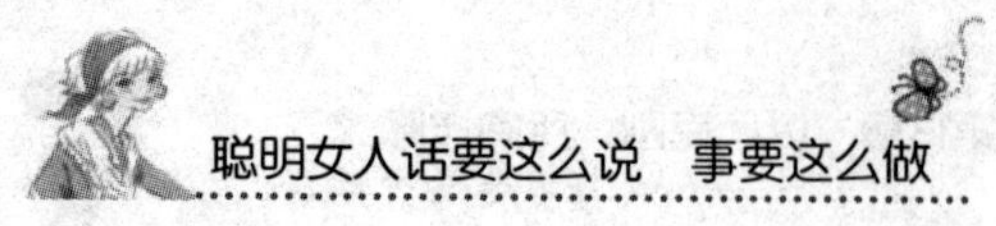

候，因为懂得示弱，所以大风并不能将它吹断，那些不甘示弱的植物，往往会在大风过后很难再站立起来。女人在求人办事的时候，会向别人示弱，那成事的概率就会变大。女人运用示弱的策略，很容易就能博得对方的好感，如果她开口向别人求助，别人也大都会很乐意帮助她解决困难。

李娜和韩云是一同进的公司，两个人的年龄、气质、资历都差不多，但是有一点双方有很大的不同，那就是李娜快人快语，做事风风火火，做事果断干练，给人的感觉非常的强势。而韩云则和她完全不同，韩云看起来非常柔弱，说起话来也是细声细语，唯恐吓着别人似的，一副惹人怜爱的模样。做错了事情，经常会非常愧疚地看着你，让你都不忍心批评她，所以其他的同事也都非常乐意帮助她。而李娜因为自己做事果断，最不喜欢的就是别人帮助自己做成某事，所以有什么事情就算是自己不会做，也会自己下工夫将它钻研透。这样一来当然就会浪费很多时间，但是没有人愿意帮助她，就算是她想向别人求助，别人也不给她机会，每次她还没走到跟前，对方就溜走了。而韩云每天做事都谨小慎微，唯恐自己哪又出错了，每次一看见她皱起了眉头同事们就会问她又遇到什么难题了，而且大家都乐意帮助她解决。李娜看在眼里，但是也无可奈何，她只会更加勤奋地投入自己的工作中。一年下来，统计业绩的时候，人们惊讶地发现，韩云的业绩竟然是全公司最好的，就是因为她经常在客户面前表现得很柔弱，客户基本上都不想驳回她，于是她的订单量就这样逐渐增多。一年后，韩云的职位上升了，但是她还是一副很柔弱的样子，人们依然非常喜欢帮助她，因为人们都觉得她是一个弱者，大家都愿意帮助她成就她想做的事。

由此我们可以看出，女人示弱在求人办事的时候是多么的奏效。不会示弱的女人虽然可以成就一番事业，但是她所经受的苦难也是常人所想不到的。既然示弱可以求别人办到一些自己费好大的力气才能办成的事，为什么不走这条捷径呢?

聪明的女人应该学会通过向别人示弱办成自己的事，这样事半功倍的事情，何乐而不为？

不经历挫折，就看不见彩虹

任何事情的成功都不会是一帆风顺的，往往一件好事的成功要经过不断地软磨硬泡，就像人们经常说的那样好事多磨。

软磨硬泡，其实有点死缠烂打的意思，但是又与无理取闹不同，软磨硬泡是立足在坚强的决心和坚韧的意志上的，这是为了取得事业上的成功，使用的一种长久战策略。女人在做事的时候，不妨也利用一下这种持久的对抗策略。成功不容易，好事总多磨。随随便便的成功是没有的，事情的达成也不是一帆风顺的，所以女人在做事的过程中应该谨记这样一条真理。

要想软磨硬泡成功，要掌握几个技巧。首先脸皮要厚，不要一碰到钉子，就被打回了原形，说不定这也是对方的一种策略呢，就是为了让你缩回脑袋，省得给自己带来不必要的麻烦。你应该明白自己就是为了成事才来的，想这么轻松地就将自己赶回去，没那么容易。再就是要有坚强的决心，不达目的誓不罢休，只要自己的要求合理、言语真诚，加上自己坚决的信心，说不定就能感化对方接受你的要求，这个时候就是显示“泡”的工夫了。泡要不愠不火，不能惹得对方生气，否则对方真的和你翻脸了，还有什么戏可唱呢。

女人的脸皮薄，经常是一碰到钉子就会脸红心跳的。而与人进行周旋的时候，最忌讳的就是太要面子，就算是碰到钉子那又如何，谁也不可能一开始就答应你的要求，尤其是你们没有任何关系的时候。如果对方立即答应了你的要求，你反倒质疑了，对方是不是另有所图，或者这只是一个陷阱，等着自己往里跳呢！遇到阻碍是情理之中的事，这时候应该做的就是不要因为遇到阻碍就将自己吓回去了，而是应该继续脸不红心不跳地和对方周旋，只要有一线的希望，女人也应该坚持下去。有志者事竟成嘛!

“磨”向对方展示的是自己的执著精神，执著而认真地对待一件事情，这种持之以恒、坚持不懈的精神终会打动对方。毕竟人心都是肉长的，再强硬的态度也会在女人的执著面前变得温柔起来。有些时候男人用一副强硬的态度吓唬女人，其实很多情况下，这仅仅是一种伪装，用温柔的言辞、持久的战术，终会击垮对方的伪装。

“磨”也是有策略的。磨能彰显你的真诚，显示你的诚意，能够真诚地感化人。磨是你毅力的彰显，是你坚持的代言，不愠不火，不骄不躁，静静地等待对方给你的回复，不要让对方感觉你这是无理取闹，而是应该通情达理地向对方表明，自己绝不是想冒犯对方，只是在感情上想和对方拉近距离。

小丽是一家健身公司的采购。有一次公司让小丽去物资部门领一批器材，但是负责此事的处长一直在推说工作忙要一个月以后才能拿到货，小丽非常着急，因为现在销售部门正在等这批器材，她又怎么可能等到一个月以后再拿器材呢？后来她从仓库保管员那里获悉确实是有这么一批器材，但是因为小丽没有给处长“进贡”，所以才迟迟拿不到这批器材。小丽非常生气，就想和处长理论一番，她转念一想，这样做的话会将双方的关系搞僵，但是自己一无钱二没物，该怎么办呢？终于她想到了一个办法。从第二天起，小丽到了处长的办公室，就坐在处长办公桌的对面，也不打扰处长，只要一有机会就会面带微笑地向处长诉说这批器材现在有多重要，处长赶也赶不走她，就这样坐了五天，处长实在没辙了，说道：“唉，我真是服你了，那好吧，就照顾你这次吧，将这批器材提前批给你。”小丽终于如愿以偿，高高兴兴地回去交差了。

如果不是小丽的磨，这批器材就不知道什么时候才能拿到手，就是因为磨，处长看到了小丽的决心，还有不达目的誓不罢休的气魄，就是因为这样，小丽才能顺利地将器材拿到手。女人在求人办事的时候，不妨也利用一下这样的磨人策略，说不定就会很容易的成功呢。

细腻的女人为自己赢得更多信赖

女人心思细腻，天生就是比较敏感的一种类型，而男人一般都会比较粗心，所以女人在异性面前，更容易用自己的细心和周到为自己赢得他人心。

一句贴心的话语，一个充满深情的眼神，一个温柔体贴的动作，都会在对方的心里激起阵阵涟漪，这些都是女性的优势，用自己的细心和周到筑起一架通向对方心田的桥梁。不要以为细心和周到仅仅是生活的小细节，有时候正是这些小细节才能折射出一个人的细心程度。

大多数家庭里，通常都是女性管理家里的大小事务，照顾一家老小，上下打理得可谓是井井有条，得心应手。孩子需要什么样的玩具，公公婆婆需要置备什么样的衣服，自己娘家这边需要什么东西，丈夫有什么样的需要，家里的柴米油盐什么时候该买新的了，煤气罐是不是该换了，家里的什么的东西又该洗了，种种的生活琐碎全部被她牢记在心，而且做得是手不忙脚不乱，如果换成男人，估计家都得被他烧了。这就是女性的细心使然。

不仅在家庭的生活方面处处尽显女性的细心和周到，在家庭的理财上，女性一样让男人叹服，女性的斤斤计较，为家里省下不知多少开支。每次买东西总是货比三家，在价钱上总是砍价还价，一毛钱也要尽量争取砍下来，她们不像男人一样花钱大手大脚，而是尽量将钱用在该花的地方上，也正是因为这样，好多男人直接将自己的收入交给妻子保管，遇到朋友请客或者是涉及金钱方面的问题时，他们总是将这样的问题抛给自己的妻子，因为他们知道妻子会权衡利弊后处理这些财务上的问题。

女人在做事的时候，多一点细心和周到，往往就会赢得别人的心。丈

夫下班回家心情是否高兴，她一眼就能明了，温柔地向对方询问，适时地端茶送水，并送上自己温柔的呵护，丈夫在这样细心的体贴和照顾下，心里肯定会一阵感动，这样细心周到的好老婆，简直就是自己的解语花，那他又怎么可能会背着她找第三者呢？对孩子的细心可以将你们之间的代沟消失于无形，为什么现在的孩子不好管，很大一部分原因就是因为孩子不肯向大人诉说自己的心事，因为大人根本就不会花时间和他们进行心灵上的沟通，女人的细心和周到，有时候就能解决这样的问题，细心地倾听孩子的心声，及时地和孩子进行心灵上的沟通。孩子也是有思想的，细心周到的女人，总会在第一时间发现孩子脸上的不同表情，并且会细心地询问孩子，同时还能真诚向孩子提出自己的见解和建议，有这样的细心妈妈，孩子怎么会时时将自己孤立起来呢。朋友之间、乡邻之间，细心和周到的女人总是最受人们欢迎的人，女人的细心和周到总是最先征服人们的心。

世界上因为有了细心周到的女人变得更加和谐安宁，细心周到的女人为世界增加了一抹亮色。细心周到很大的成分是在后天的生活习惯中养成的，在人们忽视的细节中发现一些可为之事。男人在追求女性的时候，最先被征服的可能是女性的容貌，在征服了这样的女人后，他们就会发现其实最让人动心的应该是女性的细心和周到。每个男人都希望自己的妻子同时还是自己的红颜知己，但是这样的希望能实现的概率几乎是万分之几，但是只要女性具有细心周到的品质，男人一样会对你言听计从。你的细心和周到已经弥补了他内心的缺憾，两个人是要生活一辈子的，容貌会在时间的流逝中消失无踪，但是细心和周到却不会有任何的损耗，反倒随着时间的累积变得更加浓香沉郁。

女性在做事的时候，更应该注意发挥自己细心周到的性情，就是一些被人忽视的小细节才能真正打动人心。女人的外在美只是美的一方面，同时也是最短暂的一种美，只有性情的美，才是真正的愈久弥香的美。愿天下的每个女人都能拥有这样的美。

多结交贵人，让你的事业平步青云

有些女性在一些场合，比如自己到达了一定的职位后，就表现出一副盛气凌人、自恃清高的样子，让人不敢接近。不管这种样子是自己的性格使然还是故意做出来的，都会给人很冷的感觉，这样的女人经常会不得别人的喜欢，这样她在以后前进的路上就会变得阻碍重重。

与此相反的是一些聪明的女人，不管自己的职位有多高，不管自己的地位有多么重要，她们不管是和上司的关系，还是和下属的关系都处得非常好，尺寸拿捏得非常到位，她们在仕途上总会得到一些贵人的帮助，她们一路走来简直就是平步青云，扶摇直上。 为什么会有这样截然不同的结局，原因就是后者会拿捏自己的身份。

聪明的女人，不管自己的地位多么令人艳羡，自己拥有的财富是多么可观，她们一样是在众人面前表现得可敬可亲，只有这种对人亲切的女人才能博得对方更多的好感。人们经常会有这样的一种体验，自己奋斗了好长时间没有办成的事情，可能自己贵人的一句话就能将所有的问题解决。遇上自己的贵人，不知道会少奋斗多少时间，每个女人都希望自己也能够早日得到贵人的提携，让自己也一下子飞黄腾达。

就算没有富爸爸，没有富老公，对于聪明的女人来说这些不是什么大问题，只要在工作或生活中找到自己的贵人就好。如何才能找到提携自己的贵人，聪明的女人自有一套独门绝技。

心理学家研究发现，我们对别人表现出来的态度和行为，别人也会用同样的方式回应我们。所以要想让自己在人际相处中如鱼得水，左右逢源，关键的就是打造自己的好人缘。人与人之间的感情是相互的，你对别人冷言冷语，别人是不会热脸相迎的，所以聪明的女人在待人的时候就应该表现得可亲可敬，只有这样才会激起对方对你的无限好感。贵人不是异于常人的人，而是隐藏在你身边的人，他可能是你的朋友、同事、亲戚、同学，或者仅是有一面之缘的陌生人，不管是谁，你不可能一下子就将他从众人中分辨出来。如何尽早地发现自己的贵人，最好的办法就是将所有人都当成自己的贵人，不要因为对方的地位低、职位不如自己，就认为此人对自己以后的发展没有用处，而将对方忽视，甚至是冷言冷语。将每个人都当做是自己的贵人，以合理的态度对待每个人，不要乱下赌注，万一押错了，付出的代价可能就是非常沉重的。所以在贵人未出现之前，最好不要做这种冒险的事。聪明的女人会给每个人都留下良好的印象，根本就不担心谁会是自己的贵人，只要贵人一出现，就会因为你的表现良好而对你有好感，自然会乐意帮助你。

聪明的女人就是让自己在生活和工作中表现得可亲可敬，让每个接触她的人，都会有如沐春风的感觉，聪明的女人在建立自己好人缘的同时，也博得了对方对自己的好感。所以聪明的女人应该对自己所有接触的人都和蔼可亲，只有这样对方才会觉得你是一个非常亲切的人，这无形之中就会给对方留下好的第一印象。聪明的女人应该知道，自己接触过的每个人都是自己的一种人脉资源，虽然为了给别人留下一个好印象才对别人非常亲切，显得很虚伪，但就算是一种虚伪的好，那也比恶意的差好很多！

不要小看人们之间的这种微小的看似没有太大关系的人脉资源，有时候就是通过这些微小的人脉资源，你才遇见自己的贵人。谁也不能预测未来哪个人是对自己真正有帮助，所以应该广撒网，对待每个人都和蔼可亲，没有人喜欢和一个冷面冷语的人打交道。要想做聪明的女人，就应该将自己的冷面孔收起来，努力做一个可亲可敬的女人，只有这样你的贵人才不会被你吓跑。

第14章　内方外圆，适度忍耐

——沉住气的女人才能办成事

左右逢源，让女人拥有更多机会

在当今这个社会，做人很重要，会做事更重要。只有那些既会做人又会做事的人才能成为人群中的精英。女人同样应该谨记这条真理。现在的职业女性越来越多，在职场上更应该学会左右逢源。随着社会科技的发展，现在的很多项目已经不是一个公司或者一个团体就能完成的，很多时候需要与人合作，职场中的女性更应该广结人缘，编织出一张自己的人脉网，在关键的时候，利用自己的人脉资源，实现左右逢源，只有这样，事情才好办成。

左右逢源不是为人奸诈，处处算计，而是懂得将自己的资源合理利用，借别人的手做成自己想做的事情。女人在日常的生活中，如何才能练就这样的功夫呢?

首先，做事的时候不要得罪人，得罪一个人就会为自己树立一个敌人。多个朋友多条路，多个敌人多堵墙。人与人之间的关系是非常微妙的，说不定此刻的敌人会在下个瞬间成为生意上的朋友，而多年的朋友也可能在某朝成为水火不容的敌人，这都是无法预测的事情，你根本就不知道，谁到底才是对你有帮助的人，所以最好的做法就是在与人打交道的时

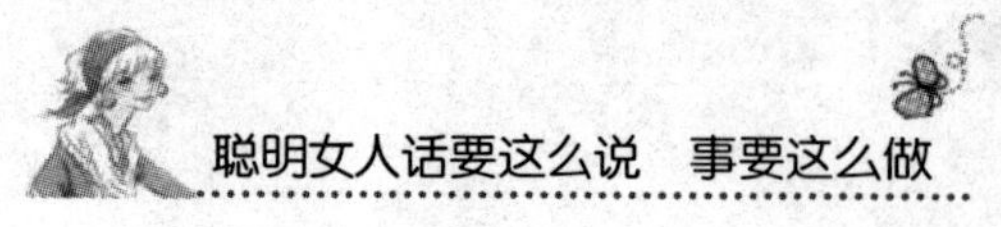

候，不得罪任何人，不说一些偏激的话，给每个接触自己的人都留下良好的第一印象，这样就为以后的交往打下了基础。

其次，女人在做事的时候，应该多长个心眼，不要凡事都一根筋，在和别人打交道的时候，尽量拓展自己的人脉资源，生意做不成大家还可以做朋友，有些时候不要以为这次的生意没有谈成，你们之间的关系就只能维持在现阶段了。在当今时代，人们最关心的还是自己的利益关系，大家彼此的交情好一点，这样在做事的时候，人们就会相互照顾一点。这样不仅可以显得自己大度，同时对方也会感受到你的真诚。

再次，努力提高自身的利用价值。没有人喜欢和一个没有任何利用价值的人交往，尤其是在生意场上，这更是不可能的。人脉的基础就是彼此有共同的利益维系，或者是双方之间的利用价值是互补的，只有自己的利用价值变大，自己的人脉资源才会更加宽广，更加结实。所以女性应该不断提高自身的利用价值，这样在自己遇到难题的时候，才会有更多的人脉资源可供利用。

一些太过老实的女性，在社会上很容易吃不开，经常是不知道自己如何才能更有效地完成自己的工作，只是一味地想通过自己的力量就将一切事情解决，这样的女性其实就是潜在的告诉人们她的人际关系应该不是很好。一个女人立世，关键的还是和人打交道，将自己孤立在所有人之外、不会通融的女性，是不能得到人们的认可的，这样的女性在做事的时候会受到很多意想不到的阻碍和困难。所以女人在社会上应该学会通融和左右逢源，做人要圆，圆没有棱角就不会伤害到别人；做事的时候要方，做事的时候规规矩矩，没有规矩不成方圆，只有做事有规矩可循，才能做出满意之事。

左右逢源，外圆内方，就不会得罪人，同时还能给别人留下个好印象。左右逢源的真正内涵是人际关系网的作用，是让人们广泛建立自己的人际关系，形成自己在事业和工作上的人脉资源，这些都是自己的财富。

现在的社会，太刚强的女人很容易处处碰壁，左右逢源才是最好的求生之道。一个女人再有实力，学历再高，如果她不懂做人的学问，迟早要吃亏。社会本身就是一个大熔炉，在社会上生活久了，自己的棱角肯定会被磨平，人与人总是要打交道的，自己的棱角伤到人，别人又怎么会帮助你。女人本来就是感情丰富的一类人，在感情方面比较细腻，也比较敏感，在做事方面，肯定更懂得左右逢源的处世技巧对自己的好处。

愿天下的每个女人都会左右逢源。

交际场的万能钥匙——打圆场

在现实生活中，一个经常打圆场的女人容易得到别人的好感，容易提升自己的个人魅力。女人在生活上不仅可以为家庭、为朋友、为邻居们打圆场，在职场上可以为上司、为同事、为客户打圆场。打圆场不是和稀泥，越搅越混，而是为了达到息事宁人的结果。

打圆场其实也是一门学问，有些会打圆场的人，几句话就将剑拔弩张的紧张气氛缓和了，双方之间也会握手言和。不会打圆场，只会让事情越变越糟，甚至是双方之间的矛盾因为打圆场者的参与，变得更加不可调和。女人应该仔细研修这方面的学问，会打圆场，朋友才会更多，邻里之间才会更加协调，同事之间才会更加太平，和上司之间的关系才会更加默契，也才能因此而得到上司的赏识和提拔。

人们之间在交流沟通的时候很容易因为言语的不和，而发生一些意想不到的摩擦，这时如果双方一再的固执己见，很容易陷入尴尬的境地，这种时候，出现一个打圆场的人，双方之间的尴尬可能就会消除。女人在打圆场的时候，应该切记要不偏不倚，不能明显地袒护其中的一方，这样很容易激化双方之间的矛盾。打圆场就是站在双方立场的中间，说一些不伤害任何一方的圆滑话，只有将话说到双方的心坎上，双方才会接受，才会平心静气地坐下来重新商议双方之间遇到的问题。

三个女孩子张文、李丽和小晴决定周末的时候一起去书店买书，她们约好周日早上九点大家在书城碰面。九点的时候李丽和小晴准时到达书城，她们见张文还没有出现，就一起走进了书城，没想到她们在里面看见了张文。李丽是个急性子，看见了张文气就不打一处来了，责备张文道："我们在外面等你，外面天寒地冻的，你倒好，自己一个人进来就溜达上了，不记得我们了，是吧？"张文听了也急了："我八点五十就来了，一直在里面等你们，外面天寒地冻的，我总不能在外面傻等吧。"两个人各说各的理，谁也不让谁。这时小晴走过来，说道："其实这都是误会，你们谁也不想耽误对方的时间。"她转身对张文说道："今天李丽穿得比较少，在外面又等了那么久，她向你抱怨两句也是情有可原的。"张文很愧疚地点了点头。这时小晴又对李丽说道："人家张文也没有违约，比我们还早到十分钟呢。都怪一开始的时候，我们没有约定好见面的地点，这次就长教训了，以后一定要约好见面的地点。"张文和李丽听了小晴的话，都觉得很有道理，于是她们就向对方表示了自己的歉意，三个人高高兴兴地去买书了。

双方之间因为立场的问题发生争执的时候，最关键的就是找到双方争论的根源，求同存异，将双方之间的分歧用一种折中的方式得到双方的认可。这才是解决问题的好方法。

有些女性喜欢将包袱推给别人，自己落得个一身轻，尤其是在职场上，有些做下属的女性，有时候经常做出令自己后悔的举动，领导最喜欢的就是自己的下属能够在关键的时候为自己挺身而出，尤其是在遇到一些很难下决定或者是自己处于风口浪尖的时候，出来一个为自己打圆场的下属，无疑就是自己的救星。有些女性，经常为了让自己少一点麻烦，将这个包袱直接扔到自己的领导的头上，其实这完全违背了领导的本意，这样不懂事的下场，搞不好就是自己收拾铺盖走人。替领导打好圆场的下属，虽然领导不说，但是他的心里是有数的，在某些恰当的时候，他会记得回报你的。

善于打圆场的女人应变能力特别强，她们能在第一时间想出应对矛盾的良药，想到最好的不伤害任何一方的圆和话，将双方说的气都消下来，心都静下来，然后就是你好我好大家好的和谐场面。

一个会打圆场的女人，人们总会非常信赖她，也愿意听她的调解，因为她总是将话说到双方的心坎上，而且不会袒护任何一方。双方争吵起来，肯定是双方都有责任，只有不偏袒，双方才会接受。女人在生活中，不妨历练一下自己在这方面的能力，说不定也会成为一个人见人爱的打圆场者。

进退自如，才能有的放矢

女人在日常的生活和工作中，经常和别人发生一些口水之争。女人之所以不能避免发生争吵，很大一部分原因是为了维护自己的尊严和面子。这时候硬碰硬的和对方发生争执是不明智的举动，正确的做法应该是以退为进，这样的解决方式能让双方心平气和地解决问题，同时还不会影响双方之间的关系。

女人不管是在平时的生活中还是在工作中，都应该学会以退为进的交流方式。以退为进是一种智慧，双方各执一词，谁也不让谁的硬碰硬，不仅不能很好地解决问题，还会让双方陷入史无前例的大争吵，这样的争吵是最不明智的争吵，同时也是最不能解决问题的争吵。双方都想让对方接受自己的意见，有时候情绪一激动很容易说一些伤人的话，这样一来，不仅解决不了问题，还将双方之间的感情给吵没了，得不偿失啊。

聪明的女人应该学会使用以退为进的策略来解决双方之间的问题。这不仅适用在平时的夫妻吵架上，更适用于任何发生争执的场合。记住一句话就可以了，吵架是两个人的事情，一个人是吵不起来的，如果自己心平气和地和对方进行沟通，对方也不会对我们恶语相向的。因为人们之间的感情都是相互的，你怎么样对待别人，别人也会怎样对待你。

以退为进并不是自己要认输的意思，而是为了更好的前进，以退为进也不是表示自己就是认同对方的意思，只是变相地向对方说出自己的意思，让对方更好地接受。使用硬碰硬的方式往往很难达到自己想要的

结果，因为人都是要面子的，就算你说得很正确，对方为了自己的面子也会和你吵得面红耳赤，因为你没有给对方台阶下。相比起硬碰硬来说，以退为进就是一种裹着糖衣的苦药，因为外面是甜的，所以对方很容易被蒙蔽，很多人是吃软不吃硬的，你强势，他比你还强势，但是一旦你有示弱服软的趋向，他就会变得通融了，同时很多问题他也喜欢接受对方的意见。

男人在家庭中总是扮演着强势的角色，很多时候，如果一个女人硬碰硬的和对方进行吵架，男人会被惹火的，有时候甚至是为了维护自己的形象，和女人大打出手，女人在这种时候是很吃亏的。所以在家庭生活中，在男人面前，女人应该放弃自己强悍的形象，转身做一个柔弱可人的小女人，用以退为进的方式让对方认识到自己的错误，这样的方式不仅可以减少家中的硝烟弥漫，同时还能使家庭和睦，不失为一个好的策略。

在职场上，同事之间抬头不见低头见，硬碰硬只会使双方之间的关系变得更加糟糕，这样在以后的相处中，只会更加尴尬，为了避免这种情况的出现，聪明的女人应该使用以退为进的策略。客户更是不能得罪的，毕竟他们是公司的摇钱树，一个客户谈崩了，不仅可能影响公司的“钱途”，甚至严重的会危及公司的信誉和名声。所以不要和客户硬碰硬，就算是自己的观点、做法正确，但是客户就是不接受，那也没办法，换一种方法，用以退为进的方式向对方说出自己的观点，可能对方更容易接受。

以退为进的策略不仅可以帮女人搞好人际关系，很多时候，更是一些成就大事之人的成就方式。以退为进，就会将自己的锋芒隐藏起来，这样就能麻痹对手的眼睛，甚至可以让他们对自己掉以轻心，放松警惕，自己再在这样的环境下，不断地积累实力，等到时机成熟的时候，一举攻破对方，打对方个措手不及。这种策略在军事上非常适用，在现在的商场上同样适用，只要运用得好，自己就会大获全胜。

聪明的女人，应该熟练地运用这种解决问题的方式，忍一时风平浪静，退一步海阔天空。话再对，理再多，选错说话的方式，用错做事的原则，一时的口舌之争只能将双方之间的矛盾激化，还解决不了什么实质性

的问题。所以不管是在平时的生活中，还是在职场中，女人就算再有理，再正确，也应该考虑一下对方的感受，用以退为进这种温和的方式将双方之间的问题解决，这才是明智的解决问题的方式。

利益不急于一时，女人先要沉住气

女人在做事的时候很容易冲动，把持不住自己的情绪，其实女人在遇到事情的时候，首先应该做的就是沉住气，不要太冲动。人们之间的很多摩擦有很大一部分原因是因为利益的关系，为了让大家的关系更加和谐，不妨把利益先让给其他人，然后再慢慢地赚取自己的利益。

既然人们都是为了让自己赚得更多的利益，那就不应该只将眼光局限在眼前，而是应该将自己的眼光放长远，为了赚得更多的利益，就算是将现在的利益让给别人那也是无伤大碍的。沉住气，就不会犯捡了芝麻丢了西瓜的错误。有时候成功和失败的距离就是一个沉住气的差距。沉住气，才能跳得远；沉住气，才能成大器。

女人同样应该如此。为什么有些女人能成为众人眼中的事业强人，而大多数的女性还是只能靠给别人打工来维持生计？纵观一下女强人的成功经历，我们就会发现，她们就比其他的女性更能沉得住气，因为她们的眼光看到的不是现在，而是遥远的未来，自己势在必得的是将来源源不断的利益，而不是现在微小的手头利益。放长线才能钓大鱼，舍小利才能赚大利。

所以要想有所成就的女人就应该在做事的时候沉得住气，不要以为自己放弃了现在的利益，就是吃了很大的亏，其实这哪里算得上吃亏，自己吃了眼前众人有目共睹的明亏，明天的时候，自己才会源源不断地赚得更多的利益。人除非是真傻，不会有谁愿意将自己的利益让给别人，除非是有利可图。

沉得住气，是一种人生的境界，可以不为眼前的利害关系所动，她

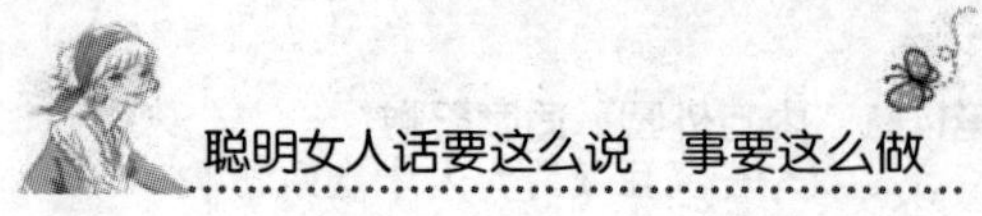

们从容淡定地看着这一切。沉得住气，是一种大将的风度，临危不乱，处变不惊，只有这样的人才能赢得别人的信赖和支持。女人更应该锻炼自己的这种气度，要想成就一番自己的事业，就应该遇到事情的时候沉住气，不要惊慌。假如遇到一点事情，就乱了自己的阵脚，这样怎么才能成就事业?

古人曾经说过:“凡事预则立，不预则废。”女人在做事的时候也是同样，只要自己预先制定好了，就算一时的失利也不关乎未来的失利。人都应该是向前看的，眼光狭小者仅仅能看到眼前的微小利益，只有眼光长远的人才能看到未来。女人应该有前瞻的眼光，不要让眼前的微小利益蒙住了自己的眼睛，要沉住气，相信自己能够赚回这些利益就可以了。

一些成功的女人就能沉得住气，面对困难，她们临危不乱，泰山崩于前而无惧色，这是人生阅历的积淀，当女人在拥有了无数的经历后，同样会变得非常有耐力。沉得住气，不是反应迟钝，不是木讷，而是已经了然于胸。只有沉得住气，才能将发生的事情考虑清楚，才能准确地作出判断和选择。一些人做事的时候，经常是冒冒失失，顾得了这头，顾不上那头，就是因为她们沉不住气，想赶紧将眼前的这些利益拢到手中，经常会犯一些顾此失彼的错误。

合作双赢，对人们来说已经不再是陌生的字眼，小到一家小型公司，大到国际之间的交流合作，已经不再是以往那种赤手空拳闯天下的时候了。在合作中，关键的就是双方都有利益可图，必须达到双赢。如何吸引合作者来和自己进行合作，关键的就是让对方觉得能从你这里得到不少的利益，所以在一开始合作的时候，一定要给对方丰厚的利益，这样对方才会有信心和你合作下去。既然合作不是一天两天的事情，就算是暂时的让利那又何妨，只要自己的合作伙伴是自己严格挑选出来的，只要双方能够从事长期的合作，沉住气，自己最终得到的利益肯定也少不了。

很多女人之所以不成功，就是因为她们没有这种气度，她们在利益的分割上处处斤斤计较。不要因为一时的小利益就断送了自己的财路，一开始的让利不仅是为以后的合作打基础，同时也是为自己树立的第一块金字招牌。

人脉的积累有时不会一帆风顺

人脉已经成为了人们口中经常出现的字眼，要想拓展自己的人脉，就必须有好的人缘，而好人缘的建立，有很多的渠道，有时候为了建立自己的好人缘，就算是受点气也是无碍的。

聪明的女人，应该想办法建立自己的好人缘，不管是在平时的生活中，还是在工作中。聪明的女人往往是人际关系中的高手，她们会充当调解人际关系的缓和器，朋友之间闹矛盾，她会主动地帮助双方缓和她们之间的关系，就算是自己当做受气包那也无妨，只要能将双方之间的矛盾化解了就可以。同事之间因为一点小事闹得不愉快了，她会主动地劝解双方不要因为这点小事而伤了双方之间的和气。上司有什么难以出面解决的问题，她可以站出来维护上司的面子，这样既减轻了领导不少的麻烦，同时她也给领导留下了深刻的印象。这些事情，别人都是看在眼里记在心里，人都是有感情的，现在你付出了，人们记得了你的好，未来的某天，你有麻烦事的时候，别人也会主动出手相助的。

今天自己做了别人的受气包，这就是一笔人情债，明明不是你的问题，现在对方因为一时气急，将气撒在了你的身上，他自己肯定也过意不去，这笔人情债早晚得还。

温晓红是一家保险公司的员工，有一回为了推销保险，她敲开了来过好几回的一家公司经理的门，因为很久了，她依然没有拿下这家公司的单，这次她依然想来碰碰运气。但是她不知道的是，公司的经理进来情绪很不好，因为他的妻子正在和他闹离婚，心里一直有股怨气。当温晓红进来的时候，这个经理正在抽闷烟发呆，晓红一看就清楚了，对方心里肯定有什么心事，于是她一上来并不急着推销自己的保险，而是询问道："张先生，你还好吧？看您一副心事重重的样子，不妨有什么困难说出来，心里可能好受点。”这时候对方才留意到她的存在，犹豫了一会儿，张经理才向晓红说出了自己的心事，晓红进一步询问他为什么会这样，张经理这时候心里平静了很多，向她诉说了自己的婚姻为什么会走到这一步。晓红一直在旁边听着，而且在恰当的时候不时地说道：“确实不该这样”“太可惜了”这样的字眼，对方说到情绪激动的时候，就直接向晓红怒吼，可是晓红依然是仔细地应和着，她知道对方肯定是将她当成了妻子的替身，慢慢地，张经理恢复了理智，对晓红连连的道歉，晓红却依然没有将这当成是什么大问题，说道：“张经理，听了你的叙述，我听出来了，你还是深爱着你的妻子，而且试图想挽回自己的婚姻，既然这样，为什么不将彼此的误会和疙瘩解开呢。”这几句话，一下子点醒了张经理，结果当然可想而知，晓红拿下了期待已久的订单，而且通过张经理的介绍，晓红还认识了不少新的客户，并且张经理也已和妻子和好如初了。

如果晓红当时因为张经理将气撒到自己的头上，就非常愤慨，也许她还是拿不下这个订单。所以女人为了广结自己的人缘，受点气也是值得的。有些女人性子非常急，受一点气都不行，都要给别人顶回去，这样的女人很少有人愿意和她交往。所以要想建立自己的好人缘，有时候受点气也是值得的。

不要以为自己得罪一个人不要紧，人脉上的结点可能看似不相关，其实潜在的关系你可能不清楚，自己结识了某个人说不定就会结识更多的人。现在的人都想极力拓展自己的人的人脉关系，这里面也是有学问的，只知道说赞美的话未必就能得到别人的认可，同时也未必能得到别人的赞同，而如果对方在生气或伤心的时候，自己送上亲切的关怀，这要比多少的赞美话都管用。

人都是一样的，自己在伤心难过的时候受到的关怀，往往要比自己风光无限的时候收到的赞美恭维更能打动人心。女人要想广结自己的好人缘，必要的时候做一下别人的出气筒，别人会记在心里的，就算是不能立刻还清这笔人情债，但是在适当的时候，他还是会记得你的人情的。

留面子给他人就是留面子给自己

人都是要面子的，面子是一个人的门脸，我们中国人尤其爱护自己的面子，就算是吃亏，也不能吃没有面子的亏。一个聪明的女人在和人相处的时候，应该学会给别人面子。这既是自己有涵养的表现，同时还是自己尊重别人的象征。

女人在家里应该给丈夫面子，就算是同床共枕了好几载或者是几十载了，也不要因为双方已经很熟悉了，就将男人的面子给扔了。男人都是好面子的，在家里也一样，自己的妻子给自己面子，说明自己的妻子有涵养识大局，知道如何让家庭更和睦，这样夫妻之间的关系就会非常融洽。尤其是在别人在场的情况下，男人会觉得非常有面子，自然会对你更加温柔和体贴。如果想让自己的丈夫更加爱自己，让你们之间的关系更加甜蜜，女人一定要会给自己的丈夫留面子。

女人在和朋友相处的过程中，一定要会给朋友留面子。朋友之间虽然已经很熟悉，甚至有可能是几十年的朋友，但是有些时候当对方下不来台的时候，还是应该学会给对方留点面子。给朋友留面子，就是给自己以后留面子，今天你为了让自己心里痛快，说出了让朋友下不来台的话，那明天也许你的一点小错误，也会被对手当成把柄来攻击你。

女人在和同事相处的时候，也应该注意要给对方留面子，同事之间牵扯更多的利益关系。大家在一起共事，很容易发生一些小的摩擦，一定不要因为自己在理就将对方说得一无是处，还将以往的老账搬出来一起算，这既伤害对方的自尊心，同时还将你们的关系变得更糟。同事之间本来就没有什么感情基础，只要双方没有什么利害关系，完全可以将一些小摩擦一笑置之，这样既可以显得自己大度，同时还能化解双方之间的矛盾。

和自己的上司相处的时候，领导最反感的就是自己的下属不给自己留

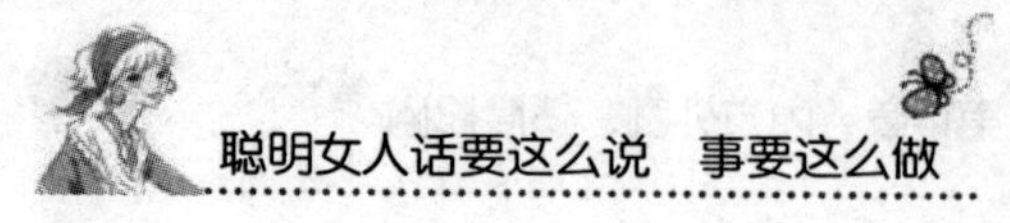

面子，反而时时还让自己很没面子，下不来台，就算领导一开始的时候不说你，但是他一有机会还是会想办法让你受到教训的。所以聪明的女人一定要会给自己的领导留面子，就算是借给领导的这个面子，也应该先将领导的门面立起来，不管是什么在什么样的情况下，一定要记住领导对自己的脸面是最看重的，只要涉及面子问题，一定要妥善处理。处理得好，自己就前途大好；处理不好，自己的前途就是一片渺茫，甚至可能失业。

所以聪明的女人不管在什么样的情况下，一定要谨记人们都是爱面子的。不管是腰缠万贯的富翁，还是个一无所有的小人物，他们都是有自尊的，自己在说话办事的时候，一定不要只考虑自己的心里是否痛快，说话的时候，涉及对方面子的问题尽量不提，就算是说也最好三言两语一带而过。你给别人留面子，别人也会顾及你的面子，这都是相互的。

给人留面子是一件非常重要的事情，但是有些女人很难做到这一点，不管是对待自己的老公、孩子还是朋友和同事，总会因为自己的无意而说出一些令对方很难堪的话，伤及对方的自尊心。所以在和别人交流的时候，有些话一定要过一下脑子，不要轻易就将一些伤人的话说出口，设身处地地想一下，可以避免很多不愉快的事情发生。

有些女人经常因为自己的职位关系，会说一些指责下属的话，有些人在训斥自己的下属时，甚至是比训自己的孩子还苛刻，因为训斥自己的孩子还要考虑一下孩子的接受能力，但是对下属根本就没有任何顾及，这样的女人很容易成为下属孤立的对象。平时不要讲一些太过伤人的话，就算对方犯了很大的错误，也应该冷静下来查明事情的原因后再做定夺。记住，就算是一个再卑微的人，他也是有自尊的。

女人应该学会给别人留面子，如果处处都不给别人留面子，很可能会毁掉一个人，同时还能毁掉的是自己的前途。

做人的最高境界是喜怒不形于色，让别人看不透你的心理。聪明的、有城府的女人就是自己的喜怒并不形于色，让人看不透她的想法。将喜怒哀乐表现在脸上，自己心里的一切想法就会被人识破，这样的人没有心机，经常会做出一些情绪化的事情。

但凡是成就大事之人，必是不喜形于色的人。一些人就是善于观察别人的脸色，从中找出有利于自己的信息。形于色就是将自己的内心摊给别人看，这样的人做事的时候经常是情绪化的，容易失去理智。而一些高手就是在这些细节中找到利于自己的信息，同时将其拿来为我所用。所以女人在做事的时候，应该十分小心谨慎，尽量地将自己的喜怒哀乐隐藏在自己的内心中。

喜怒不形于色，尤其是在工作中，这是非常必要的。别人没有义务成为你的情绪接收器，你心里不好受，别人没有义务同样受到痛苦的折磨。你摆出一副很难看的脸色，将自己的心情，全写在自己的脸上，和你打交道的人，无缘无故就要受到你情绪的影响，这是多么不公平的一件事。你的不高兴，又不是人家给你带来的，凭什么就得为你的不高兴埋单，来哄你高兴。

喜怒不形于色，既是对工作的负责，同时也是对和自己打交道人的一种交代。无论自己内心是高兴还是伤心，是痛苦还是兴奋，这都是自己的个人感受。如果自己兴奋，可以将兴奋的信号传递出去，让别人也感受到高兴，这样双方在打交道的时候，就会更加愉快。当自己伤心的时候，一定要学会控制自己的情绪，千万不要让自己的不高兴搅坏了别人的心情。

成大事之人，必是一个不会将自己的心情写在脸上的情绪控制专家，他们不会因为自己情绪的参与让自己做出一些后悔的事情。世界第一商人——犹太人在做事的时候，他们的格言就是“工作的时候，请感情离开”。不管自己的情绪起伏多大，但是在他们脸上都是同样的一副表情，你根本就猜不透他们心里究竟在想些什么。就是因为这样他们才能高效率地完成自己的目标。

一个不管自己是在失意还是伤心痛苦的时候，依然能够将心平静下来做事的人才具有大将的风度。喜怒不形于色，是一个人阅历和性格的体现，一个不会掩饰自己喜怒哀乐的人，是一个不成熟的人，这样的人在遇到事情的时候，要么就会情绪化，要么就会手足无措。当一个人经历的事情多了，对人生的领悟也多了的时候，就会将一切的事情看淡，这就是一

种人生的境界。所以女人遇到事情的时候，不要慌张，不要将自己的喜怒哀乐表现在脸上，一定要让自己尽快成熟起来，做事的时候多听多看，少说话，不要急于将自己的态度表现出来，事事要考虑周全，学会忍耐自己的情绪，将自己的喜怒哀乐放在自己的内心中，别人不会从自己的脸上找到任何有关自己情绪的信息，只有这样才能更好地控制情绪，才能更好地让自己冷静下来处理问题。

女人的感情丰富细腻，有时候是一件好事，但是在某些时候未必是件好事，自己的喜怒哀乐毫无遗漏地全部显现在脸上，对方就会从你的表情中看出很多有利信息，利用你的心思细腻，让你做一些无法抗拒的事情。所以女人应该学会控制自己的情绪，努力让自己成熟起来。

女人要想成就一番属于自己的事业，首先就应该锻炼自己的心理耐受能力，不要将自己内心的情绪在第一时间就表现在脸上，这不仅是没有气量的表现，同时也是没有沉稳做事气度的表现。将自己的情绪带到工作中，经常会因为无法控制自己的情绪，而将工作做得不好，这样的员工，公司的领导是不喜欢的，因为没有一点做大事的风范。成熟的女人就应该做到泰山崩于前而无惧色，遇到点事情就慌慌张张的，这种人是无法做大事的。只有让自己见得多了，见识广了，才能达到处变不惊的境界，只有这样的女人，才能真正地成就一番事业。

第15章　积累人情，储蓄资本
——女人要精心编织人脉网

女人不要主动为自己树敌

女人在做任何事情的时候，一定要尽量少为自己树敌，关键的时候，十个朋友不算多，一个冤家不算少。

要想成就事业，朋友多了当然好，在家靠父母，出门靠朋友。只要自己的朋友够多，就算是有再大的困难，大家一起努力来克服，也是有办法解决的。但是如果有个冤家，暗中给你使绊子，这次的困难你摆脱了，下一个困难又会接踵而至。所以女人在做事的时候，千万不能为自己树敌，就算成不了朋友，也不要成为冤冤相报的仇人。

在和别人相处的时候，慢慢就会发现和这个人志趣是不是相投，对方和自己是不是一路人，对方是小人还是君子。如果对方是个君子，做事就会坦坦荡荡，就算双方谈不到一起，也不会伤害对方。如果对方是个小人，而你不愿意和这样的人在一起，对方可能就会觉得你伤害他了，于是他会想方设法地算计你，甚至是成为你前进路上的障碍。所以女人在做事的时候，宁可得罪君子，也不要得罪小人。君子不会记仇，但是小人却会睚眦必报。

要不想为自己树敌，就得做人大度一点，不要斤斤计较，其实就是建立自己的好人缘。人缘好的人，她的敌人肯定少，这都是相辅相成的。不会做人的人，树敌往往不少，因为她在无意识中可能会伤害其他一些人的利益或者是自尊。所以在交往的时候最好还是建立自己的好人缘，这样既让对方高兴，同时自己还不吃亏，何乐而不为？

大唐名将郭子仪，晚年的时候，寄情于声色享乐之中。有一天。卢杞来拜访他，他正在花丛中享受风花雪月呢，和一群歌妓们在一起娱乐。听见卢杞来了，郭子仪马上下令所有的女眷一律回避，非常郑重地接见了卢杞。等到卢杞走了，这些女眷非常不解，问道："以往的时候不管是谁来都不让我们回避，今天就来了个书生，反倒让我们回避呢？"郭子仪听完之后哈哈一笑，然后说道："卢杞很有才，估计不久就会升官发财，但是他心胸狭窄，报复心强，不是君子，而且他右半边脸是青色的，你们看见了，肯定会发笑，他肯定会怀恨在心，不仅是我的儿子，就是你们到时候也性命堪忧啊！"果然不出郭子仪所料，不久之后，卢杞的才华得到了圣上的赏识，官职不断上升，做到了宰相的位置，得罪过他的人，不是遭杀身之祸，就是受抄家灭门之灾，无一幸免。但是他对郭子仪一家很宽容，就算是郭家有些什么不对的地方，他也总是想办法将其保全。因为他认为郭子仪非常器重他，对他有知遇之恩，自己应该知恩图报。

如果郭子仪没有识破卢杞的本性，也许郭家也会遭到灭门之灾，像卢杞这样的小人最好还是不惹，就算是惹，也千万不要和他做成敌人，这样的人如果成了自己的敌人，自己的未来真的很让人担心。

在现在的社会上我们同样应该有这样的警觉心，不要因为自己的一时疏忽，就为自己制造了前进路上的绊脚石。为了不让自己树敌，女人在做事的时候，应该一视同仁，不能因为对方的不对就将对方激怒，这对自己没有什么好处，尤其是涉及利益关系的时候，更没必要得罪对方。得罪这个人虽然不可怕，但是如果这个人很阴险，有仇必报，这就够可怕了。说不定什么时候，他就会背后捅你一刀，对于这样的下场，相信每个人都不愿意接受。

在和别人打交道的时候，一定要按原则办事，千万不能耍些小计谋或者是小聪明，尤其当对方气量不是很大的时候，这是更应该注意的。只要自己按照规则办事，就算是对方不如意，他也不会对你怀恨在心。按照规则办事，双方之间的关系就会更加透明，这样总比暗地里使劲强。

平时在和别人打交道的时候，少指责别人，多从自身上找原因，这样就能少得罪人，也会少树敌了。

女人在做任何事情的时候，不管自己的朋友有多少，哪怕是自己没有朋友，没关系，只要少为自己树敌，也会少走很多弯路。

别让你的喜好影响你的交际圈

女人在做事的时候，应该广泛建立自己的人际关系网，只有这样，人脉才会更加宽广，更加深厚。人都是有感情的，尤其是女人，感情世界非常丰富，当自己正好是嫉恶如仇的性格时，因为自己的爱憎分明，自己会不自觉地远离一些原本对自己有利用价值的人。女人要想建立自己的人际关系网，就应该不要受到个人好恶的影响。

在和人打交道的时候，经常会遇到一些自己不喜欢甚至是讨厌的人。我们首先应该清楚的是，自己的厌烦心理对方是不用负责的，你得自己对它负责，反感别人可能更多的还是自己的原因，尤其是当其他的人和他交往的很好的时候，这样的概率就会更大。也许是因为自己对他原来的期许太高，或者是他当时做的某件事情，正好违背了自己做事的原则，也许是自己和对方存在着某些误会，只要消除这些误会，你可能对他的印象就好了。这些都是问题产生的原因。

所以如果你想拓展自己的人脉，就应该和别人搞好人际关系，尤其是当自己反感或者讨厌的人对自己的用处还挺大的时候。为了让你们之间的人际关系相处融洽和谐，首先应该做的就是将你们之间的疙瘩解开。从根上找出自己为什么会那么讨厌他，究竟是他的原因还是自己本身的原因。就算是他自身的原因让我们很反感他，是不是因为我们对他的期望太高，或者是因为我们用自己的行为标准来衡量对方，这些都是反感产生的原因。将这些问题搞清楚以后，对方在自己的心目中的印象可能就会有所改变。

人际关系网的建立一般都是从自己熟识的人开始的，所以它具有亲近性。女人要想建立自己的人际关系网，就应该从自己身边亲近的人开始，不要让自己的主观感受局限了自己的交际视野。尽量不要受一些传言的影响，有些人是故意用难听的话污蔑对方，这也是很正常的，不管别人的传言如何，自己和这样的人接触打交道应该亲自去给他下结论。有些女人没有主见，听了传言，就直接给对方扣上了那样的帽子，很多时候，就会戴着有色眼镜去看对方，就算对方表现得再优秀，自己依然不会对他改变印象，因为先入为主的传言，已经让她形成了第一印象，所以很难改变。以后再遇到这种情况的时候，你可以对那个散布谣言的人说“我想亲自接触他以后亲自给他下结论，谢谢你的信息。”就算是听了别人的传言，也不要全盘接受，应该只当做一种参考，不要让这个传言代替了自己的思维，很多时候，传言是失实的。

建立自己的人际关系网，女人最重要的就是提高自己的利用价值，很多时候，人们喜欢和一些与自己互补的人进行交往。当对方的职业就是自己感兴趣的但是自己无缘从事的职业时，自己就会产生无限的好感，希望和对方认识。女人在交往的时候同样如此，就算自己对对方本人不是很有好感，但是如果对方的职业让自己欣赏的话，也会乐意和这样的人交往。

不受个人好恶的影响，女人就会在工作中更能得心应手。职场是个复杂的环境，各种各样的传言都有，关于一个人的谣言版本可能同时就有四五种，究竟哪种是真的，女人很难分辨。这种时候，女人就应该学会不要让自己的有色眼镜而破坏了对方的形象。

女人之所以要不断地拓展自己的人脉资源，就是因为自己和别人都有对方可以利用的价值，虽然这很功利，但是事实如此，容不得你我的不认同。女人只有不断提高自己的利用价值，自己的人脉资源才会越来越广，这样自己可以利用的资源也会变多。

女人应该记住的是，在建立人际关系网的时候，千万不要加入太多的个人感受，尤其是自己的好恶，这样会直接影响自己的人脉资源。在建立自己的人际关系网时，应摒弃自己的个人感受，只有这样才会建成对自己真正有价值的人际关系网。

女性拓展朋友圈需要点儿妙招

女人要想结识更多的人就不应该只局限在自己的小圈子内，而是应该结识更多的新朋友。如何才能结识更多的新朋友呢?

首先是通过自己的老朋友去认识一些新朋友，在这之前，可以通过老朋友的事前介绍了解对方的一些情况，同时对方也会对自己有所了解。通过老朋友介绍认识新朋友要比直接认识一个新朋友容易得多，通过老朋友的介绍，双方之间就会少很多磨合细节，而且通过老朋友的介绍，双方就会少了对对方的考验，因为都是熟人介绍的，因为信任熟人，所以也会顺带着信任自己。所以要想通过这个方法认识新朋友，首先就是和老朋友搞好关系。

其次，就是女人结识一些和自己有同样兴趣的团体，比如经常去上一些课程，大家在一起学习的过程中就会认识很多的朋友。因为兴趣相似，很容易让人有相见恨晚的感觉，比如一起去参加瑜伽课程，或者是一起去健身房锻炼等，都是不错的结交新朋友的方法。

女人要想结识一些成功人士，首先就应该有和成功人士接触的机会，只有接触了以后，双方才会有继续交往的念头。如何才能让对方对你有更深交往的渴望呢？人与人之间的交往，关键的还是双方之间的交流沟通，要想结识什么人，首先要对对方有所了解，这些自己可以平时做些功课，让对方对你产生好感，然后就对方感兴趣的话题进行交谈，说出一些有自己创意的见解，往往更能吸引对方的眼光。

要想结交朋友，自己就不应该被动地接受别人来和自己成为朋友，而

是应该成为主动者，主动出击，主动地向别人推销自己。就算是一些地位显赫的人平时还不断地拓展自己的人脉资源呢，所以女人在平时应该多参加一些活动，这些活动自己可能不是很感兴趣，但是通过这样的方法也许你就能结识到很多平时根本就见不到的人，所以多参加一些这样的应酬还是有用的。

女人不要以为你递上了自己的名片就说明你们认识了，或者是你们成为朋友了，朋友之间的关系不是一句简单的问候或者仅是点头之交。有个成功的女经理就说不管自己平时多忙总会抽出时间来处理其他人的来信问题，就算是邮件，她也会认真地给其回复。因为这样才能显示出自己的真诚。所以要想建立朋友关系，关键的就是自己要真诚，不能总是想着对方对自己有什么好处，或者是有什么样的利用价值。

结交朋友，不要只局限在自己的同行业之内，还应该结交一些其他行业的人员，这样自己的人际关系才会通八方。所以女人就应该积极地利用各种机会去结识一些新朋友，不要因为对方的行业领域自己不熟悉，就将对方忽视，自己要打交道的人多得很，多个朋友就会多条路，不要小看今天的相识，说不定明天就是你求助的对象。

在交新朋友之前，女人应该想想自己能为对方做些什么，不应该只想着对方能为自己做什么，你可以主动地向对方询问："我能帮你做点什么？"就算对方不需要也表示了自己的礼貌，会给对方留下良好的印象。

女人在结交了新朋友以后，关键的就是应该维护好你们之间的关系，平时一起吃顿饭或者是一起去郊游，多打些电话，不要疏于联络，这样朋友的关系才会更加稳固持久。

女人要想结识更多的新朋友，最先锻炼的就是自己的口才，让自己能最高效地向对方展示自己的长处，同时用最有效的谈话吸引对方的眼光，善于向别人推销自己。只要增强自己的这些硬功夫，结交到新朋友就不再是什么大难题。女人只要想结交新朋友，什么样的场合都可以做到，出差时的火车上、论坛上的发帖人、一起旅游时的伙伴等，都是女人结交新朋友的渠道，只要自己善于发现，同时善于和别人交朋友，朋友多那也是意料之中的。

消除与陌生人之间的隔膜

女人在日常的生活中，难免要和很多的陌生人擦肩而过，或者是打交道，人与人之间的隔阂经常让人固守在自己狭小的空间内，如何才能消除与陌生人之间的隔膜?

陌生人之间的隔膜，似乎每个人都已经习以为常，每天擦肩而过的那么多陌生人，有谁想过去消除这之间的隔膜。其实陌生人之间的隔膜是最容易消除的，有时候一句关心的问话或者是一个笑容，就能将双方之间的隔膜消除，重要的还是看当事人有没有想过要消除双方之间的隔膜。

现在社会上流行着一种破冰游戏，目的就是消除和陌生人之间的隔膜。破冰又称为融冰，就是打破人们之间的相互猜忌和怀疑，就像是打破严冬厚厚的冰层。这个游戏使得人们乐于交往和相互学习，有助于消除陌生人之间的隔膜。

女人要想消除和陌生人之间的隔膜，一定要找好交流的突破口，找准突破口，也就成功了一半。只有找准交流的话题，双方才会继续交流下去，而这也可以提高你和别人的交流沟通能力，可以有效地拓展自己的交际领域。

与陌生人之间的交往，首先要做的就是消除对方的心理戒备。现在社会上的骗子那么多，人们一般很少喜欢和陌生人交流，所以在交流开始的时候，首先应该给对方留下一个良好的印象，让对方觉得你真诚，不是骗子，这样对方才愿意放下戒心和你交流沟通。和陌生人的交流不同于和认识的人的交流，你应该找到和对方共同交流沟通的话题，如果话题正好是对方感兴趣的，两个人的距离就会拉近，要是你选的话题对方根本就不感兴趣，或者是兴趣索然，双方就会陷入无话可说的尴尬境地。

在交流开始的时候，女人可能不知道对方感兴趣的话题是什么，这时候，就应该先投石问路，试探着找出你们双方都感兴趣的话题。话不投机半句多，只有找到志趣相投的话题，和陌生人之间的交流才会变得容易。

在谈话的时候，切忌说一些太过新奇的话，或者是很生僻的卖弄学问的话，这样的人又有谁愿意和他交谈呢？要根据对方的身份说一些适合对方身份的话，比如根据对方的口音，你可以判断出对方大体是什么地方的人，可以说一些有关对方家乡的话题，这样对方即产生亲切感，同时还会和你聊很多关于自己家乡的话题。当你对这些事情不是很熟悉的时候，还可以抱着请教的态度向对方学习，这样对方对你的好感肯定会增加。

如果女人不确定对方的喜好、籍贯等问题的时候，可以通过询问对方职业的方法找到和对方谈话的话题。比如对方如果是医生，就可以和她聊一些医学上的事情，或者是医疗改革等方面的话题，这些都是可以的。如果对方是教师，可以和对方就一些教育上的问题进行探讨或者可以向对方请教该如何教育自己的孩子。当你用诚心诚意的态度向对方请教对方熟悉的领域时，对方肯定会和你很有话说，而不会冷场，说不定双方最后还会有相见恨晚的感觉呢。

人之所以很陌生就是因为双方没有想认识的愿望，其实只要有一方想结识另外一方，只要态度好，一般都能成功。陌生人之间的隔膜其实很好消除，因为双方之间没有什么利益牵扯，也没有什么感情纠葛，如果结识了对方，就会多一个朋友，就算不能成为朋友，和对方交谈也会让自己感到愉快，这样自己的收获也不小。只要双方没有什么利害关系，就会少很多的心理负担。有时候甚至是一个善意的微笑就可以让两个陌生人一下子消除陌生感。

人与人之间的关系如此奥妙，不消除之间的隔膜，双方之间就像隔着一堵很厚的墙。一旦消除了双方之间的隔膜，人们就会像平时的朋友一样亲密。所以如果女人想让自己的朋友更多，消除和陌生人之间的隔膜也是一种行之有效的办法。

能被他人利用是一种价值的体现

女人要想让自己的人际关系网变得更加宽广，自己的人脉资源更加根深蒂固，关键还是要增加自己的被利用价值。

女人在建立自己的人际关系之前，应该先问自己这样一个问题，那就是“自己对别人有没有什么利用价值？”如果你发现自己没有被别人利用的地方，那就说明你是一个没有利用价值的人，如果你发现自己对别人有利用价值，那就说明你能够建立起自己的人脉。如果你发现自己没有什么可以被人利用的地方时，你就应该不断地增加自己被利用的价值。

一个人不可能永远为别人打工，所以女人应该有居安思危的意识，在自己的工作岗位上创造出自己的品牌，不断地提升自己的价值，自己的价值提升了，公司的信誉肯定也会跟着往上提。不要整天抱着混日子的想法苟活于世，而是应该以一个成功人士的标准来要求自己，不断提高自己在工作上或者是学历上的价值，将自己作为打造的对象，就像打造一个品牌一样，当自己的名声传出去以后，自己的价值也跟着上去了。

提升自己价值的关键是提高自己的实力，其他的外界条件都是要变化的，只要自己的肚里有真金白银，任他外面的世界怎么变化，自己都不怕，只有这样的人才是真正有价值的人。所以女人应该找出自己的不足，是在文化方面欠缺，还是在人际关系的交流沟通上欠缺，自己缺哪方面，就应该补足哪方面。在文化方面自己可以通过自学，也可以通过进修，多种渠道都可以让自己不断增加文化修养。平时多看些书，就算是自己不感兴趣的书，比如商业管理、经济学等方面的书，虽然抽象，懂一点总比不懂好。

如果女人是在交际方面出了问题，就应该想想如何改善自己的人际关系了，是自己太过骄傲还是不懂人情世故，找到根源，从根本上改变自己，改掉自己身上存在的一些缺点，以一个全新的自我出现在众人的视野中时，对方肯定会眼前为之一亮。相较于以前的你，现在的你肯定会比以前要受欢迎，相信你的人际关系也会因此变好。

提升自己的被利用价值，不仅要让别人意识到你的可利用之处，同时还应该让自己成为人脉关系上的枢纽。既然自己有利用价值，自己身边的朋友同样具有利用价值，那就将你们之间联系起来，彼此共同传递更多的利用价值。如果自己只是一个人脉关系网上的终点，或者是一个没有任何放射关系的结点，这样的话，你的人脉关系会很有限。而成为人脉上的中枢结点，自己就可以和各个方向的上的人脉互通信息，同时这样也间接地提升了自己的价值。

物以类聚，人以群分。这句话就是经典，看一个人的朋友，就能知道这个人的大概。女人身边的三个朋友的平均价值就是女人的价值，所以要想提高自己的价值，找几个有重要价值的朋友也是一个不错的办法，自己的朋友不仅是自己品位的体现，同时也是自己性格和其他方面的间接写照。所以女人要想尽快提高自己的价值，就应该找到几个有重要价值的成功人士，自己不仅可以向他们学习，还能让他们成为自己人脉关系上的重要结点。顺便可以借助他们的关系，将自己的人脉关系也不断变广。

女人在建立自己的人际关系网时，首先应该关注的是自己的被利用价值，只有自己的被利用价值提升了，自己可以利用的人脉也会变广、变多。

学会宽容，让女人看起来更美

冤冤相报何时了，得饶人处且饶人。这是一种人生的美德，是一种境界，是一种宽容博大的胸怀。

得饶人处且饶人是被当成中华民族的传统美德传承下来的，所以我们在为人处世的时候，也应该将其奉为我们人生的哲理。人生在世，谁还没有犯错的时候？就算是圣人还有犯错的时候，更不要说我们这些芸芸众生了，不犯错，还是常人吗？我们允许人犯错，但是我们不允许的是，人犯了错却不知道改正错。

人犯错误，那是人之常情。没有必要因为一个错误就像是抓住了对方的把柄，死缠着不放，这样的人肚量小、眼界小，抓住别人的错误就知道死缠烂打，这样的人在人格上是一种缺陷。

得饶人处且饶人彰显的是一种气量，一种人格魅力。有的人经常抓住对方的一点小毛病，整天纠缠不休，甚至恶语相向，这样不仅会将双方之间的关系弄得很僵，同时也为自己的未来埋下了一颗随时可以引爆的“炸弹”。不会宽恕别人的人就不会得到别人的宽恕，不允许别人改过自新的人，自己也不会得到别人的允许。

聪明的女人在做事的时候，就应该随时谨记得饶人处且饶人。谁都会犯错误，我们应该给他们改过自新的机会。这不仅为对方提供了改过的机会，彰显了自己的度量，甚至有可能为自己的将来留后路。

《三国演义》中，曹操活捉了关羽之后，念他是个人才，对他礼遇有加，希望他能够为自己效力，经常是三天一小宴五天一大宴的款待他。但是关羽因为和刘备的兄弟之情始终没有投降曹操，他一直是身在曹营心在汉，终于有一天，他探听到刘备的消息，不辞而别。曹操在知晓关羽已经逃走之后，并没有设下障碍将关羽擒获，或者是布下天罗地网的杀死关羽，而是下命令为关羽的离开大开方便之门。这件事彰显了曹操的宽宏大度，关羽因为曹操对他的得饶人处且饶人，在曹操败走华容道的时候，放了他一马。就是因为曹操当时的大度，为自己留下了后路，否则也许曹操早就成为关羽的刀下之鬼了。

得饶人处且饶人不仅在古代的时候被提倡，在今天的社会仍然是大有用处。同事之间少不了一些摩擦，如果自己是正确的，就将整件事情宣扬出去，这不仅会害的对方没有面子，同时他也会在心中对你多了芥蒂。抓住对方的错误耿耿于怀，四处传播别人的坏话，这不仅不会增加女人的人格魅力，相反还会成为其人生的败笔。谁也不愿意和一个没有

度量的人共事。

得饶人处且饶人不是让人在做事的时候，失去自己的原则和立场，有些事情该是一就是一，不能徇私枉法的时候，就应该秉公处理，尤其是涉及一些法律上的事情时。一味的宽容有时会被人当成一种纵容，所以一定要合理地把握这之间的尺度。

小柳是一家公司的会计，有一回她在核算公司项目支出费用的时候，发现他们公司的某领导，竟然擅自把单位的十多万元借给别人做生意。挪用公款是一项违法的行为，但是就这样将他举报给市纪委，这位领导多年的信誉可就毁了，于是小柳仔细想了一下，终于想到了一个万全之策。她本着得饶人处且饶人的原则，向这位领导建议赶紧将公款追回来，这位领导也是识趣之人，当天就将公款打到了账上。这位领导的前途也因此保住了。后来小柳在这位领导的提携下，也是步步高升。

小柳的识大体还有她的得饶人处且饶人，为自己以后的前途打好了基础。就是因为她知道得饶人处且饶人的好处和道理，她才会将这件事情处理得圆满自然，同时也因此获得了领导的赏识。

人生在世总会有一些事情违背人的心愿，甚至是让自己陷入困境和窘境。尤其是一些伤害自己的人，他们的出现更是让自己的处境变得步履维艰。是让自己变得和他们一样，处处斤斤计较，小肚鸡肠，睚眦必报，还是让自己宽容地对待那些伤害过自己的人?

一些人在自己的事业成功之后，当他们回首自己的成功经验时，经常会说自己最感激的是那些伤害过自己的人，正是因为那些人的打击和伤害，自己才会有更大的毅力和更坚强的决心去战胜困难，勇攀事业的高峰。伤害过他们的人，他们会将这些伤害当成激励自己前进的鞭子，时时鞭策着自己不断前进。

科学家研究发现，郁积在心中的愤恨、怨愤还有敌意是导致很多疾病的根源，所以女人应该学会宽恕伤害过你的人，只有在心中宽恕了这些伤害了你的人，心中的这些愤恨、敌意才不会时时地盘绕在你的心里，让你在怨恨的泥沼里越陷越深。

宽容伤害过你的人是一种人格魅力。只有具有这种人格魅力的女人才是值得人们敬重的人。宽容伤害过你的人不是要女人假惺惺地在口头上说我已经宽恕了伤害过我的人，但是内心里还在算计着该如何报复他，这样的“宽容”到底有多少诚意呢？真正地宽容伤害过你的人，是发自肺腑地原谅伤害过你的人，是一种真诚实意的原谅。女人若将自己的人生计划定位于报复伤害过你的人，内心就像是给自己上了沉重的枷锁，钥匙就在自己的手中，可是自己就是不想去将它打开，反而愿意这样戴着枷锁的生活。这样的人生是一个黑色的人生，当自己终于报复了对方之后，自己的内心是平静了，可是自己的人生这样过又有什么意义。

打开这沉重枷锁的钥匙就是宽容伤害过你的人，只有自己将这一切的伤害当成自己以后的一种鞭策，这样在以后的人生中就会尽量避免这样的事情发生。伤害过你的人，其实就是变相地给你上了一堂人生的课。就像当年韩信的胯下之辱，韩信受到的伤害和侮辱我们无法体味，但是韩信的大度却让我们受益颇深。韩信后来不仅没有惩罚当年的那个屠夫，反而馈赠他，这是何等的人格风范啊！

要想宽容伤害过你的人，首先要有宽容别人的意愿，这是成功的第一步。宽容伤害过你的人，并不是意味着你就喜欢他了或者是和他有什么关系了，你只是不想让自己的人生变得很复杂。虽然自己曾经被他伤害过，但是已经原谅他了，已经将他伤害自己这件事看明白了，对事不对人的学到了很多东西，就算自己不祝福他，但是也不会再去以这样的方式或者其他的方式去伤害他。没有人能强迫你去宽恕别人，也没有政府或法律明文规定，你就得宽恕伤害过你的人，这只是自己的个人意愿，这是女人在为自己的人生减轻负重，快乐前行。

如果听到曾经伤害过你的人现在过得很好，心里会有一种发酸的感觉，这就说明你还没有真正地从心里宽容对方，就像是自己的身上曾经受了伤，经过一段时间以后，这个伤逐渐变好了，虽然伤口已经痊愈不疼了，但是自己始终记得这里曾经受过伤。就像你现在的心里在发酸，其实就是没有真正地宽容对方，只是在自欺欺人罢了。真正的宽容应该是从心

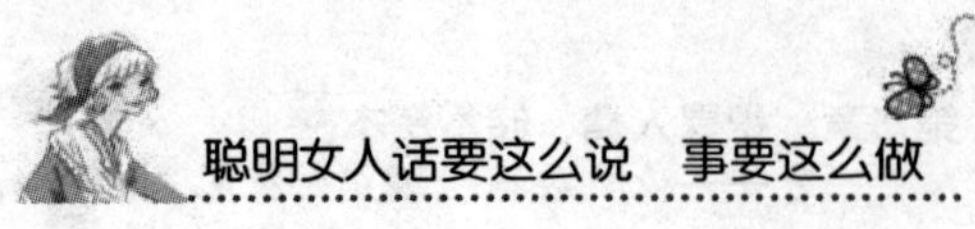

里认识到自己的心，是不是真的宽容对方。只有真正认识到自己内心的想法，才能不让自己的生活受其他外界的影响。

就像我们自己的身体，不管它受到什么样的伤害，它总会原谅你的伤害，自己不小心将手划伤了，它会重新长出一块新肉，来愈合伤口；不小心染上病毒了，它会不断地增加抗体细胞，把病毒赶跑。不管受到什么样的伤害，它总会宽容你的伤害。女人做人也应该这样，宽容伤害过你的人，自己就会发现其实人生远没有那么复杂。

第16章　性格良好，处世有方
——树立这样的女人更受欢迎

自强自立的性格更易成事

古希腊哲人赫拉克利特说：“一个人的性格就是他的命运。”我们可以这样理解，女人的性格决定了她此生的命运。

大家都很熟悉《致橡树》这首诗，在这首优美深情的抒情诗里舒婷写道：“我如果爱你——/绝不学攀援的凌霄花，/借你的高枝炫耀自己；/我如果爱你——/绝不学痴情的鸟儿，/为绿荫重复单调的歌曲……我必须是你近旁的一株木棉，/作为树的形象和你站在一起……”在这首诗中，诗人歌咏了女性自强自立的性格。

现代社会随着女性受教育程度普遍提高，女性的自我意识不断觉醒，众多女性也不再满足于贤妻良母的角色而进入社会和男性竞争。可能刚开始的时候，她们能保持着自强自立的行为处世，但是当环境一变化，当面对诱惑时，很多女性就有可能会动摇，从根本上来说，她们自强自立的性格还没有完成形成和固定下来，只是作为一种特性在女性身上短暂存在着。

萍是一个很有才气也很有野心的艺术家，她不断地和各种不同的男人约会，却始终没有维系一份稳定的情感。和朋友聊天时，她总是说，一个女人要完全的独立自主才能发展事业，认为女人把自己“束缚”在一个固定的男人身上是人生的一种障碍。但是后来她认识了从事房地产的王先生，萍十分迷恋王先生的稳重和可靠，更具有吸引力的是如果和他在一起，以后的人生根本就“不差钱”。在与他交往了半年后，萍放弃了原本重要的事业，也淡忘了自己曾经的野心，心甘情愿随着他东奔西走。

萍是一个很典型的例子，她有才气也有野心，但是她的自强自立走的是两个极端：从一开始的把男人与女人完全对立，到后来因为王的可以依靠就放弃了曾经的一切而跟随他东奔西走。这样的女人在现实生活中不少见，我们不能怀疑她们的自强与自立，但是她们的这种自强与自立并没形成一种性格。

萍这样的女人在生活中屡见不鲜，她们高喊着要独立、自强、顶半边天的口号奋力拼搏，不依赖于某个男人，也更加鄙夷那种“乖乖女”，但当自己坠入“情网”之后，自强、自立的意识轻易就被摧毁。与萍这样的女人相反的是，那些骨子里具有自强自立性格的女人，始终能够把持自己的人生方向，具有超强的主见，由此把命运的稻草紧紧地抓在手中。

有些女人要问，怎样形成性格，什么是性格呢？概括地讲，性格就是人在对人、对事的态度和行为方式上表现出来的心理特点，如理智、沉稳、坚韧、执著、含蓄、自强、坦率等。根据心理学的理论，一般认为一个人的性格很难改变。我们可以认识某人的性格特征，并在必要时对其做一定程度的修正，但人的基本性格可能取决于基因中某些固有的因素，就和我们眼睛的颜色一样是不可改变的。

性格虽然具有先天性和不可改变性，但是它仍然离不开后天的塑造。苦其心志，劳其筋骨，自古英雄出磨难；生于忧患，死于安乐，是智者与愚者的不同归宿。塑造性格的主动权，不在命运的手中，而是在女人的心中。

当自强自立固化成女人的一种性格时，女人所有的行为方式都带着自强自立的特征，并不会随着环境的变化而改变，反而会不断地去改变所处的环境。

小美生在农村、长在农村，父母都是面朝黄土背朝天的农民。小时候，小美就意识到父母给了自己生命，但是自己的命运只能靠自己改写，因此，学习特别刻苦，每天都是第一个到学校，最后一个离开教室。顺理成章的，高中毕业时，小美考上了北京的一所很有名的大学。大学毕业后，在一个事业单位找到了一份非常稳定的工作，村里人都投来羡慕的眼光。

在工作后，小美没有像别的女孩子一样沉醉于生活的安逸与工作的体面，甚至别人给她介绍对象，她都婉言拒绝了，每次她都笑着说“我还小，以后再说”。其实小美内心还有自己的追求。她每天都坚持学习，在干好自己本职工作的同时，利用好一切可以利用的时间看书，在工作的第二年，小美考上了北京大学的公费研究生。当时这件事情简直在单位炸开了锅，所有人都觉得这是天上掉馅饼，只有小美自己知道，这是她努力奋斗、自强自立的结果。

研究生学业期间，为了维持自己的生活，小美边工边读，抓住一切机会充实自己的理论与实践。有些爱慕小美的男人经常来找小美，还给小美生活费，但都被小美拒绝了，甚至亲戚给小美生活费，她也拒绝了。问及原因，小美说：“我害怕一接受你们的好意我的心就会动摇。我害怕那种依靠别人的感觉，我自强自立，可能辛苦点，但是心里踏实，偶尔还会为自己自豪……”上研究生期间，小美一直都品学兼优，研三的那一年，小美顺利地拿到了哈佛大学全额奖学金的博士录取通知书。

论客观物质条件，小美是寒酸的，她就是山窝里飞出的金凤凰。但是，凭着她自强自立的性格，小美这只金凤凰越飞越远，人生的道路也越走越宽。从哈佛毕业后，小美回到了北京，当大家都在为工作发愁时，众多家中外名企都用高薪向小美伸出了橄榄枝。后来有一次小美回到以前的单位，以前的同事都对小美投来羡慕的眼光，公司的总经理还特意招待了小美。

现代社会的女性面临着更大的压力，也面临着更多的诱惑，也许你在面试时遭到了性别的歧视，也许你遭遇了丈夫的忽视、子女的抱怨、下岗的无助，也许你在灯红酒绿中受到了爱情温暖的引诱，但是所有这些都不是现代女性的命运。在现代社会，自强自立才是女性真正的性格，这是一种积极的处世性格，有利于女人真正把握自己的命运，享受自在的人生。在现代社会，也只有自强自立的女人才能撑起属于自己的天空，在万紫千

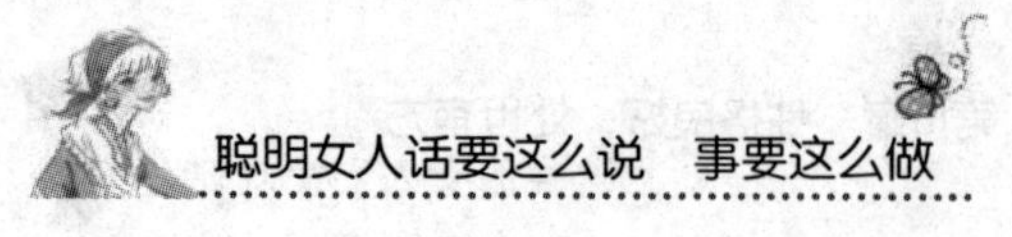

红中展现出自己独特的一面。

女人娇小，也不缺冒险精神

和男人相比，女人更加渴求安稳的环境，也更害怕冒险，但是，无限风光在险峰，你规避了冒险的同时也错失了很多宝贵的机会。女人应该培养自己爱冒险的好性格。

许多年前，当你还没意识到自己是女性时，你也会在野地里疯玩，你敢做任何事情，你表现出一个十足的冒险者的模样。但是，当岁月流逝，你意识到了自己女人的角色与形象，社会给你灌输了众多女性的“行为规范”，你渐渐开始中规中矩，安分守己。

“冒险”这个词本身就很容易被人曲解，被人与危险、失败等情景扯上千丝万缕的联系。但是，假使我们的想象和洞察能穿透这个词语表面的坚硬，我们会发现这个词代表着的动感与力量，我们还会发现它背后的脆弱。也许看透了这种动感与力量的诱惑，发现了它背后的脆弱，你会用另外一种视角去审视冒险，用另外一种心态去看待自己。其实，每个人的人生就是一场冒险，对于女人来说，哪怕再坚硬的保护壳，你也逃脱不了要冒险的命运。借用法拉奇的话来说：成为一个女人，是一种需要很多勇气的冒险。

很多时候，是否冒险只是意味着你在行动与非行动之间的选择。你放弃冒险，是因为你对自己没有信心，你以为自己现在走在一条十分安全的道路上。在你的眼里，冒险与其说是多了一份机会，倒不如说时多了一份危险，你害怕面对危险时的恐惧。但是，你规避了冒险，你也就放弃了成功的机会。那些成功的人，都是在经历了冒险过程中的煎熬后才得到了掌声。

2003年，北京新燕莎集团和北京金源时代购物中心有限公司正式签署合同，在西四环打造亚洲最大的Shopping Mall，总经理的重担落到傅跃红肩上。当时北京四环一片荒凉，“到了晚上，四周黑乎乎的，马路上没有

车，四季城的房子还没交钥匙。”傅跃红回忆起那时的情景印象还依然清晰。傅跃红承认，在西四环建造购物中心，是要担很大的风险。而傅跃红认为，“冒险精神，对创业太重要。而创业最最需要的冒险精神，我一点也不缺。”她本性就是无畏的女子。

在顶住很大的压力建成了Shopping Mall之后，新的问题也接踵而来。Shopping Mall建成第一年，客流不是很多。“我只有坚持。首先稳定商铺，其次吸引消费者。我们想尽办法，与商户沟通，取得理解，天天现场沟通，让他们觉得，公司可信，管理层可信。这个过程中，燕莎品牌也起了很大作用。我们与商户描述未来的前景，不断地召开大商户签约示范会。为了增加人气，我们通过营销活动，让消费者免费到这里看节目、看演出。” 这个行业需要耐力。在凭着韧性坚持了3年后，终于开始赢利，这意味着开始看到了成功的曙光。

傅跃红认为，对于创业来说冒险太重要，而她自己一点都不缺冒险精神。在Shopping Mall建成之后，面对新的问题，她选择了坚持，凭着一股不屈不挠的韧劲坚持了3年，最终商场开始赢利。其实，这种坚持也是一种冒险，而这种韧劲也是对于冒险的拥抱。

面对冒险的未知的时候，绝大部分的人都会觉得恐惧，如果你能勇敢去经历这些冒险，你就能战胜恐惧，战胜恐惧的同时也战胜了冒险。就像《即使害怕也要做》的作者苏森·吉夫斯所说：“只要我不断地把自己推向世界，只要我继续提高自己的能力，只要我继续经历新的冒险以使梦想成真，我就一定能承担恐惧。”

理查德最初写《圣诞盒》这个故事，只是想送给两个小女儿做礼物。后来，亲戚朋友看了后，对这个温馨的故事赞不绝口，理查德受了鼓舞，准备将故事印刷出版，但出版商对此不感兴趣，于是理查德用个人积蓄出版了《圣诞盒》。

很幸运地，当时正赶上美国图书论坛在附近召开，为了扩大《圣诞盒》的知名度，理查德在会场租了个柜台。会场的另一端是成名作家的展台，来宾的注意力也全部集中在名人展台上。他发现名人展台上有位著名的作家缺

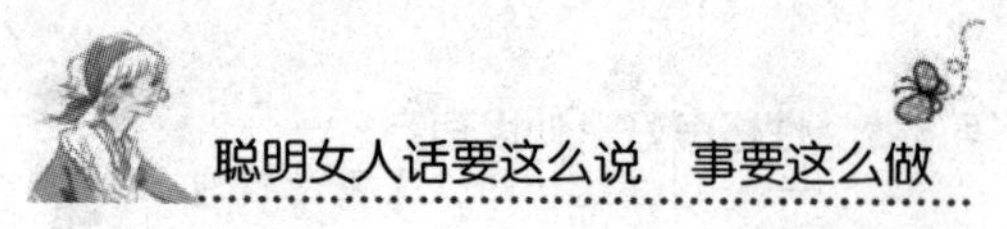

席了，有一个空座位。理查德做了个大胆而冒险的举动。他鼓起勇气，端起一箱《圣诞盒》在那空位上坐了下来，开始签名卖书。有个组织者看到理查德，向他走过来，理查德还没等管理员开口，就说："抱歉，我来晚了。"来人愣了一下，赶紧改口问他需要什么饮料，之后也没来打扰他。

经过这一次的宣传，《圣诞盒》得到了广大读者的认可，还荣登了《纽约时报》畅销书排行榜榜首，并先后被翻译成18种语言，出版量高达800万册。书稿最终被西蒙与舒斯特出版社以创纪录的420万美元重金购得，很多书商也因此喜欢上了《圣诞盒》，提出免费为他做宣传。

理查德在回忆时，他觉得那次售书时的冒险对他日后的成功起了举足轻重的作用。正是那一次的售书，打开了《圣诞盒》后来成功的大门。

绝大多数的情况，害怕冒险往往只是因为担心自己的能力不足。很多时候，我们的能力其实超乎了自己曾经设想的范围。有趣的是，一旦接受冒险与挑战后，很多人都会恍然大悟：自己拥有的能力竟然远远超过原来的想象！

行为学家经过研究证实，人类冒险是正常的，不冒险才是异常。通过冒险活动，可以让人更健康、积极、有活力，并能产生自信。从不冒险的人，不但容易颓废，暴饮暴食，承受压力的能力也比较低。其实，凡是值得做的事多少都带有风险。女人应该让自己拥有爱冒险的好性格。

积极参与竞争的女人最好命

人的一生是竞争的一生，无论你如何安贫乐道，由于资源有限，你都在主动或者被动地参与竞争。

人在社会上，如果想要达到一个更高的层次，就要积极参与竞争。很多女人可能会说，我没有欲望，我不愿意参与竞争，我就只要每天吃饭、睡觉就满足。但是，整个社会的环境不允许你这样做。因为你这样做，你就会被社会抛在后面，停留在社会的底层。

现在的社会虽说男女平等，但是在实际生活中，女人可能会面临着性别上的歧视，这也意味着女人参与竞争要突破更大的阻力与压力，这意味着女人在参与竞争时要有一种积极的性格。

首先，要认识到竞争的必要性。

在经济学上，有一个名词叫做“鲇鱼效应”， 讲的是由于供氧设备不发达，长途贩运鱼苗常有大量死亡，损失惨重。后来有人在槽中放入鱼苗的天敌鲇鱼，为了避免被鲇鱼吞食，所有的鱼苗都本能地快速游弋，这样它们就能最大限度地吸食氧气，死亡率反而大大降低。这个例子说明了，安逸的环境可能只是一种表象，你可能会在安逸的环境中窒息。而面对强大的竞争对手时，那种紧张的氛围往往能激发你个人的潜力。

在中国，类似于“鲇鱼效应”的例子也很多。牧民看到自己所驯养的羊常常被狼吃掉，就想尽办法把草原上的狼除掉，以为这样就可以安心度日，可是羊群却变得老弱病残。相反，一些野生羚羊或野鹿为了生存而长期奔跑，不仅拥有强健的四肢而且能躲避狼的捕杀。

从这些自然界的例子里，我们往往能看到人类生存的自然法则。只有在竞争的环境下，人才能快速成长，才能变得强大，禁得起风雨的洗礼与考验。因此，在经受考验的时候，我们要给自己信心与勇气，我们要对竞争对手怀着一颗感恩的心。

其次，要适度竞争。

竞争对于个人的成长是必要的，但是对于女人来说，也要适度竞争，过度的竞争不仅会给社会，也会给家庭和女人自己带来许多不良的影响。

哈佛大学公共领导力研究中心室主任巴巴拉·凯勒曼认为，过度竞争对各方没有一点好处。他说，这么做即使不会形成社会危害，人们也不愿意与他们相处。事实上，这类人都有不同程度的人际交往障碍，很难获得朋友。一些美国心理专家认为，过度竞争是一种心理障碍，是一种融合了强迫、自恋、神经质、妄想和偏执症状的综合征；它不仅会影响自己的性情和与他人的关系，随着时间推移，也会引起家庭矛盾，给工作带来灾难。

武侠名著《侠客行》中的梅芳姑，是一个才色双全的女子，但是，她心仪的男子石清却喜欢“无才”女子闽柔。对此，梅芳姑百思不得其解。10多年后，遇到石清，她质问他：“我的容貌与闽柔相比谁美？”石清回答：“自然是你美”；她接着又问：“武功是谁高强？”石清回答：“也是你高强”；她又问：“文学修养是谁好？”石清回答：“自然比不上你。”梅芳姑冷笑道：“想来针线之巧，烹饪之精，我是不及这位闽家妹子了？”石清答道：“闽柔既不会补衣裁衫，也不善烹饪，连炒鸡蛋都炒不好。”梅芳姑更不解了，厉声问道：“既然如此，你为什么跟闽柔好呢？”石清说：“正是因为你样样都比闽柔强，也比我强，我和你在一起，自惭形秽，配不上你。”梅芳姑终于明白石清疏远她的原因，于是便惨叫一声，自杀而死。

从梅芳姑的疑问与思维中，我们可以看到梅芳姑过度竞争的思维逻辑。她以为自己各个方面比别人优秀，就能拥有比别人更多的东西。其实，持这种过度竞争想法的人，在实际的生活中，反而不受人欢迎。

再次，竞争要注意细节。

很多时候，与人竞争并不是面对面的短兵相接。现在处在和平年代，竞争表现的方式可能更隐蔽。有人说，现在世界级的竞争是细节的竞争，细节影响品质，细节体现品位，细节决定你竞争中的成败。

有家大公司想要收购一块地皮，一位老妇人的土地刚好在收购范围之内，但是那老妇人是个有名的“钉子户”，在此之前有另外一家公司想收购这块地皮，就是因为这个老妇人的不同意而告失败。这一次，公司开出了优厚的收购条件，但老妇人还是说什么也不同意，公司业务计划因此受到影响。一天傍晚，老妇人来到这家公司，想表明她永远也不会在收购合同上签字。一位女职员接待了她，为她倒上热茶。因为地板凉，女职员把脚上的拖鞋给老妇人穿，自己光着脚。等公司领导来了，老妇人平静地表示，同意签字。后来，在问及老妇人原因时，她说让她瞬间改变主意的是女职员那双温暖的拖鞋，就是这双拖鞋让她感觉到了浓浓的人情味与尊重。

对于细节，要十分谨慎。你可以因为细节成就了自己的事业，也可能由于细节而葬送了自己的事业。相对而言，女人更加敏感，对于细节的关注表现得更自然，女人应该利用好自己的这个优势，努力在细节上做到脱颖而出。

现代社会是市场经济的社会，而竞争是市场经济正常运转最核心的机制，任何一个人的生存与发展都回避不了竞争。对于处在竞争潮流中的女人来说，应该积极接受这样的生存环境，努力培养自己积极参与竞争的好性格，只有当你养成了积极参与竞争的好性格时，你的内心才会真正接受这个社会的竞争，也才能让自己善于竞争，勇于竞争，乐于竞争。

吃苦耐劳的女人有福气

人生是一次旅行，辛劳和苦难可以说是我们不能不花的旅费。只要我们有足够的坚强来经历这些风险，我们才能达到人生的胜境。女人生性比较娇贵，自觉培养吃苦耐劳的性格显得更为迫切。

拥有吃苦耐劳的好性格是一种资本。当你有过饥饿的历史，你就知道了一粒米的珍贵，懂得了那些面朝黄土背朝天的耕耘者的可敬；当你有过寄人篱下的悲凉，你就能禁受得住旁人的风凉话，习惯性的冷眼反而会帮助你长出齐全的性格。

确实，苦可以折磨人，也可以锻炼人。在这个竞争激烈的社会，如果你想走在别人的前面，你就必须放下面子去吃苦，吃苦是人生的一种经历，尤其是在你刚跨入社会的时候，能吃苦耐劳可能也是你自己的一种优势。古话说得好，“自古英才多磨难”。反思历史，你会发现那些取得重大成就的志士都很注重培养自身吃苦耐劳的好性格。

清代著名作家曹雪芹，出身官宦世家，但他却不贪图富贵安逸，独处陋室，在墙壁上写下了“富非所望不忧贫”的座右铭，激励自己苦心创作。

孔子的高徒颜回，家境贫寒，屋舍破陋，卧在席上只能蜷着身子，他处在这样的逆境里却“自得其乐”，学有所成。于是，孔子便在《论语·雍也》中留下了这样的话：“一箪食、一瓢饮，在陋巷，人不堪其忧，回也不改其乐。贤哉，回也！”孔子赞扬颜回是一个“士志于道而不胜恶衣恶食者”。

吃苦耐劳本身是一种痛苦，但是，正因为承受了这些痛苦，这些名人才取得了巨大的成就。正如孟子说说：“天将降大任于斯人也，必先苦其心志，劳其筋骨，饿其体肤，空乏其身。”只有在经历了艰难困苦之后，人才能真正树立起面对困难的勇气与信心。

那些爱好旅游的人，对于平坦好走、容易达到的地方没有兴趣，偏爱去找险峻的山、未开发的林或者没人烟的岛。在他们的眼里，无处风光在险峰，旅游的乐趣在于克服那些途中的困难，到达别人不易到达的地方。真正懂得人生的人也一样，他们不甘于平稳凡庸的生活，而总是去挑战一些困难，有些困难甚至是自找的一些困难。因为他们知道，只有经历了一些困难，挑战了一些险境，他们才真正体会到了人生的真味。

李嘉诚幼年丧父，从小就不得不挑起生活的重担。原本无忧无虑的少年时期，他却迫于生计不得不辍学，靠自己谋生。他经过努力好不容易在茶馆里找到了一份工作。每天清晨五点左右，当一般人还在睡梦中时，他必须提起精神从温暖的被窝中爬起，然后赶到茶楼准备茶水与茶点。那段艰难的日子，他的工作时间长达15小时，生活对于他来说，就是一场严酷的考验与磨炼。李嘉诚的舅父看着他这样，十分疼爱他，为了让他能准时上班，就买了一只小闹钟送给他。李嘉诚为了保证能最早赶到茶楼工作，把闹钟调快了十分钟。由于李嘉诚吃苦耐劳的性格，茶楼老板十分赏识他，很快给他加了薪。

在茶楼度过了辛苦而艰难的三年，17岁的李嘉诚开始了他推销员的生涯。现在李嘉诚的名字已经是家喻户晓，但是在通往成功的道路上，他所经历的苦难也肯定比人家多。后来在对于年轻人98条的忠告中，其中第一条就是“我17岁就开始做推销员，就更加体会到挣钱的不容易、生活的艰辛了。人家做8个小时，我就做16个小时。”

女孩子生性比较娇贵，做事情习惯性地会拈轻怕重，对于吃苦总是抱着一种畏惧与躲避的心理。但是很多时候，人生并不按照你自己的设想或者期望那样存在。社会的竞争十分激烈，你可能现在条件很优越，衣食无忧，但是没有人能保证接下来会发生什么事情，没有人能保证你周边的欣欣向荣的景象会一直持续下去。为了以后的生存，你必须培养自己吃苦耐劳的好性格。这样，当生活发生变故，或者你长久依靠的大树倒了后，你也不至于在这个社会孤立无援，无依无靠。

《大长今》是前几年热播的一个励志电视剧，看过这个片子的人，对里面的女主角大长今肯定印象都特别深刻。在故事中，长今经历了人生的很多变故，但是最后她成功了，靠的是什么？她的优势就在于她吃苦耐劳的好性格。

在济州岛，长今正式拜张德为老师学习医术，她希望医术学成之后有机会重回宫廷。张德要求严格，长今不分昼夜苦读医书。她常常到一个寒冷的山洞里，借着一个布偶，苦苦研读关于穴道的医书。

长今就这样吃苦受罪，研读医书，不断提高自己的医术。长今把吃苦当做挑战，以致闵政浩向中宗皇帝说出了这样的一番话：“微臣真心爱慕医女长今，因为她是女人，更重要的是这个女人在学医术的过程中，所表现的坚韧意志以及她吃苦受难的精神，都让微臣倾心，更尊重爱慕她。”

唐朝黄蘖禅师《上堂开示颂》有句话叫做：“不经一番寒彻骨，哪得梅花扑鼻香。”这句朴实的诗句告诉我们，任何人都不会随随便便就能成功，吃苦耐劳是成功的秘诀。那些习惯于吃苦的人，不会把生活中的苦当成苦，在遇到挫折时也能积极进取。而那些怕吃苦的人，不但难以养成积极进取的精神，遇到问题第一反应就是逃避，这样的人当然就很难成功了。认识到了这个道理，每个想成功的女人都要自觉培养自己吃苦耐劳的好性格。

女人做事要有专注的好性格

上海盛大网络有限公司总裁陈天桥说：“抵制住诱惑，不做比做要难多了。”但是这个世界的诱惑太多，专注是空气中最稀缺的元素。女人比男人感性，耳根也比男人软，更经不起诱惑。如果女人要想有所成就，务必具备专注的好性格。

2003年，50岁的王石近乎完美地到达海拔8300米的顶峰。下山后，一直拒绝接受采访的王石欣然接受采访，记者惊叹地问他登顶的秘诀时，王石开心地笑了："哪有什么秘诀啊。自从第一脚踏上珠峰，我的心中就只有一个目标，那就是登顶，任何与此无关的事情我一概不做。"王石一语破天机，说出了专注的重要性。

专注的女人是美丽的，因为专注某个事业或者某个事情，你就不会对一些鸡毛蒜皮的小事斤斤计较，你就会跳出生活圈子的烦琐，能用一颗包容的心去看待生活。而在别人眼里十分不起眼的事情，可能因为你的专注而让它放出了异样的光彩。

张茵是2006年最为热门的话题人物。2006年10月，随着胡润中国百富榜的公布，张茵成为中国的第一位女首富。张茵作为玖龙造纸有限公司董事长，身价270亿元，财富超过第二名70亿元之多。

在张茵27岁选择职场生涯的时候，她放弃了优厚的50万港币的年薪，怀揣着3万元人民币去香港开创自己的事业。二十多岁的女孩子一般都不会很喜欢经营废纸这个业务，但是张茵坚定地选择了这个行业，并倾注了自己所有的时间和精力。当有人问及张茵，你有了财富的积累后，有很多机会去其他领域发展，比如地产、金融，但是这些年你为什么一直没有做其他行业时，张茵毫不犹豫地说，我的个性比较单一，觉得一个人要熟一行做一行，不可能你在所有行业都是最成功的人。因为我看到造纸行业未来的发展前景，觉得专注将来一定会有回报。

张茵的专注成就了她的事业与成功。从超市拾废纸箱，这不是一般人眼里的成功人士干的事情，但是这样不起眼甚至有点卑微的事情，当你专注到能做到收购全球大部分大型超市的废纸箱时，你就垄断了世界可再生纸原料的重要来源。张茵用自己成功的实践证明了专注的力量。

专注是一种良好的性格，但是生活中里烦事很多，吃穿住行，柴米油盐，任何一桩烦心事都会让你很难平心静气地专注。生活的现实与残酷，

霓虹灯与各种光怪陆离的诱惑，有时让你很难勇往直前地专注于某一个具体的事情。专注是一种境界，是一种良好的修养，也是一个人难得的好性格。活跃于商界的企业家，并不是在所有领域都做得很成功的，绝大部分都是在某个特定的领域做到了领先，成了某个领域的专家。

商界怪才史玉柱在各种场合都说过一个理念：聚焦、聚焦、再聚焦。用他的话来说，做的事情尽可能少，做的产品也要越少越好。

“10年来我分阶段做了三件事，保健品、投资银行业、网络游戏，成功一件再做一件。”史玉柱概括自己东山再起之后的历程时说。在国内保健品同业的前五位中，基本都拥有10款以上的产品，唯独巨人只做一款产品：脑白金，这款产品成功5年之后，史玉柱才做了第二款产品：黄金搭档。史玉柱说：“这样做的结果是什么呢？现在脑白金和黄金搭档是国内3000个保健品产品中的第一名和第二名，销售额比行业第三名、第四名、第五名之和还多。”

后来做投资时，史玉柱只投资上市和即将上市的银行，这使他投入几亿元却赚了100多亿。后来，史玉柱开始涉足网络游戏，他就彻底不做保健品和投资了。

史玉柱有过失败的教训，回忆起自己的创业，史玉柱对专注很是感慨：“我经历了那么沉痛的多元化惨败，只能聚焦再聚焦了，这样失败的概率就会小，这是我的原则。”

对于史玉柱来说，专注既是他成功的经验也是他失败的教训。

专注于某一项事业或者某一个事情，你就要真心热爱它，只有真爱，才能真专，才能在各种风潮与时尚面前坚定信念。女人天生就是时尚家，是天生的博爱家，太容易被潮流左右，喜欢跟着潮流走，也太容易被诱惑所吸引，因为这样既安全又省心，但是这样做其实也最冒险，因为你几乎丧失了所有成功的可能性。专注不一定成功，但是你不专注肯定不能成功。

如果想在一生中有所建树，你就必须专注于自己的专长与爱好，勇于舍弃那些看似美好、其实是鸡肋的目标。因此，专注的好性格也意味着一种胆识与魄力，你要敢于舍弃，敢于为了有所为而有所不为。

我们拥有的时间不是无限的，我们能做的事情也不是无限的，对于女人来说，一定要结合自身的优势，让自己专注起来。一心一意学一个专业，一心一意爱一个人，一心一意做成一个事业，一心一意培养一个兴趣，拥有了专注的性格，这样幸福的人生也就离自己更近了。

有创新性格的女人更出色

在企业界，各种发展类型的企业都看清楚了一条商业铁律，那就是面对瞬息万变的市场环境，创新是唯一出路。对于个人来说，勇于创新的好性格能使人勇敢、充满朝气和活力、具有开拓进取的精神。

海尔地产董事长兼CEO卢铿对于创新曾发表过他的看法："创新是一种生存意识，有此意识才会有所行动。创新是一种竞争才能，胜与负往往决定于斯。创新是一种特殊智慧，不是所有的人都拥有它。创新可以化腐朽为神奇，可以变梦幻为现实，可以使不可能成为可能。"卢铿说的是创新对于企业的积极作用。同时，创新对于个人人生的成败来说，也具有至关重要的作用。

很多时候，我们回避创新，甚至把自己归结为天生没有创新意识与能力的人，那其实是一种对自己很不负责任的想法。尤其是女人，由于天生的惰性，总认为自己的创新意识不如男人，不如别人。挑选工作与职业时，宁愿挑选那些重复性、低技术含量、不需要动脑、不需要创新的工作，其实这样也就是把自己挡在了进步的大门之外。

人们经常把创新想象成一项高深、神秘、复杂的工程，这样的想法很容易阻碍人们的思路。而很多伟大的创新往往是十分简单的，可能你换个思路和角度去看同一个问题，你的想法就是创新了。

多年前，有一家酒店的电梯不够用，打算增加一部。于是酒店请来了建筑师和工程师研究如何增设新的电梯。专家们一致认为，最好的办法是每层楼打个大洞，直接安装新电梯。方案定下来之后，两位专家坐在酒店前厅面谈工程计划。他们的谈话被一位正在扫地的清洁工听到了。

清洁工对他们说：“每层楼都打个大洞，肯定会尘土飞扬，弄得乱七八糟。”工程师瞥了清洁工一眼说：“那是难免的。”清洁工又说：“我看，动工时最好把酒店关闭些日子。”工程师说：“那可不行，关闭一段时间，别人还以为酒店倒闭了呢。再说，那也影响收益呀。”“我要是你们，”清洁工不经意地说，“我就会把电梯装在楼的外面。”工程师和建筑师听了这话，相视片刻，不约而同地为清洁工的这一想法叫绝。于是，便有了近代建筑史上的伟大变革——把电梯装在楼外。

把电梯装在楼外，这一近代建筑史上的变革，竟然是出自一个清洁工之口。然而仔细想想，电梯装在酒店内部会造成尘土飞扬，但是当电梯装在楼外时，酒店内部尘土飞扬的情况不就避免了吗？思索一下这一想法的逻辑，这一伟大变革的思路是多么的简单。所以，不要把创新想象成遥不可及的东西，很多时候只要你稍微转变一下思考的方式，困扰已久的问题可能就迎刃而解了。

但是，话又说回来，无论在什么领域，真正的创新是很困难的。哪怕是教授写论文，都不是很容易出新，在别的领域也是一样。但是，正如成功不是很容易的事情一样，当你真正突破了，找到了创新的方法时，展现在你面前的就是一片海阔天空的场景了。

荣获“2007年度女性人物”的马尔可夫因为自己独创的VH巧克力而成就了自己的人生与事业。

一天，当卡特里娜·马尔可夫（Katrina Markoff）在厨房里尝试调制不同寻常的混合口味时，突然来了灵感：要创造一种全新口味的巧克力。她把巧克力、椰汁和咖喱混合在一起，创造出了一批味道绝妙的巧克力软糖，以至于决定开办自己的生意：VH巧克力店（Vosges-Haut Chocolate）。

马尔可夫1998年就开始做特别巧克力生意。在此之前，出于对烹调的热爱，她进入巴黎蓝飘带餐饮管理及烹饪艺术学校（Le Cordon Bleu）学习，在那里发现自己最热衷的其实是尝试各种新的混合口味。后来，在一个烹饪导师的建议下，她开始周游各国，以学习并拓展对于味道的想象力。在周游各国之后，马尔可夫发现“第三世界国家，食物、人和土地之间的联系比美国这里更密切。”于是，VH巧克力店经营的核心也定于人们和社区之间的联系。她说：“这可不仅仅是用巧克力来制作吸引人的风味食品，而是通过巧克力这个媒介讲述不同文化、艺术、潮流或者信仰的故事。”

马尔可夫获得了成功，她将公司的成功归结为一个乐于接受变革的需要的团队。她说：“我有一支强有力的管理团队，他们乐于接受变革的需要，保持创新性和新锐意识肯定是有挑战性的，但同时也令人兴奋。这就是很多人想在这里工作的原因——因为这里很令人兴奋，每一个人都有创造变化的能力。”

创新是引领一个民族的灵魂，是国家振兴的不竭动力。创新这个词，也一直都是企业家的热门话题。对于个人来说，创新显得也很重要。

伟大思想家巴尔塔沙·葛拉西安的智慧书里有这么一段：利用你的新颖之处只要你不断地创新，人们就会敬重你，新奇感变化无穷，它能使人愉悦，令人耳目一新。比起一位初来乍到的平庸之人能获得更多的好评。新奇所带来的荣耀不会持续长久。几天之后，人们将失去对你的尊重，一旦人们对新奇事物的热情降温，激情就会变冷，快乐也就会变为恼怒。

这段话并不一定见得完全正确，但是它至少表明了两个道理：一是要创新，因为创新能给自己带来尊重，给别人带来愉悦；二是要不断创新，否则激情变冷，快乐也变成了恼怒。

创新没有止境。它不只属于过去，也不只属于别人，它属于现在，属于我们每个人。作为和男人共顶半边天的女人，要积极思考，勤于钻研，让自己拥有创新的好性格，使自己成为创新之人，让此刻成为创新之时，让此地成为创新之地。这样，自己的人生才会焕发出耀眼的光芒。

特立独行让女人脱颖而出

从众是容易而安全的，特立独行意味着冒险与孤独。但是特立独行却代表着一种真实，一种自我的完美保持。当大家都从众的时候，你习惯性的特立独行就成了别人眼里的“特立独行”，你就很容易被人区分开来。特立独行表现出来可能与众不同，但是绝不代表着另类。

一个人，只有在某方面的才能极其出众，他（她）才能在另一方面百分百地保持自我，真正做到特立独行。同时，任何一个不平庸的人，肯定有自己独特的行为与品质。所以，特立独行与其说是某人的一种特性，不如说是某人的一种性格。有时，于你是自然，于别人可能是无法复制的死穴。

女人特别喜欢从众，在穿着上爱赶时髦，在观点与行为上，容易受同伴判断的影响，喜欢和同伴保持一致。很多时候，她们内心未必认同同伴的判断，但是因为受到大多数人的观点影响和面对团体的压力，她们很容易选择表面上的迎合与赞同。在生活中，要使一个人相信并坚持自己的判断不容易，因为每个人内心深处都没有足够的安全感，我们要寻求认同，这些都可以理解，在很多时候，这也不失为一种避免犯错的方法。但是，如果过分寻求苟同，我们就会失去创造力。

现在社会竞争激烈，绝大部分的人都在同质化产品上比拼价格，挤压产品的利润空间，甚至连学术论文都出现互相抄袭的现象。对于这种现象大家似乎已经司空见惯，但同时，还有一些事业、生活和爱情上的佼佼者，他们凭借着自己特立独行的性格，凭借着自身勇于冒险的独特气质征服了前进道路上的障碍。

现在个人电脑已经十分普及了，但是在二三十年前，电脑还是一个庞然大物。三十多年前，世界第二大电脑公司——数字设备公司的创建人和首席执行官奥尔森曾断言没有一个人在家里需要电脑。然而几乎在这同时，1976年，21岁的乔布斯（Steve Jobs）创建了苹果公司，并首先提出了普及个人电脑的理念。这样的想法在当时可谓是另类。然而苹果电脑却出人意料地在此后的十年里占领了世界上8%以上的市场份额。也正是在苹果电脑吃下了个人电脑的第一只螃蟹之后，IBM才开始意识到个人电脑的市场潜力，才出现了后来的康柏等个人电脑品牌。4年之后的1980年，苹果公司股票成功上市。

苹果公司一直将特立独行作为公司产品的创新点。1984年，苹果公司推出了开创个人电脑历史新篇的新机型：配有鼠标的“Macintosh”。

Macintosh历史性地改变了计算机原有的人机对话系统，将冰冷的光标和毫无人情味的英文指令变成了一张微笑的人脸和可以用鼠标进行轻松操作的现代图形界面。这一历史性的变革使苹果电脑风靡世界个人电脑市场。直到现在，虽然电脑市场竞争激烈，当时苹果电脑立足于高精度制图电脑的研发，在制图领域，苹果电脑有着无可比拟的优势。

苹果电脑凭着自身的特立独行挖掘出了市场新的增长点，这是它作为一个企业成功的秘诀。然而，对于个人来说，在这个大众化、同质化严重的社会，如果你想在一个群体中脱颖而出，你不具备特立独行的性格就会很难。

在现实生活中，模式化的生活态度减弱了生活的激情，随大流的生活态度使我们丧失了创造的动力，与此同时，长时间这种随大流的作风会让我们思想观念日渐庸俗化。今天的社会，从众泛滥，特立独行因为其稀少而受到人们的热捧与崇尚。想脱颖而出的女人，停止复制与跟随，让自己拥有特立独行的性格吧。

女人不光柔弱，更要干脆

女人一生面临诸多命运给出的选择题，生活中的任何时候都需要你做出选择。你去逛公园，时间有限，不可能走完所有的路线，凡到岔路口，选择一个方向前进，一边走，一边选择，每选择一次就放弃一次；你去超市买一块桌布，如果有不同的颜色、不同的样式，你可能也会挑半天，可能挑到最后挑花了眼，你最后选择了你选中的，同时放弃了你未选中的。

很多女人之所以性格优柔寡断，做事犹豫不决，是因为她们希望能有一个大而全的办法，规避选择过程中的损失，哪怕就是鸡肋，食之无味也不愿意舍弃。但是生活是现实的，也是公平的，那种左右为难的情形会经常出现，所谓有舍有得，你只有舍弃才能得到。如果你过多的权衡，做事不干脆，患得患失，到头来反而可能会两手空空，一无所得。

做事不干脆是女人的一大通病。在与人交往的时候，女人总喜欢说

的词就是“随便”，“就听你的吧”。这可以说成是性格上的随和，但是也可以看成是性格上的胆怯。选择意味着失败的风险，也意味着成功的概率，而不选择却意味着失败的必然性。

小时候听大人讲过一个惊心动魄的真实的故事：在一个下雪天，村里的一个中年妇女独自去山上打猎。她在山里越走越远，突然被别的村民放置的捕熊器夹住了脚。更可怕的是，那时天渐渐黑了，温度特别低，在那样的温度下很少有人会活着走下山。因此，对于她来说，等着别人来救援希望极其渺茫，她很清楚地知道，她要么是被冻死，要么是断脚逃命。这是个两难的选择，但是想着家里弱小的孩子和在病床上的老母亲，她很清楚自己不能死，因此，几乎是不假思索地她拿出了自己随身带的刀开始给自己截肢。为了防止因痛苦喊叫时咬伤舌头，她咬住帽子。她用血洗刀，权当消毒，然后用锯齿刀锯断了自己的腿骨。在经历了漫长的痛苦折磨后，她终于从捕熊器中逃脱出来，并用雪埋好自己的腿，以备后用。做完这些，这个女人连爬带跳地到了村里的医疗站，说明情况并告诉医生“我的脚还在雪地里”，然后就晕倒了。后来，在医生的救治下，虽然脚没保住，但是人还是活过来了。

做事干脆，意味着节省了时间。所以，对于女人来说，培养自己做事干脆的性格显得极为重要。这种培养要体现在日常的生活中，体现在女人生活的点点滴滴中。

小美大学毕业后被招聘到一所小城市的中学担任物理老师。这当然不是小美理想中的工作，但是在这个就业压力很大的年代，小美也算是有了一份稳定而体面的工作，生活有了着落。没想到的是，一年以后，小美由于人际关系上的事情被学校莫名其妙地辞退了。当时她十分痛苦与气愤，虽然一直觉得那工作不是很理想，但是真正面临着失业的时候，心理上的那种压力还是巨大的。在一段时间的悲痛过后，小美很干脆地做了个决定：报考清华大学的研究生。经过一年的苦学，小美顺利被清华大学录取。再后来，她顺利出国读了公费博士，毕业后回到了清华大学任教。

小美的例子很好地说明了，有时坏事可能会转变成好事，正所谓“置

之死地而后生”，只要你能用一种很积极的心态去处理，就能很干脆地去处事。人的一生中会有很多鸡肋的事情，你扔了会觉得舍不得，怪可惜，但是留着其实也没用，有时甚至是个累赘。这个时候，女人只能很果断地做个决定，如果你安于抱残守缺，那你可以继续保留下去，如果你不安于现状，你就要很干脆地把鸡肋扔了，重新开始。

做事干脆，很多时候还代表着做事时你的反应速度，而反应速度又意味着你办事的效率与成功的概率。

坡地上，花草缤纷。生物学家达尔文在采集标本，兜里、手里已满是草叶、虫子。忽然又有一只他期待已久的飞蜢闪现在草丛里，他赶紧将手里捏着的虫子往嘴里一塞，腾出手向飞蜢扑去。

当期待已久的飞蜢出现时，达尔文把捏在手里的虫子塞嘴里，这样的做事方式，可以说是不假思索，这种方式已经是他的一种风格与性格。不难想象，达尔文的这种干脆的做事性格对于他研究生物，对于推动他生物领域的研究起了很大的促进作用。

很多时候，犹豫会成为女人们生活与工作中的一个负担，而这个负担又是女人自己强加给自己的。按照最新版的女性心理报告，女人本质上仍然保留着她们祖母那样的心理依赖。因此，对于每个女人都要自觉注意培养自己做事干脆的性格。

有一句话说“播下一个行动，收获一种习惯；播下一种习惯，收获一种性格；播下一种性格，收获一种命运”。在现实生活中，女人很干脆地去做身边的小事，慢慢就养成做事干脆的习惯，这样在遇见大的抉择时也能游刃有余，不至于不知所措了。当这种做事干脆内化成女人的性格时，也许会是另外一番命运。

性格沉稳的女人行事稳重

在很多西方国家，训练一些具有高素质作战能力的快速反应特种部队

时，教练员尤其注重培养士兵沉稳的性格。沉稳的性格能让你受到别人的尊敬，行事沉稳是一个人成功的基石。

快节奏的社会提供了无穷多的可能性，一个很小的机会可能将你的命运完全改写。环绕在一鸣惊人、一夜成名者身上的光环让很多人有了前扑后继地往某个方向涌的勇气，在一种近乎“视死如归”的勇气中，很多人也渴望着抓住那个自己认为关键而易逝的机会，进而能一夜成名。但是，就像成名时的迅速一样，很多人的一夜成名可能会演变成昙花一现。而稳重的行事却能让你在成功路上走得更远，在人生的道路上走得更踏实。并且，很多在你眼里是一夜成名的“暴发户”，其实在他们成功前，他们也经历了那个一点一滴积累的过程。

女人是天生的幻想家，每个女人的内心深处都埋藏着一个或几个浪漫而美好的梦。这种美好的期望是好的，它能给你一个方向，给你一个目标让你去追求。但是对于这个追求的过程，很多女人却渴望能跨越式前进，能幸运地跳跃那些路上的艰难。因为这种投机的心理，很容易让她们面对现实的残酷时选择逃避。刘心武曾经说过：“一个人的心态，犹如一条线，而人身上的优点，就像一颗颗珍珠。良好的心态会将珍珠穿成一串美丽的项链；而一条脆弱的线，会使珍珠散落在地，失去价值。”对于想成功的女人来说，就要有稳重的心态，有吃苦的准备，在这种准备下，培养自身行事稳重的性格，只有这样才能让自己离成功更近些。

诸葛亮是历史上有名的人物。在戏剧和图画中，诸葛亮总是身披八卦衣，手持鹅毛扇，一副运筹帷幄、决胜千里的姿态。但是关于鹅毛扇其实还有一个与行事沉稳有关的故事。

诸葛亮的妻子黄氏，是历史上有名的丑女。她发黄面黑，长得很难看，附近的青年男子都不愿意娶她。但是黄氏颇有才华，品德极佳。与一般的男人重色不一样，诸葛亮是重才轻色，去向黄氏的父亲求亲，和黄氏结了婚。

诸葛亮自从得到黄氏这位贤内助后，受益匪浅，后来挂印封侯，成就伟业，莫不得力于黄氏内助。有一天黄氏对诸葛亮说：“你与家父畅谈天下大事时，我发现当你说到胸中的大志，就气宇轩昂；谈到刘备先生想请你出山，就眉飞色舞；一讲到曹操，就眉头深锁；一提到孙权，就忧戚于心。大丈夫做事情一定要沉得住气，我送你这把扇子就是给你用来遮面，挡你的脸的。”

诸葛亮拿起鹅毛扇一摇，头脑很快就冷静下来。因此，诸葛亮离开草庐后，一直身不离八卦衣，手不离鹅毛扇。原来，“遮面”的意思是说先要沉得住气，然后才能处之泰然、保持冷静。

行事沉稳这种优秀的行事风格不是与生俱来的，那些行事沉稳的人也并不是一开始就行事沉稳，它是在你不断地对自己提醒过程中渐渐培养起来的。诸葛亮的沉稳性格离不开自身的修养与黄氏的监督。

相比男人，社会对女人比较宽容些。女人遇到困难可以发脾气、撒娇甚至哭泣，这被有些人说成是自然真诚。其实这样的说法是对女人的纵容。人和动物的区别是人有理智，人可以控制自己的情绪，可以沉稳的行事，并且也应该沉稳的行事。

世界上很多成功者都是性格沉稳的人，性格沉稳意味着你可以控制自己的情绪，抑制自己的悲伤、抑郁与绝望，让自己的心情处于一种健康积极的状态。每个人的一生都会经历一些波浪与起伏，你只有做到胜不骄败不馁，沉稳面对人生的每次考验，你才能驾驭自己的人生。

对于所有的人来说，前面未走的人生永远是一个未知的变数，人应该把自己的眼光放得长远一些，这样就能把自己的利益看得单薄一些，把暂时的处境看淡一些。对于女人来说，不要把自己处在一个弱者的位置，也不要把自己处在一个享受特权的位置，如果你想成功，你就要用成功者的行为来规范自己，你就要用成功者的性格来培养自己，而这所有这些当中，行事沉稳是你必备的条件。

第17章　多点心思，彼此欣赏
——家庭幸福需要自己成全

幸福的婚姻掌握在女人自己手中

女人的恋爱、婚姻如水一般，究竟是清澈见底还是混沌不堪，全靠婚姻中的自己；女人的恋爱、婚姻如城堡一般，究竟是宽敞温馨还是狭小而憋屈，全靠婚姻中的自己；女人的恋爱、婚姻如一只舞，究竟是优雅翩翩还是步伐凌乱，全靠婚姻中的自己。

谈到婚姻，幸福的男人会说："我妻子都特别'好'，我全是靠她培养的，所以'好女人是一所学校'是非常正确的"。女人如果聪明、心细、心灵美好，家庭则容易经营得好。

芳芳的朋友军长得挺帅的，起初芳芳就暗恋上了军，但一直没有表达出自己的感情，只是默默地关心着他。时间长了，军渐渐感觉到芳芳在一直关心着自己，直到某天，他意识到：没有了芳芳的关心生活好像没有了意义。因为军是一个内向的人，自从跟芳芳相处后，军觉得自己像换了一个人，自己的交际广了，朋友多了，生活充满阳光了起来。

随着时间的流逝，芳芳也三十多岁了，这些年，芳芳一直默默跟随着军的脚步。终于，军选择了芳芳。"虽然芳芳不算漂亮，但是我想她能带给我真实的生活"这是军内心的独白。当芳芳问军："你为什么不选择比

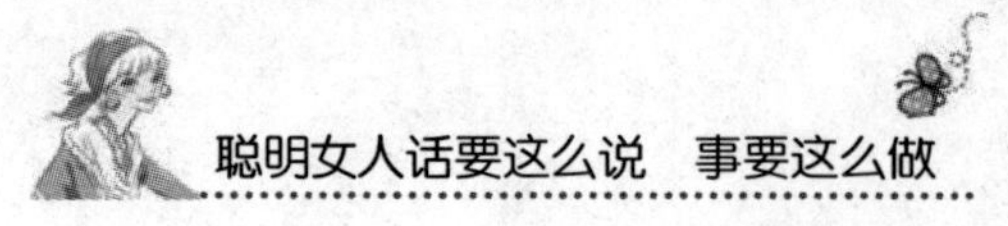

我更漂亮的女孩呢？”军回答说：“漂亮的外表经不起时间的摧残，我想珍藏的是你那颗美丽的心。”后来，军跟芳芳携手走进了婚姻的殿堂。

婚后的生活跟军的预料是一样的。生活中的芳芳是一个非常懂得经营爱情的人，都说婚姻是爱情的坟墓，军却浑然不觉，芳芳用自己美好的心灵以及智慧把两个人的感情经营得很好。尽管家庭生活中也有一些不开心的事情，但是芳芳能用巧妙的方式合理地处理，不仅不会伤害对方，而且给生活增添了不少乐趣……

爱情，是每一个女人都梦寐以求的，所以当你与心爱的人牵手一生，享受美满的婚姻时，一定要真心地为对方考虑，营造更浓厚的幸福！婚姻是一个大花园，而你就是其中的园丁，你的宽容、善良就是照射在花园里的丝丝阳光，滴落在花朵上的滴滴雨露，能为你的家庭、婚姻保鲜。

事实上，经营婚姻和做风筝的过程是一样的：第一步：用竹篾做骨，骨要硬，还要韧，而在婚姻中，这骨是什么？是爱，不掺任何杂质的爱。决定了爱这个人，就用刀劈掉金钱、地位、家庭背景等，这些杂质留下任何一个，都可能是婚姻的隐患。

第二步：修饰。风筝的框架做好了，如果扎实的话，就有了长期稳定的基础。但风筝要养眼，给人以愉悦的享受，那就需要给风筝设计成各种各样的样子，然后描绘、上色，再配置彩色的配件等，如此，风筝才能有独具匠心的魅力。婚姻同样如是，爱是根基，但只有爱还不够，还要有美好心灵的灌溉，如此，爱情才容易天长地久。

第三步：飞翔。风筝天生是属于天空的，只有在蓝天白云之上才能展示它赏心悦目的美；若只把它悬于墙壁，则扼杀了风筝的灵魂，让它变成毫无生意的死物，会让人产生审美疲劳。婚姻也要有自己的空间，彼此没有空间的爱情容易让人窒息。但空间也要有度，女人要把婚姻之线抓在手中，一旦松手，家庭便会飘逝、沉落。

第四步：保养。时光会磨蚀风筝，因此，风筝要经常保护，加固框架、描绘新色、更换造型……婚姻同样如是，外界的诱惑、流言蜚语对婚姻的破坏无可避免，这时，要经常用爱、理解、包容、体谅、呵护为婚姻疗伤，为家庭注入新的活力。

要知道，婚姻不是爱情的坟墓，而是爱情的升华，如何使婚姻时时处在保鲜状态，使家庭在幸福的轨道运行，其中的奥秘很简单，运用你的聪明和智慧就好。婚姻不是相互改造，而是相互磨合。三十多岁女人要学会换位思考，经常站在他的角度考虑问题，这样才能和平相处、彼此信任。当爱情最初的激情过去，婚姻所需要的是一如既往地翻新，不断激发新的火花，让出人意料的惊喜来延续美，让彼此恰当的距离产生美，让日益弥坚的信任巩固美，让心有灵犀的理解滋润美。

总而言之，三十多岁女人只要能用浪漫、体贴的情怀对待婚姻，用欣赏的眼光看待丈夫，并且能把自己的爱意用合适的情话说出来，或用亲昵的举动表达出来，相信长此以往，幸福美满的婚姻便在未来！

不因疼爱而肆意任性

个性是每个女人都有的，但若毫无约束地放任自己的性子就成了任性。任性的妻子往往缺乏理智，说话或办事不计后果，从不考虑丈夫的承受能力，只要不合她的心意，她就发脾气，甚至蛮横不讲道理。

在婚姻生活中，若妻子性格不好，过于任性，就会成为婚姻中的不安定因素，继而影响家庭的和睦。若女人没有及时改善这种性格，任其发展，就会伤害丈夫或家人的感情。长久下去，婚姻的裂痕就会在此出现。因此，女人应控制自己的情绪，改善自己的性格，拒绝任性，摒弃性格中的缺点，为婚姻、家庭营造良好的氛围。

碧华和丈夫是自由恋爱的。碧华的丈夫长得很帅，热爱音乐，而碧华是家里的独女，娇生惯养，认识了帅气的丈夫后，就用尽全力把丈夫追到了。碧华的丈夫很有上进心，结婚后，一心想把他俩的生活搞好，于是，丈夫辞职去当了歌手，还办了个公司，搞促销演出。而碧华自己却自甘堕落，不求上进，光知道打麻将，什么都不顾，孩子也是由奶奶照顾。一次，碧华在外面打麻将，从下午打到第二天早晨，整整一个通宵，都没顾上给孩子喂奶，孩子饿得直哭。对此，丈夫很生气，怪碧华没有负起一个母亲的责任，碧华却觉得丈夫管得太多，坚称孩子有奶奶照顾，是奶奶没给孩子喝牛奶。很快俩人的争吵升级为战争，碧华动手打了丈夫，还跑回了娘家。

两个多星期后，丈夫仍然没来接碧华回去，她就觉得不对了。她怀疑丈夫变心了，便急匆匆地跑回家，试图寻找证据。结果，碧华在丈夫的包里发现了他的日记本，上面写道：碧华任性霸道，丝毫没有尽到做妻子的责任，现在遇到了一个漂亮、善解人意的女孩，我很喜欢，我希望和这个女孩一起生活。碧华看后愤怒异常，马上跑到丈夫公司，大声呵斥，指责丈夫的行为，还扑上去打了丈夫一个耳光。这件事闹得满城风雨，弄得丈夫越来越躲着碧华。碧华却不停质问丈夫，甚至去骚扰那个女孩，无奈之下的丈夫，只得提出了离婚。

离婚后，碧华带着孩子离开了家，离开了丈夫，远离丈夫的生活让碧华体会到了许多从没体验过的感受，并认识到是自己的性格导致了婚姻的破裂，可惜，为时已晚矣。

碧华的任性性格来自于娇生惯养的生长环境，只知道接受别人关心，却不知道关心别人，动辄就发大小姐脾气，从不觉得自己有错，错的只在别人。长此下去，丈夫当然无法忍受，离婚更是迟早的事。

女人和恋人由爱情走向婚姻，最重要的就是互相容让、互相关怀、互相体谅，女人若真心爱自己的丈夫，想和他携手终生，就要试着改变自己，加强自身修养，拒绝任性，用一颗宽容、关怀、尊重的心面对丈夫、经营婚姻，把任性、发火克制在萌芽状态。

女人任性的性格是婚姻中的一个毒瘤、隐形炸弹，所以女人要改善自己的性格，彻底铲除这个毒瘤，成为一个努力工作、忠于丈夫、心系儿女、孝敬老人的成熟妻子，获取丈夫的珍爱、子女的敬佩、老人的赞扬、婚姻的稳定！

你如何对待他的异常

也许有一天，你突然发现丈夫的行为言语开始显得怪异，比如，他以前很关心你，可是现在对你越来越冷淡；他以前很在乎你的感受，可是现在却对你爱理不理；他以前每逢出差回家，都要在夜里向你倾诉衷肠，可是现在即使他出差一个多月后回到家里，仍然话很少，让你觉得他是一个陌生人……

男人的这种变化多半发生在结婚后的头几年。因为恋爱的激情退去，双方的吸引力淡漠了，这时，如果你还像传统女人那样墨守成规，等待男人变回婚前的痴心人，你的男人难免不会跑掉。

当高情商的女人遇到这样的情况时，不心急、悲观，反而要静心反省，找出问题的症结，妥善加以解决，为挽回男人而努力。

猜疑丈夫有外遇

当女人猜疑丈夫有外遇时，有可能是因为对他还不够了解，或者是由于你过于敏感，判断失误。假如是这样，那么，你该如何避免对丈夫的猜疑呢?

首先要问自己：你爱他吗？只要对他产生了猜疑，你必须做的一件事就是问自己是否还爱他。假如你一时难以回答，也用不着逼自己。先睡一觉，好好想一想你们从前的时光。如果从前的那些美好的时光还能够让你感动，那说明你的爱依然存在；但如果以前的那些恩爱都不能再让你心动，那说明你不爱他了，你需要重新选择。

其次，问问自己是否还信任他。对爱人的态度取决于你对他的信任。只要有信任，即使发生了问题你都能找到出口；假如没有了信任，任何细微的变化都会在你的放大镜下成为问题。没有信任，你大可不必强颜欢笑；假如你真的信任他，就要遵从自己的感觉。

当你猜疑他的时候，最好能自觉地检讨一下自己的言行。看看你自己有没有在不知不觉中，无意识地伤害了他？他为什么会疏远你？是不是你的一些行为举止不令他喜欢？夫妻过日子，免不了磕磕绊绊，只要你找到问题的症结，就能积极地消除误解。

或者，你真的还不够了解他。不过没有关系，真正了解一个人需要时间。只要你俩仍然彼此相爱，所有的误解都会自生自灭。

最后，你要防止他人的恶意中伤。他人的中伤也会造成你的猜疑。在这种情况下，一是要弄清楚造谣者的来历，二是要弄明白对方搬弄是非的理由。可能这种中伤是因为别人嫉妒你们的恩爱和幸福，在这种情况下，对他人的谣言，你最好要小心谨慎。也许造谣的人与你的丈夫有矛盾，不管谁对谁错，只要你还爱丈夫，就要设法帮助他渡过难关。

当丈夫有外遇时

当女人发现丈夫有外遇时，要让你的教养成为帮助你解决问题的动力。

首先，面对丈夫的外遇，要冷静思考，正确判断。不要一发现了就试图马上解决，时间才是最好的淡化剂。这时候，要设法先把问题放在一边，努力转移你的痛苦，平息你愤怒的情绪，这时候，你可以尽量做自己喜欢做的事，来转移你的痛苦。在转移痛苦的同时，好好想想是不是你自己的失误，看看你自己是否存在什么问题。丈夫的出轨是不是源于你对他的忽略？好好想想，并且要一如既往地温柔体贴地对待他，只要你还爱他，就不要提分手的话。俗话说，“一日夫妻百日恩”。只要你俩还在一起，每一个细小的接触都有可能重新点燃爱的火焰。

在对待丈夫的外遇时，要多想想他的优点，如果你发现自己无论如何都无法舍弃他，那么你就要遵从自己内心的直觉，谅解他。金无足赤，人无完人，如果你真的爱他，就要拿出实际行动，证明你对他的爱。特别是当他的外遇只是一次偶然行为，你最好能够原谅他，给他一次悔改的机会。假如他的外遇是必然，那么你就要问问自己到底要什么，以便对自己的将来做出打算。

很多时候，夫妻之间需要非语言的爱恋，如果你要和他在一起，假如你俩能从行动上重归于好，待伤疤痊愈的一日再彼此交流，所有的痛苦都会变成积极的经验。

你的一些行为让你的丈夫厌烦

他的变化可能不是因为外遇，而是因为你的一些行为举止让他厌烦。如果你还爱他，就要检讨自己的言行，看看问题的症结所在。不要逼问他，更不要指责他对你的偏见。只要你对他还有爱，就要尽量调节，为了你们的幸福，自我批评是最好的出口。

有时候，他讨厌你是因为你太过于自我。他可能有点大男子主义，希望你小鸟依人。只要你对他心中有爱，就不要与他计较。在爱情中，谁也占不了上风，而是如何和谐地相依相处。

如果他在某些方面不如你，你显得过分强大，让他没有男人的自信心，也会令他反感。你要学会适当地收敛你的锋芒，谦逊一些，低调一些，也不要太过独立，太过冷漠。

总之，找到自己的问题，尽快走出误区，让爱人回到你的怀抱。

男人的面子，女人手下留情

男人需要有面子，男人也最怕失去面子。俗话说，树活一张皮，人活一张脸，男人要的就是面子。不管在什么场合下，人前人后记着要把足够的面子留给你的男人。

有女人总结说，不管你和老公在平日怎么开玩笑，一旦涉及他的面子时，一定要小心谨慎，就像手捧一件古老、珍贵的瓷器。给他足够的面子，才能获得“高额回报”。

江玉在刚刚结婚的时候，每逢和老公一起参加同学聚会，时常在饭桌上让她丈夫下不了台。因为她一向蛮横惯了，遇事嘴上不饶人。有一次，老公又带着江玉一同参加同学聚会，在饭桌上，不知说了什么，老公的同学忍不住发话了，说：“小玉，你怎么一点儿也不给你老公留面子呀？”江玉不明白，一个劲儿地问人家：我怎么了？我没说什么呀？我怎么不给他留面子了？”江玉倒不是存心这样，而是她说话的风格已经成了习惯，不知不觉中，就透露出自己比老公挣钱多的优越感，让人听了很别扭。好在她的老公脾气好，不跟她计较。

那次聚会后，她开始反思自己，后来，她发现老公的同学没有说错，别人说话，都不像她这样带刺，至少在饭桌上，其他男人的老婆都表现得像一个优雅、听话的淑女，而她却总拿话刺她老公，让她的老公在同学、朋友面前很没有面子。后来，江玉开始有意识地改变自己。她一反往常的性格、脾气，学着在人前处处维护老公。她和老公的感情也越来越好了。

我们常说大男人、小女人。男人的大体现在“胸怀”“品德”“成就”上，当然，也包括有面子。夫妻间相处，能做到相互理解、相互尊重，是爱情得以维系长久的根基，是当今两性关系相处之道中能达和谐与否的一个踏脚石。在生活中，特别是在公共场合给他留有面子，就是对他的尊重和关爱。

在一次朋友聚餐上，刚上第二道菜时，有位陈太太就在寒暄敬酒之时，脱口对着邻座的张太太说：“还是你老公会赚钱，我老公每个月的收入还不到你老公的一半呢！”当时在旁的陈先生一听老婆竟然如此“率直”，立即脸色大变，只因自己是被请的主客之一，为了不让当时的场面太尴尬，马上就站起来：“我的车子暂停在路旁，可能会被拖走，我去停一下车，待会再回来。”陈先生说完就离席，当然就是一走了之，所谓去停车，只不过是一个离开的借口而已。

中国有一句俚语“吊死鬼擦粉——死要面子”，这也许就是很多男人的人性弱点。男人都希望在人前能被“尊重”。换句话说，任何人都不希望自尊心受损，都不喜欢受人羞辱，更何况是在自己熟悉的人面前被老婆贬损呢！

高情商的女人总是能够恰当地运用语言的艺术给男人留下面子。比如，陈太太完全可以这么说：“恭喜喽！张太太，你老公越来越会赚钱

了，哪天让我老公向他请教请教发财之道。但是其他方面，可能要你老公向我先生学习喽。”这么一说，自然会皆大欢喜。

女人给男人留有面子，需要在交流时候多谦和些。不要用命令的口吻去指使他干什么，也许他强颜欢笑地干了，你觉得自己像个“公主”一样有威严，其实，当男人为此而感觉心里不舒服，而你却依旧我行我素时，你们之间就已经有了隔阂。

男人相比于女人，多粗犷、豪爽，一些生活中的小细节常常注意不到。因此，女人要明白，不要以为你告诉了他，他就能好好地按照你说的去做，当我们希望得到既定的结果时，一定要为对方的接受程度和实际情况考虑。比如他在刷过牙后总忘记把牙膏盖盖上，你就多说几句“请”，而不要向他频频甩出“不要，不准”之类的严厉的话，也许他是因为忙坏了，也许是因为天生就粗心大意，你和善地叮嘱他，那他一定会欣然接受，而不会恼羞成怒，破罐破摔。

名作家毛姆曾说：“自尊心是一种美德，是促使一个人不断向上发展的一种原动力。”在婚姻中，聪明的女人应该学习更好地给男人保留面子，让他这部分“美德”更加丰富，从而对爱和美好生活拥有不竭的“原动力”。

婚姻中也要懂得礼貌

无论是在婚姻中，还是在恋爱中，都应该注重自己的礼貌问题，相互之间的礼貌问题在婚姻中的重要性是除了选择对象之外的另一个值得自己去重视的关键问题。

在恋爱的时候两个人之间确实容易做到相互关心、相互尊敬，但是，走进婚姻之后两个人之间的关系就变了，就无法做到恋爱时那样处处为对方考虑了，自己说出来的话也不再那么细心地想到是否会伤害对方，对方是否能够接受了。仿佛结了婚对方与自己成了一家人，就不用再像以前那

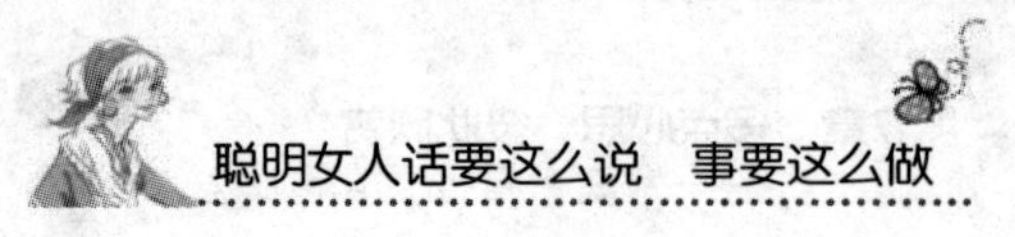

样客气了，就能想说什么说什么了，其实这样的看法是不正确的，这样做只会伤害彼此之间的感情，甚至影响自己的婚姻。

婚前与婚后，女性的心理发生了极大的改变，婚前她们是不食人间烟火的神仙姐姐、温柔美丽的天使，而婚后却是整天围着柴米油盐转，这样的落差让她们无法适应，婚后的日子也就失去了婚前的礼貌。对于自己的丈夫，她们认为都已经是一家人了就没有必要再那么客气了，于是对待丈夫的态度就变得比较随意了。这样的做法对自己、对自己的婚姻都是没有好处的。而聪明的女人在婚姻生活中，对待自己丈夫的态度和婚前没有差别，她们知道这样的礼貌对待，是自己婚姻幸福的重要保障。

在婚姻生活中，丢掉了礼貌，也就相当于丢掉了自己的爱情，即使两个人相爱再深，那种爱意也会被婚后的不礼貌行为冲淡，甚至完全冲走。

但是，做到将礼貌带进婚姻的夫妇却很少。甚至在婚后不知道什么叫做礼貌，说话的态度以及语气都是那种令人讨厌的命令式的。因此而带来的后果就是，自己的爱情会在这样的婚姻里被消耗殆尽。

王梅和刘军是大学同学，两个人从大学时代就在一起，感情也很好。大学一毕业，两个人就走进了婚姻的殿堂。在婚后的日子里，两个人都感觉到对方不像以前对自己那样好了。尤其是刘军，感觉王梅好像换了一个人，婚前的温柔、可爱全都没有了，取而代之的是现在的说话粗声粗气，对自己也没有以前那么体贴了。刘军眼睛不好，有一次，王梅晚上十点多看见刘军还在上网，就对刘军说："不知道眼睛不好啊？这么晚了还上网，小心眼睛瞎了。"刘军听了王梅的话之后立刻脸上的表情就变了，想着这个女人心怎么这么毒啊，居然诅咒我眼睛瞎，我当初真是瞎了眼了，会和她结婚。王梅看见刘军的脸色变了，心里特别难受，感到很委屈，想到："我让你赶紧去休息，还不是为了你好啊，你倒好，还给我脸色看！"

王梅也觉得刘军对自己的态度转变了，婚前，刘军对自己百依百顺，但是现在情况却反过来了，变成了自己对他百依百顺。这样的情况让王梅特别后悔当初结婚的决定。王梅经常向朋友们诉苦，诉说自己婚姻生活的

不幸，甚至还劝告朋友们不要结婚。对于王梅的诉说，朋友们也知道她婚姻不幸是为什么，并且告诉将原因了她：“你们之间关系之所以会变成这样，你的原因还应该占一多半，不能将所有的问题都推到刘军身上，你本来就不应该对他那样说话，即使是关心他的话，也不能以那种语气说出来，那样的语气搁谁身上，都不会好受。不要认为现在你们结婚了，就没有什么顾忌了，你要是继续这样说话，只会让他渐渐厌恶你。”王梅听了朋友的分析之后，也觉得自己有不对的地方，自己确实不能那样说话。后来，王梅就试着改变自己说话的方式、态度，尽量将自己的话以礼貌地方式说出来。结果，夫妻之间的关系得到了改善。

婚姻中的礼貌不能忽视，有的时候礼貌在婚姻中的作用是非常重要的。不礼貌的行为甚至能摧毁一段有着良好感情基础的婚姻。夫妻相处，产生矛盾是正常的现象。但是，有了矛盾，不能用指责对方或者命令对方的方式去解决，而应该积极地与对方进行沟通。

婚姻中的相处之道，其实也就是两个人之间的相处之道，或多或少会遇到一些令你十分气恼的事情。如果遇到令自己十分气恼的事情时，能控制住自己的情绪，以礼貌地方式对待自己的丈夫，你就会发现其实丈夫对你的态度也像恋爱时那样好，只是自己心情不好没有发现而已。

善于控制自己的情绪，懂得在婚姻生活中将礼貌进行到底的聪明女人，往往都能得到美满、幸福的婚姻。这样的女人，在自己丈夫的眼里永远都是恋爱时的那个温柔可爱的天使。

处理婆媳关系并不是难事

从古至今，婆媳关系就是中国家庭矛盾纠纷的主要因素，婆媳之间可能会因为一件小事就发生大的争吵，最终让小事变成大事。婆媳之间由于生活的年代不同，家庭环境不同，其矛盾会从各个方面表现出来。

婆媳之间的关系就是传统意识与现代思想之间的碰撞，这样的碰撞必

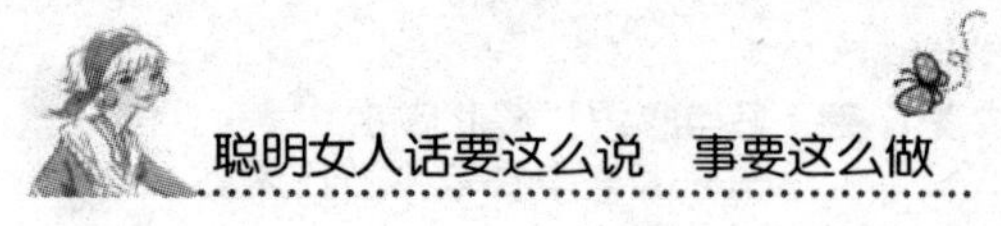

然会产生激烈的火花。婆媳之间的关系就像是两个家族之间的利益相争，是小型的战争，想要在这场战争中保存自己的实力，保证自己不被伤害，就必须将这场战争的主动权掌握在自己手里。

其实婆媳之间存在矛盾，也就是婆媳之间的代沟造成的。婆媳之间生活的年代不同，生存的环境不同，所以对人对事都会有不同的看法，不同的看法就造成了婆媳之间矛盾的导火线。双方都认为自己是正确的，都希望对方能改变成自己希望的样子，如果对方无法做到自己希望的那样，双方的矛盾就会出现，而双方的矛盾一旦出现，就很难调和，甚至会引发婆媳大战。

“多年的媳妇熬成婆”，婆婆就是在自己当媳妇的时候受了自己婆婆的气，才会像当初自己婆婆对自己的那样对待媳妇。但是，她们不知道现在的媳妇和当年的自己是不一样的，她们有自己的对婚姻与家庭的更为深刻的理解，她们的思想更现代，已经不是自己那个年代的人能够理解的了，这就造成了婆媳之间的深深代沟。

婆媳之间也能实现和和谐相处，就看你能不能做到了。婆媳之间和谐相处最主要的就是，能互相体谅，站在对方的立场上为对方考虑，出现了什么事情都能考虑到对方的感受。这样，婆媳之间的关系就能得到改善，甚至会像妈妈与女儿那般亲密。

有好多媳妇都是自己当了妈之后才对婆婆的心理有所了解，知道了婆婆的种种行为看似那么没有道理，但是却是一个母亲处于本能的行为。这个时候的媳妇就会对婆婆的行为有所理解，明白了婆婆对自己以及自己丈夫的关心，懂得了婆婆的心态，就能改变不和谐的婆媳关系。

薇薇由于一直在外地上学和工作，很少和父母一起生活，当男朋友跟她说他们结婚之后可能会和他的父母一起生活的时候，薇薇感到很害怕。没有和长辈一起生活那么久的经验，再加上是本来不认识的长辈，即使以后成了一家人，也会或多或少有些难受。

结婚之后，薇薇就感觉自己的婆婆是一个什么都要管的人，家里的什么事情她都要知道，尤其是老公的事情，她要是不是第一个知道就会不高兴，甚至还会在家闹。对于自己儿子的一切她都爱打听，连许多被薇薇认

为是隐私的，婆婆都会问到，不告诉她的话，她又不高兴，说都是一家人了，还有什么隐私啊。对于这样的婆婆，薇薇感到特别无奈，但是又没有办法，只能在以后尽量地少和婆婆说话，不说话就不会错，甚至还尽量减少和婆婆的单独相处。

现在，薇薇也是一个孩子的妈妈了，对自己孩子的一举一动都非常关心。如果关于孩子的事情，自己不是第一个知道的，就会感到特别伤心，就会有一种失落感。这个时候，她才理解了婆婆，原来婆婆什么都管的背后藏着的是一颗关心儿子的心。是自己忘记了婆婆的另一个身份，忽略了婆婆也是老公的妈。薇薇这个时候才对婆婆的行为有了深层的了解，也明白了婆婆并不是想管他们夫妻之间的事情，而只是纯粹的出于关心。

虽然婆媳之间的关系可以在媳妇也做妈妈之后得到缓解，但是为什么要等那么久呢？其实缓解婆媳矛盾的方式还有很多种，也是很有效的。

婆媳之间有了矛盾千万不要争吵，争吵只会让矛盾加剧，不能帮助你解决矛盾。应该在有了矛盾的时候保持自己的头脑清醒，将自己的道理以较为冷静的方式表达出来，给对方讲道理。争吵不能解决问题，你应该保持冷静，不是嗓门大就有道理的，用冷静的头脑更能帮助你分析并解决问题。

婆媳之间的矛盾归根结底还是说婆媳之间有代沟，而这个代沟又很深。处理婆媳矛盾的关键就是多观察对方的行为处世，在自己与对方的接触中多多运用对方处事的方法，达到某种程度上的默契，这样你们之间产生矛盾的概率就会下降很多。其实，解决婆媳关系并不难，只是你没有去尝试。

换位思考让夫妻相处更融洽

人与人总是要打交道的，不免会因为某些利益的关系而闹得双方都不愉快。如何减少这样事情的发生？如何在人们的相处中少一些摩擦，多一些关爱？换位思考，只有这样才能缓和双方之间的利益冲突，更好地解决双方之间的问题。

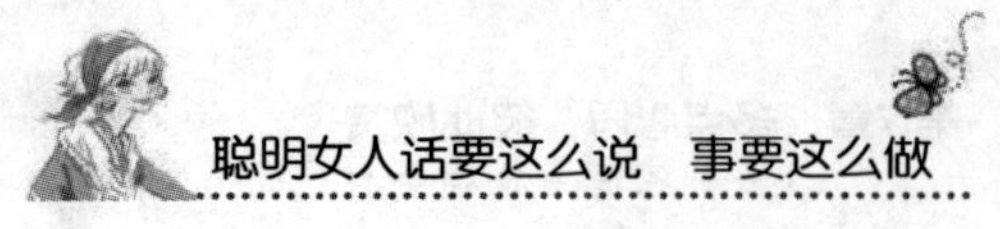

女人在平常的生活和工作中，也应该多学习一下换位思考。换位思考是相互包容的基础，是相互体谅的根基，是人与人更好相处的保障。夫妻之间多进行一下换位思考，家庭之间的矛盾就会少很多，夫妻之间的问题也会相应减少，离婚的概率也会不断直线下降。双方多换位思考一下，就会相互包容对方，这样的夫妻又怎么能不长相厮守？父母与孩子之间多换位思考，孩子就会懂得父母的一片苦心，就不会整天和父母作对，让父母整日为自己操心。父母多换位思考，就会洞悉孩子内心深处的孤寂和彷徨，就不会整天不分青红皂白地将孩子训斥一顿。双方之间多换位思考，就会更好地进行心灵上的沟通，少很多年龄上的代沟隔阂……

换位思考就是在想问题的时候，不要总是站在自己的角度上想问题，适当地站在别人的角度上，设身处地地为别人想一下，也许你就会看到事情的另一方面。就像我们切苹果的时候，如果只是一味地竖着切，我们永远发现不了，横着切苹果的核看到的是五角星。站在不同的角度上看待同一个问题，你看到的也不会是同一个样子，同样，解决问题的方法，也不会只有一种。

人们在相处中，少不了矛盾的发生，朋友之间、夫妻之间、孩子之间难免会有误会的发生，同事之间、乡邻之间难免会有矛盾的发生。当这些误会、矛盾发生的时候，人们就会非常的生气、怨恨甚至是恶语相向，有时候甚至是拳打脚踢。当这样的事情发生的时候应该做的是让自己冷静下来，站在对方的立场上重新思考问题，也许心中的怒气就会一扫而空。

有个人晚上驱车去药房买药，但是停车场停满了车，好不容易发现有两个停车位，却被一辆车给占着，这个人非常生气，心想明明车位那么少，一点也不顾及别人，自己还占着两个车位，真是太过分了。为什么自己不换位思考一下对方的想法。自己是在药房的停车场里，那位司机肯定也是来买药的，可能是因为他当时太着急了，根本就没有注意到如何停车，谁都会碰见这样的情况，有什么可怨恨的呢？还有可能是因为前面的司机停车的时候，没有按照停车的白线停放自己的车，这个司机也只好不按白线放置了。还有可能是因为司机不怎么会开车，停车的技术还不是很

娴熟……经过这样的一番思索，这个人已经变得很冷静了，准备重新去找一个停车位。

换位思考的女人有一个博大的胸怀，她们不会急着争辩自己，不会因为忙于证明自己而要小性子，用力压过对方的声音。事情既然已经发生，就算一再的争辩也没有什么用，这样还会显得女人很没有素质。让自己冷静下来，仔细分析一下当时的场景、当时的条件，以及对方当时的处境，也许事情的解决就不会很困难。双方都换位思考一下，就不会伤了彼此的和气。

女人要想学会换位思考，首先要有批评自己的勇气，要敢于进行自我批评，不要以为自己做的就是对的，敢于自我批评的人才会在自己的错误中看到对方的正确。凡事多看开一点，多替对方想一想，开诚布公地和对方进行一下思想上的交流，也许双方就能更好地理解对方，同时也会对对方的行为表示理解，这样就能化干戈为玉帛了。

彼此欣赏才能让感情细水长流

人们常说：相识易，相知难；相交易，相爱难！走向婚姻的这一路，经历了从相识到相交再到相爱。刚开始，你会感觉爱情像是穿越心灵的旷野，如同阳光穿过水晶般耀眼夺目。渐渐地，当爱情回归理智，当婚姻走进现实，迎接三十多岁的你的将是生活中的各种滋味，此时，唯有慢慢欣赏、品味，才能保持婚姻的别致韵味。

欣赏之情，如同高山流水遇知音，丈夫便是你的伯牙；欣赏之情，如一架待人抚慰的琴，善于弹奏才能奏出“琴瑟和弦”的乐曲；欣赏之情，如同含苞欲放的花朵，必须在最适合自己生长的环境里才能优雅地绽放。同样，女人只有欣赏丈夫，才能最大限度地放松，从而展现出自己最完美的内在，并且不断地提高自己、完善自己，给丈夫以力量、快乐、幸福，直至永远！

如琳的丈夫，虽然比她小，但是很欣赏她。就拿做饭来说，如果哪天回家来，饭没做熟，丈夫就说："没事，好饭不怕晚"；如果回家后，饭已放在饭桌上了，他就乐呵呵地问："亲爱的，今天怎么了，怎么这么积极？"反正无论怎么做，如琳都对。如琳常对母亲说："我知道幸福是什么了，欣赏就是最大的幸福。"丈夫给了她最多的欣赏，她被幸福紧紧围绕。同样，她也以丈夫为自豪。虽然丈夫没有念过大学，但是在工作中处处留心，不懂就问，几年的工夫，就能独当一面了。而且丈夫心地很善良，人缘极好。虽然，丈夫也有缺点——干活不愿换工作服。如琳说了几次，丈夫还是改不掉，如琳也就不强求了。如琳心想：反正家里有洗衣机，我多洗几次衣服就行了，何必非得改变他呢？再后来，哪天要见客户，丈夫就自觉地回家换衣服了。

如琳常说：婚姻中两个人只有互相欣赏，才能互相包容。基于欣赏的包容才是心甘情愿的，是不带一丝一毫勉强的。她不愿用"忍让"二字，"忍"是心上插着一把刀，有不情不愿的成分在里面。

她和丈夫十年的婚姻之路走过来，也有过很多坎坷。刚结婚那会，他们也吵过架，多是因为婆媳关系。后来如琳想明白了，既然选择了丈夫，欣赏丈夫，就应该也欣赏丈夫的父母。这样想开了，如琳就静下心来，一门心思过好自己的日子。相处久了，互相摸清对方的脾气，婆媳关系也就融洽了。

婚姻是世界上最伟大、最崇高的圣殿。三十多岁的女人要拥有一颗欣赏的心，才能领悟圣殿的伟岸，才能身处其中感受人间真爱。如琳正是在欣赏和包容中，才逐渐发现原来婚姻生活是如此的美好，如此，"执子之手，与子偕老"便不再是诗句，而是现实。

对每个女人来说，婚姻生活都是公平的，也许和自己朝夕相伴的丈夫不一定是最好、最优秀的，但一定是最合适的自己。欣赏就是婚姻的肥料，将此施于婚姻成长的土壤中，才能培育出欣欣向荣的幸福。

楚楠刚结婚时，由于不知道如何处理婚姻关系，导致她和丈夫的感情不融洽，她的心情不是太好。于是楚楠找有经验的大姐求教，大姐告诉她："要想使婚姻和谐，多看对方的优点，少看缺点，经常用欣赏的眼光去看待他和他的家人，你的心情就会晴朗。"于是楚楠按照她说的话

做了。楚楠丈夫喜欢看她写的文章，他经常用赞美的语言对她说："你写的文章，我就是爱看。因为你写的都是真实的故事，绝对没有一点虚构……"丈夫说的话，让楚楠好开心，也深刻地感受到，丈夫是欣赏她的，于是她动情地对丈夫说："老公，我为了你而写作。"

一天楚楠下夜班回来，发现丈夫正在包粽子，她便在一旁观看，直夸奖丈夫的粽子包得好看，看了就有食欲。听了这样赞美的话，丈夫更开心，包得更用心了。楚楠常跟大姐说："在欣赏中生活，真是很开心，很快乐。这是我们自从结婚以来，最融洽的时光。"大姐也感叹道："是啊，你如果一直这样多欣赏他的优点，少看他的缺点。多赞扬，少批评，即使他做的有不对的地方，也要有策略地对他说话，尤其不要当别人的面斥责他。他既然和你走到一个屋檐下，就是一家人了，他好，你的脸上也有光啊。"

确实，婚姻本就是这样一种欣赏——用喜爱的心情来领会其中的意味！婚姻的至高境界正是欣赏对方，也被对方欣赏。女人学会用慧眼欣赏，用爱心包容，才能和丈夫在风雨路上相扶相携。欣赏丈夫，才能感觉到他像一棵枝繁叶茂的树，即使没有恋爱时的热情和朝气，即使曾经挺拔的躯干也有些微微弯曲，但却比以前更粗壮、结实了，可以让你放心地依靠。

婚姻的内涵和本质，不是激情四射的卿卿我我，不是甜蜜动听的缠绵誓言，而是会心一笑就能触摸到对方的心灵；婚姻的美丽和可贵，不是山盟海誓的誓言，不是天荒地老的承诺，而是相互的欣赏和理解中蕴含的无私珍爱！

把他的那些穷亲戚看在眼里

爱情的世界里容不下第三个人，但是婚姻却是两个家庭的事，它是两个家庭社会关系的组合，很多时候，你自己并做不了主。结婚后，亲戚之间的交往要平等相待，不论贫富，你来我往互相应酬，不可厚此薄彼。

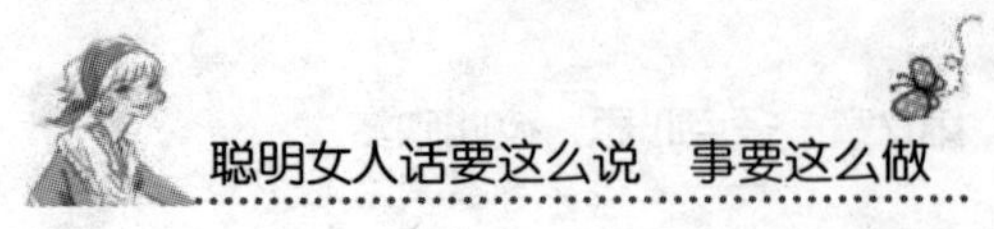

亲戚之间，无论是自己的亲戚还是他的亲戚，无论是穷亲戚还是富亲戚，都应该一视同仁，不应该因为对方财富的差异而分“亲”和“疏”。有的人对待自己的亲戚非常热情，对丈夫的亲戚却不冷不热，另眼相待。对待富亲戚就知道礼尚往来，对待穷亲戚却是绕着走，冷眼看人，这其实十分伤感情，是十分不妥当的。当然，人与人之间的感情肯定有亲和疏的区别，但是你不能自己主观去强化这种区别，并且不能把这种差异建立在对方财富差异判断的基础上。

人是有感情的动物，你热情地对待别人，就算隔得再远，别人能感觉感受到你内心的火热；而你如果用一种厌烦和排斥的心理去应付穷亲戚，你就是处理得再微妙，他们也能察觉。对待亲戚，你要从自己的立场考虑对方的感受，因为你是对方的亲戚，对待穷亲戚，你要努力做到和富亲戚一碗水端平，那么你们的家庭就会和睦，否则就很容易造成家庭不和、亲属不满，甚至闹出矛盾，出现纠纷。

明朝嘉靖时期，有一位大臣叫张居正，此人为官清廉，秉公办事，在朝野中权力极大，连嘉靖皇帝也要敬他三分。张居正在家里也是一个好丈夫、好父亲，特别是在对待亲戚关系上，不分“亲”和“疏”，深得亲戚们的敬重。张居正的妻子来自一个贫苦的农家，世代务农。她聪明贤惠，在嫁给张居正后，操持家务，颇有大家风范。张居正与妻子互敬互重，举案齐眉，对待亲戚一视同仁，并不因为他们是农民而不屑于与他们往来，或者有分“亲”和“疏”。有一次，张居正的岳父病重身亡，尽管当时身为宰相的张居正公务繁忙，而且从礼法地位上说，张居正不必前往凭吊，但张居正却没有这样做，他向嘉靖皇帝请了假，带领全家人赶回去，尽了孝道。这个举动，深深感动了所有的亲戚，大家都称张居正不愧是个人人称颂的“好宰相”。

正所谓“穷在闹市无人问，富在深山有远亲”。客观地说，凡夫俗子都有或明显或隐晦的嫌贫爱富的心理，这无可非议。但同时，贫富差距又是现实社会的一种客观存在，连皇帝家都有三门穷亲戚，更别说平头百姓了。你和丈夫一旦结婚，走进围城，就意味着你和他的亲戚之间有了一

种联系，也意味着以后的生活，你少不了要和他的“穷亲戚”打交道。和“穷亲戚”打交道，这不是个小问题，因为穷，他们可能更加敏感，但是他们却和你丈夫有着不可割舍的血缘、历史、地域、文化等方面的联系。关系处理得不好，往往矛盾多多，吵闹不断，甚至同床异梦，分道扬镳；关系处理得好，则可以使家庭和睦，婚姻稳定。

张元是省城工薪阶层的独生女，丈夫出生于农村，但是人特别善良，对张元也特别体贴和爱护。丈夫老家有个表弟叫小强，今年20岁，是独生子。小强家就靠那几亩薄地维持生计，日子过得很紧巴，小强经常来省城里“办事”。因为平时张元对丈夫家亲戚都挺关心，因此，每次小强就直接来张元办公室找张元。虽然张元每次都领小强去吃饭，然后还给他路费回家，但是每次心里都不愉快，回到家就向丈夫抱怨。丈夫再三和张元说，姑姑家挺不容易的，他们老年得子，恨不得把小强放在嘴里含着，我们如果委屈了小强，姑姑肯定会觉得不高兴。张元看着丈夫那张真诚的脸，气就消了。

有一段时间，小强来找张元，要借500块钱，张元问他借钱做什么。小强不高兴地说：“借几百块钱都不肯啊，不愿意借就算了。”张元觉得过意不去，就把钱借给了他。不久小强又来借钱了，还是借500，还是上次那句话，张元这次就没借给他。周末的时候，张元去了丈夫姑姑家一趟，问了下具体原因。姑姑说：“小强刚交了个女朋友，开销大了些，自己没本事又挣不到钱，只好到处借，现在外面还欠着1000块钱的外债。”姑姑说着眼泪都流出来了。张元听姑姑这样一说，赶紧掏出1000元给姑姑，让她把欠别人的钱还了。这个时候小强进来了，特别不好意思。

后来，张元给小强找了一份超市的工作，虽然挣钱不多，但是养活自己还是不成问题。小强恋爱一段时间后也结了婚。

俗话说：“授人以鱼不如授人以渔”，对待穷亲戚，只一味地给予经济上的帮助，那只是解一时之急，并没有解决根本上的问题。如果可能的话，可以换一种方式“授人以渔”，就像张元一样，不但没得罪亲戚，反而彼此关系更加坚固了。

罗素说：“作为一个人，对父母要尊敬，对子女要慈爱，对穷亲戚要慷慨，对一切人要有礼貌。”罗素把对穷亲戚要慷慨作为是一个人的基本要求。其实，善待穷亲戚，善待老公的穷亲戚，既是对自己的尊重，也是对老公的尊重。

无关紧要的小事最值得妥协

婚姻是一座围城，在婚姻登记处登记完后，你就已经通过了这个入口，走进了城。关于婚姻，余光中有一段精彩的论述：“家是讲情的地方，不是讲理的地方，夫妻相处是靠妥协。”他认为“婚姻是一种妥协的艺术，是一对一的民主，一加一的自由”。妥协并不代表放弃原则，一味让步，能够妥协，意味着对对方的理解与尊重。在无关紧要的事情上善于妥协，会更容易赢得生活的甜蜜与幸福。

钱钟书老先生在《围城》一书中说：婚姻就像进了一座城，城里的人想出来，城外的人想进去。因为对于婚姻幸福的期待，还未结婚的游离在“城外”的人想跑进去探个究竟，因为对于婚姻生活琐碎的厌倦，待在婚姻“城里”的人都羡慕“城外”生活的自由独立。结婚后，两个来历不同的人组成家庭。在婚姻生活中，每个人都是一座孤岛，连接岛的桥梁叫“妥协”。

一般而言，在婚姻生活中，女人爱唠叨，对于看不惯的事情有时甚至会没完没了地说，时间长了，男人就会失去耐性，很容易厌烦。因此，有人曾经比喻说：聋子丈夫与瞎子太太是最佳婚姻组合。可是，这种理想中的最佳组合，在现实生活中是很少的，真正存在于现实生活中，也不见得是最佳组合。世间很少有想象中的完美配偶。俗话说：“家家有本难念的经”，在外人眼里幸福的夫妻也会吵架，有时是因为生活中的琐事，有时是因为在乎，因为想彼此走得更远。

婚姻是一门妥协的艺术。幸福的夫妻是情商高的夫妻，他们知道在关

键的时刻举“白旗”，向对方妥协。

小燕和她老公阿铁结婚十年来一直都十分恩爱，很少吵架，但是两人性格上也有差异。在小燕的记忆中，他们两个人最厉害的一次争吵是为了旅游地点。平时爱好运动的阿铁一直梦想着背上行囊赴西藏自助游，对他来说，这是多么自由且充满好奇。而小燕说他这简直是“自虐游”，她设想着依偎在他身旁尽情血拼、享受美食，比如香港或巴黎。如此大的分歧引起了好几次争执。但两人突然发现，他们争吵的关键点是因为想要一起旅行，他们意识到感情比其他都重要。于是他们心平气和地再次商量，决定先苦后甜——这次共同游西藏，下一个假期再去“腐败”游。

聪明的人懂得用智慧去调整每一次发生的微妙关系，并且让它安然度过或大或小的危机。小燕和阿铁为了旅游地点而争吵，但是心平气和地再次商量后，找到了一个双方都可以接受的方案，顾及了彼此的兴趣和爱好，夫妻之间最终也“化干戈为玉帛”。

夫妻之间吵架是正常的，如果从没有吵过架，反而有点奇怪与危险；但吵架又不是什么好事，真正幸福的婚姻，在吵架的时候应该遵循两条最重要的原则：一是尽量避免冲突，如果战争爆发了，一定要第一时间搞好善后工作；二是没有赢家，如果你赢了，应该向他（她）致歉。

如果现实一点说，美满的婚姻，是一桩合作的事业，需要两个人以爱情的名义去照顾，以亲情的目光去抚慰，更要以君子的胸怀去宽容、接纳。学会妥协，不是说一味忍让，夫妻之间有分歧，要经常互相交流，在交流的过程中化解矛盾，而不至于“不在沉默中爆发，就在沉默中灭亡”。

小李和大张结婚已经10年了，有一个7岁的女儿。夫妻感情一直都不错，在外人看来，他们有一个美满的家庭。大张出生于农村，自结婚后，农村的亲戚一进城就会来找他们，把他们的家当成落脚点。由于大张的农村亲戚来来往往不断，他们正常的生活节奏和次序也经常被打乱。

大张由于工作性质，经常出差。因此，每次亲戚进城，大张都是用电话遥控小李，由小李去照顾和安排食宿。刚开始时，小李为了顾及面子

总是很耐心地去照顾，但是大张家的农村亲戚实在是太多，今天大姑来看病，明天外甥来旅游，后天侄子来考学，大后天舅舅的孩子来找工作……每次亲戚一来，小李的生活就会被打乱，工作也受影响。但是为了面子，小李就一直忍着没和大张说。

小李虽然嘴上不说，但是沉积在心里的怨气又无处发泄，有时就莫名其妙地发火。每每听到丈夫轻快地答应亲戚的到访要求，小李就会按捺不住心中的烦躁，借故对大张摔摔打打一番，弄得大张摸不着头脑。但是小李一直没和大张说明白具体的问题出在哪。时间长了后，大张觉得小李没了往日的温柔，有时也不免多了几分不敬之词。后来两人的关系渐渐恶化，并最终离婚。

夫妻之间的妥协是一种讲究艺术的妥协，不是完全的沉默，然后完全的爆发。聪明的女人总是既善于坚持又不固执己见，她能把握好分寸与火候。上面例子中的小李如果掌握了妥协的火候，夫妻双方就不至于弄到离婚的地步。

婚姻专家告诉我们，恋人或夫妻所能给予对方最大伤害的话是："你根本配不上我，所以你要听我的。"其实，在幸福婚姻中，夫妻双方是一个不断变化的关系，在不同的事情上，双方根据情况谅解妥协才能使婚姻生活更美满。在婚姻中，夫妻双方要么双赢，要么两败俱伤。学会妥协，学会在无关紧要的小事上妥协，这是婚姻路上牵手一生的人必须学会的重要一课。

第18章　做好规划，时刻准备
——职场智慧呈现完美自我

为自己的职业做规划，把握自己人生路

女人在规划职业生涯时，应充分考虑个人、环境、职业与成功的事业生涯之间的关系。应遵循以下步骤认真思考。

你真的了解自己吗?

只有真正了解自己，能全面地认识自己，了解自己的兴趣、特长、性格、常识、技能、智商、情商、思维方式、思维方法、道德水准等，才能对自己的职业作出正确的选择和规划，才能选定适合自己发展的职业生涯路线，才能对自己的职业生涯目标做出最佳抉择，才能对自己的职业生涯做出最明智的规划。

你适合自己所处的环境吗?

女人的生存和发展都处在一定的环境之中，离开了这个环境，便无法伸展。所以，女人在制定个人的职业生涯规划时，要分析环境条件的特点、环境的发展变化情况、自己与环境的关系、自己在这个环境中的地位、环境对自己提出的要求以及环境对自己有利的条件与不利的条件等。只有对这些环境因素充分了解，才能知道自己是否适合这个环境，是否能在这个环境中如鱼得水，施展自己的才华。

你选择的工作适合自己吗?

正如“女怕嫁错郎，男怕入错行”所说，职业选择正确与否，直接关系到人生事业的成功与失败。如何才能选择正确的职业呢？女人至少应考虑这几点：性格与职业是否匹配、兴趣与职业是否匹配、特长与职业是否匹配、内外环境与职业是否适应。

你适合怎么样的职业路线?

选择好适合的职业之后，就要思考自己到底应向哪一路线发展，也就是，是向行政管理路线发展，还是向专业技术路线发展;是先向技术路线发展，再转向行政管理路线，还是先向行政管理发展，再转向技术路线……因为你选择的发展路线不同，对职业规划的要求也不相同。因此，在职业生涯规划中，女人必须做出抉择，以便自己少走弯路。

一般说来，选择职业生涯的路线必须考虑这几个问题：你喜欢往哪一路线发展？在现实条件的制约下，你能往哪一路线发展？

你所设定职业生涯的目标是什么?

职业规划的核心即为职业生涯目标的设定，这也关系到女人事业的成败。因为只有树立了目标，才能明确奋斗方向。其设定是以自己的最佳才能、最优性格、最大兴趣、最有利的环境等信息为依据，分为短期目标、中期目标、长期目标和人生目标去逐一实现。

及时补充知识，别落在时代后面

当今职场的发展日新月异，稍有落后，便有可能会被淘汰，那么女人要如何充电，才能恰到好处，适合职业发展规划呢?

目标清楚、方向鲜明

充电前，女人首先要清楚自己的职业规划和目标，只有明确自己职业发展规划和目标，才能选择出对目前的工作或者职业发展规划有帮助的“充电”内容。因此，你在选择充电前，要先对自己一段时期内的职业规

划做明确的目的性指向，包括目标行业、目标职业、目标职位等，明确了职业定位后，再分析自己目前现有的专业基础，看看与要达成的目标有哪些差距，然后再查漏补缺，有目的性地充电。

同时，要保持敏感，时刻关注自己所处的行业对人员技能和需求的改变，这将决定“充电”的方向。认真分析一下这个领域对所需人才有什么样的标准和要求，诸如学历、工作经验、专业背景等，与之相比，自己有哪些长处和劣势。想要得到发展，就要随时按市场的要求调整自己的目标和充电方向，才能在济济人才中脱颖而出。

记住，充电一定要选使自己价值得到提升的专业或是学历。要通过充电看到自己真正学到了什么东西，什么技能能使“自我增值”达到最大化。如果仅仅是为了一张文凭，这种充电的方式是不可取的，也是非常不理性的。

找准时机，有的放矢

要使女人的“充电”能发挥出最大效能，还得注意找准时机、有的放矢。身为职场新人的你是充电的黄金阶段，因为你充满了可塑性，而且时间充裕，创造性强，对未来充满了期待，最是能使充电发挥效能的时期。

同时，还要根据市场的变化找准充电时机。比如某种类型的资格证书，常常是一段时期内吃香，时期过了，则没那么重要了。所以，在充电前，要了解清楚市场需要，有的放矢。

如果你在大学里学的是基础学科，应用性不强，就应该尽快选择一个与从事职业相关的专业，赶紧“充电”，以提升自己的专业技能，增加职场竞争力。

职业生涯本身就是一个不断深造、不断积累、不断提升的过程。如果不“充电”学习、接受新事物，不用最新的知识、技术武装自己，当新技术普遍运用时，你就有可能被淘汰。身为女人，要想在日新月异的行业中求得发展，就必须主动及时更新自己的知识结构，掌握最新的技能、技术，为自己职业的发展补充新鲜血液。

尽管充电都选择在业余时间，但难保不会出现与工作相冲突的时候。要想顺利充电而无后顾之忧，做好上司和同事的工作也很重要。找机会与上司谈谈，使他明白你想充实自己的想法，得到上司的支持后，你的“充电”才会更加顺利。

量力而行、循序渐进

对女人而言，充电切不可急功近利，最好是先易后难、循序渐进地充电。通过一段时间的工作实践，加深了对自己工作和行业的理解后，再有步骤地进行更高层次的充电。

女人的能力要时刻准备着

准确定位自己人生的能力

你的人生准备达成哪些目标、你想过怎么样的生活……这些看似与具体职场无关的东西其实对女人的影响十分巨大。卡耐基说：“我非常相信，这是获得心理平静的最大秘密之一——要有正确的价值观念。而我也相信，只要我们能定出一种个人的标准来——就是和我们的生活比起来，什么样的事情才值得的标准，我们的忧虑有50%可以立刻消除。”所以，你要培养准确定位自己人生的能力，要明晰自己的人生价值和角色定位、人生主要的目标等。

随时保持乐观心态的能力

雨果曾说过：“思想可以使天堂变成地狱，也可以使地狱变成天堂。”所以，当女人遇到困难时，应尽量以乐观的态度去面对，因为乐观的心态不仅会平息由压力而带来的紊乱情绪，也较能使问题导向正面的结果，让上司、同事更亲近你。

善于反省的能力

善于反省，才能从工作和生活中，不断总结出经验、教训，帮助自己尽快成长。

平衡工作与生活的能力

女人要学会主动平衡自己的工作与生活，不要把工作上的压力带回家，要善于留出休整的空间，选择适宜的运动，锻炼忍耐力、灵敏度或体力。杰出的平衡自己工作和生活的能力，能让你更理性，更会享受生活，更容易进入工作状态。

良好的时间意识

善于安排好工作，规划好各项工作的时间，不要让工作左右你，应权衡各种事情的优先顺序，对工作要有前瞻能力，把重要但不一定紧急的事放到首位，防患于未然，永远在工作中占据主动地位。

卓越的人际沟通能力

工作时，女人要善于积极改善人际关系，特别是要加强与上司、同事的沟通，如与上司、同事倾诉交流、进行咨询等方式来融入集体等。

学习提升的能力

女人要改善自己的最好方法就是锻炼学习提升的能力，主动去了解、掌握状况。一旦清楚、熟悉工作了，压力和恐惧感就消失了，你的才华也才能“肆无忌惮”地展现。

提升竞争力，积极应对变化

若你本身学历不高，可以选择“充电”提升学历，用较高学历取代先前较差的学历。现在国内研究院所广开大门，想要拿个好学校热门科系的硕士学位并非不可能。还有就是选择学历门槛较宽的工作，例如服务业、成长期的公司或地方企业，老道的工作资历是“战胜”学历的良方。

法律、会计、医疗、金融业、信息业、房地产业、美容业、餐饮业、健身业等众多行业都需要持证上岗了，未来可能会有更多行业需要如此，所以多拿到几个从业资格证书，会让女人更有竞争力。

文字表达能力、沟通表达能力、外语能力、数字能力、逻辑思考能力、办公室文书软件运用等能力，是职场基础能力，需要女人能灵活运用， 并完美地服务于你的各项工作。

人际关系，往往会在你意想不到的时候，助你一臂之力。但是“贵人”不会从天掉下来，需要女人悉心经营，有把握人脉的能力，包括如何面对同事、上司、客户、朋友等。当然，在建立人脉关系之前，需要你先付出，要勤于耕耘，才有回报。

维持良好形象的能力

身处职场，女人是组织的一部分，不可能单打独干，需要每天同其他同事打交道，所以维持良好的个人形象非常重要。良好的形象是他人对你产生好印象的开端。

随时更新信息的能力

在校期间所学的东西，如果不能随时更新，很快就跟不上时代了。因此女人要具备随时掌握最新的关键信息的能力，以能快速有效地在信息时代中“淘到真金”。要知道，在你所处的职场中，更新信息的快慢直接决定了你是否具有竞争力，能否占到先机。

挑战自己不断提升

要成为一个具有过硬实力的强者，能在各种竞争中无往不胜，就需要保持并且不断发展自己固有的强项，通过学习形成自己的职业核心竞争力，时时吸收新知，不断培养自己各项专长。只要你有足够的实力，就不用担心没有用武之地、没有实现自己梦想的一天。

开阔视野

开阔视野能让你对不同领域的人、事、物保持高度的好奇心与学习力，能为自己的思想随时注入新的能量，启发新的触角，有助于提升职业的感觉，甚至会让你的职业生涯走上另一种辉煌。

优秀的职场综合能力

职场人士的综合能力包括语言表达能力、信息处理能力、解决问题能力、人际交往能力、组织管理能力、领导能力、公众演说能力等。你的综合能力越强，个人核心竞争力也越强，未来的职业发展也将越顺利。

优秀的职场综合能力，亲和力好，沟通能力强，处事圆滑懂得应变，与上下级关系处理得很好，可以较好地把握好公司的人际关系，并且充分发挥作用，是走向成功不可或缺的因素。

超强的执行能力

正所谓：“言必行，行必果”。所以，要努力成为一个时间管理的高手，看好了、想好了就立即行动，不错失良机，不浪费过多考虑的时间，在最短时间投入大量的有效行动，上司交代的任何一项工作，不管难度有多大，你都全力以赴去执行，并能出色完成本职工作，主动分担同事的工作，及时解决困扰上司的问题，为公司创造最大的财富。相信，这样的你，一定是公司无人取代的杰出员工！

诚信为先

诚信体现了一个人的品质，是不少企业录用人才的首要标准，因此，诚信的品质比实际技术更加重要。诚信和修养是你获得肯定的关键，也是你值得坚守一辈子的品质。

谦虚

在职场中，要本着谦虚的态度，多做事少说话，这才是生存之道，恃才傲物只会让你失去很多学习的机会，切忌锋芒毕露、自作主张，让同事、上司觉得你眼高手低。

做个让老板需要你能力的女人

所谓职场胜任力，是指适合组织生存的能力，这个能力主要表现在知识、经验和技能三个方面。以此为核心，全面塑造自己胜任职场生活的能力和素质，使上司和同事们离不开你，这样你就能在最短的时间内得到晋升。

认清自己在工作中所处的角色

上司下达任务后，首先要认清自己在工作中所处的角色，明确自己的职责和职权范围。如果是专业技术工作，则要精通各个模块的技术和工作流程，以便控制整个流程和进度。而如果是信息管理方面的项目，则要能够协调各部门的管理，打通上下关节，要有良好的交际和协调能力，以便

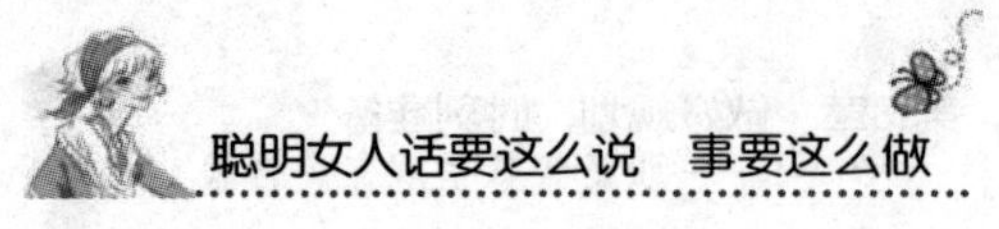

所有的工作能顺利沟通、进行。

在基层潜心学习

女人要能在基层潜心学习，以熟悉各个模块的工作，懂得工作的每一个细节，这样在掌控一个大的项目时才能做到心中有数。而唯有如此，你才能顺利地走好职场的每一步。

深入了解自己的能力

深入了解自己的能力，明白“自己能在什么地方成为最优秀的、不适合哪些工作和职位”；认清职业角色、岗位角色，在做“对事”和“对”的方向上发展，对于提升胜任力至关重要，借助角色竞争力能够最大限度地体现出自己的价值，获得更多晋升的机会。

能有效完成工作的五项要领

（1）充分了解本职工作内容和工作目标，若有任何疑问会主动、适时地与上司、同事沟通，以达成共识。

（2）知道如何区分事情的轻重缓急，拟定处理的优先顺序，有条不紊地完成工作。

（3）每一项上司交代的重要工作，能事先做好沟通协调，并制订按部就班的工作计划，依预计时间循序进行，竭尽全力按时、保质保量地完成工作。

（4）列出自己工作上“应为”与“不应为”的因素。举例来说，“应为”项包括：主动出击，以热诚服务来赢取顾客的信赖，对自己公司及产品的充分认识等；“不应为”因素包括：态度冷漠傲慢，以不实言辞或不当手段蒙骗顾客等。弄清了这些“应为”与“不应为”的要素，就等于确立自己工作未来遵循的原则，这一点对提升胜任力至关重要。

（5）随时注意观察并学习其他同事表现优异的工作方法，多吸取他们的经验，以提高自己的工作绩效。

提高结构化能力，优化胜任力

结构化能力，是女人所具备的综合能力的概括，是学习能力、思考能力、策划能力、领导能力、执行能力等能力和素质的集中体现。结构化能

力的强弱，能直接反映出你职场胜任力的强弱。

“结构化”工作的前提是合理规划职业生涯，当一条清晰的职业生涯路线摆在你面前的时候，你就更加清楚自己欠缺什么，需要学习哪些知识，强化哪些能力，从而激励你学习充电，并不断寻找富有挑战性的工作机会，以使自己不断得到锻炼和提高，提高工作效率和技能，为向更高一层次发展打下坚实的基础。

学习、充电能为你提升结构化能力提供知识准备，并与提升职场胜任力相伴相生。

在如今这个知识爆炸的时代，学习是你每天都需要做的事情，如果你停止了学习，就是选择了退步，这是非常可怕的。但是，学习、充电不能只学习工作需要的内容，这同样不利于“结构化”你的知识体系。

所以，你需要结合你对自己职业生涯的规划，制订相应的学习计划，不断补充知识给养，以此帮助你提升结构化思考和行动的能力。

在工作中，对于出现的问题，不能浅尝辄止，而是要刨根问底，进行系统思考，深究导致问题出现的原因，找到原因之后，还要问原因的原因，直至找到问题的根本症结，这实际上就是结构化的系统思考。当找到导致问题出现的根本原因之后，再制订结构化的解决方案，使问题得到系统的解决，以此锻炼和提高你的结构化能力。

遇到工作，女人先别急着行动，而是想好了再去做。因为计划的准确与完善比行动的快捷要重要得多，所以工作开始前，不要一味蛮干，而是要有思路和方案，甚至是多套方案。

制订结构化的工作方案比匆忙行事更为重要。能否制订一个结构化的工作方案也是考验你综合能力的重要标志之一，当你可以把一个方案结构化，把方案所应包含的要素都一一准确定位，对方案所要达到的目标、方案的操作程序、方案的执行者和监督检查者的职责、方案的实施进度和时间表、方案的验收标准等，都做出了准确的描述和定位的时候，你的结构化能力就得到了提升，也会得到上司的认可和赏识，从而帮助你获得升职的机会。

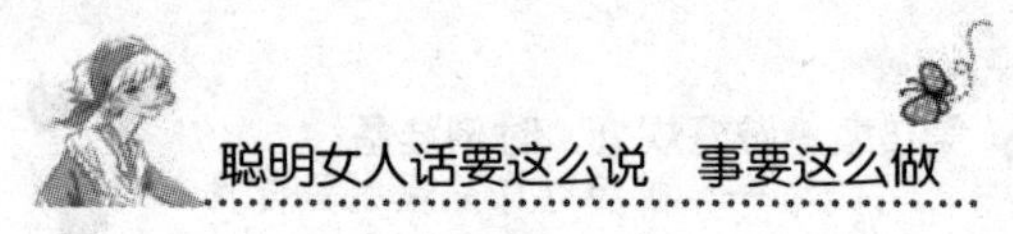

当结构化的工作方案被获准实施之后女人需要做的就是想尽一切办法使不可能成为可能。这个过程中，你可能会面临怀疑、对抗、不合作等消极因素的压力，但你不能放弃，要顶住压力，不断排除外来干扰，化解矛盾，与方方面面的人保持沟通，积极创造一个团结协作的工作氛围，努力为工作方案的成功实施赚取“加分”，使工作方案最终得以实现。

当你完成了“第二次创造”的时候，你的结构化能力就有了业绩证明，胜任力就有了事迹证明，晋升之路就更加开阔了。

让工作能力提高你的工作业绩

工作能力是完成工作的最基本要素，是你工作绩效的基本保证，是完成一项工作必不可少的条件。因此，你必须提升自己必备的基本工作能力。

明确某项工作所要求的能力水平和类型

不同的公司和不同的工作岗位对员工的能力的具体要求是不同的。因此，你一定要通过工作分析技术，明确某项工作所要求的能力水平和能力类型，避免工作能力过剩失去工作兴趣或工作能力过高失去主动积极性，影响工作绩效。

通过充电，提升自己的工作能力

以提升自己工作能力为主旨的培训与开发活动，能促使自己不断得到成长，为取得个人职业的成功铺平道路。通过充电学习新知识、新技能或更广泛的技能，能使你对不断变化的工作环境形成更强的适应力，减少不必要的工作流动和工作转换，获得更多升迁的可能。

确定工作目标，提升工作效率

有时，我们的工作绩效不仅取决于自身的能力，而且取决于工作目标的激励。因此我们要制定合适的工作目标，以激励自己，促进自身工作绩效的提升。

明确个人目标与组织目标的关系

目标管理的过程，实际上是组织目标在整个组织内分解传达，通过合作的目标设置过程，最后变成每一个员工的工作目标的过程。要使得个人目标的设置能真正对自己起到激励作用，就应该考虑组织目标实现对个人发展目标实现的意义，要善于建立二者之间的正相关关系。只有这样，你在努力实现组织目标的过程中，就会不断地看到实现自身目标的希望，因而工作得更加积极，工作绩效更高。

工作目标要有一定的价值

根据期望理论，只有对自己来说具有一定价值的目标才具有激励作用。因为，人之所以能够从事某项工作并达成组织目标，是因为这些工作和组织目标会帮助我们达成自己的目标，满足自己某方面的需要。所以你所设定的工作目标一定要有一定的价值，最好能设定多层次、多通道、多种类的工作目标。

工作目标要有挑战性

理论证明困难目标比简单目标能产生更高的绩效，明确的困难目标比完全没有目标这样的笼统目标产生的绩效更高，而且，挑战性的工作可以激发你的工作热情，学到很多新的东西，激发自身的潜能。如果，这个挑战经过自己的努力和上司、同事的帮助是可以完成的，那么，当这个目标实现时，它给你带来的自信和成就，会给今后完成更出色的业绩带来非常积极的影响，令你的绩效更加显著。

时刻保持清醒，保持良好工作状态

挖掘前进动力

在某一环境下工作时间长了以后，日复一日地重复劳动会让我们产生倦怠感，从而导致工作情绪低落。出现这种情绪，我们就要在工作中树立起使命感，明确自己要实现一定的价值，这样才能在个人工作中产生前进的动力。

如果在工作中，根本就没有什么动力，只是在被动地工作，这样就会产生一种抵触情绪。要想自己救自己，就要迫使自己树立起使命感，以制止自己走下坡路，这样，你就会主动地为自己出点儿难题，每天都有难题处理，你自然就会活得充实，坚持不懈下去，你就能发现自己每天都在进步，每天都会感到快乐，工作绩效也水涨船高了。

学会享受压力

随着竞争的加剧，女人在职场遭遇的压力也越来越大，甚至会因此产生心理障碍或抑郁症。在太大的工作压力之下，女人就很容易产生烦躁和倦怠。要消除心中的压力，关键就是要看自己的心态是如何对待这种压力的。

也许工作本身并不是玩耍，可如果在紧张的工作间隙，适当地通过玩游戏、幽默来放松一下自己的心情，是否感到了减压的轻松呢？学会享受压力，在压力中迎接挑战，那是一种惬意和满足，战胜了自己，会让你备感自信。

调整情绪，迎接挑战

随着工作节奏不断加快，相信你的情绪也一定会随着工作而变化，如果稍有心态调整不当，就有可能落入情绪忧郁的恶性循环中。

当你工作情绪不好时，可以通过各种方法来排除它：跑到室外用自己不满的拳头在受气包上、在墙壁上、在小树上肆意打上几拳；可以把自己的得失与朋友倾诉；可以先做做深呼吸、伸伸懒腰，再去找一位知心朋友随便聊聊天；多想想自己成功或者美好的时光，回忆过去的辉煌以及别人对自己的赞美；听听自己喜欢的音乐……总之，一定要想办法暂时告别工作中的压力，这样，不仅便于自己发现生活的乐趣，也能为再次做好工作鼓足干劲，进一步稳定情绪，提高绩效。

学会创造“新鲜”的环境

新鲜的工作环境可以让自己感到好奇、兴奋、新鲜，因此，你可以想办法为自己创造各种“新鲜”环境，让自己好奇、兴奋的心态永远存在，让自己感到永远“充实”。除了工作环境，你可以去外部开辟学习、充电的各种不同环境，为自己的进一步发展“充电”，比如积极参加相关培训，努力地争取在各种场合结识专业人士，让自己随时保持新鲜感和战斗力。

善于安排个人精力

善于安排个人精力的女人总是感觉到工作是轻松的，生活是愉快的。为了达到这种境界，你应该对所有的工作都做好计划，并在规定的时间内完成。工作结束后，要充分利用自己的闲暇时间，切忌将工作带回家做。

女人应该对于个人的职业规划定期进行标记，以便让自己明白，目前已经完成了什么，还有什么规划没有完成；对没有完成的规划，应该确定好完成的时间，并在某段时间，合理分配自己的精力，从而使工作、学习、生活尽量做到更加有效，并形成良好的自我循环，以实现自我提升，提高绩效，争取更大的晋升空间。

第19章　主宰自己，拥有目标

——每一步都走出人生的精彩

成功的道路上要学会坚持不懈

在通往成功的道路上，每个女人都知道，坚持不懈地走下去，一定会有美丽的彩虹属于我们。

在前行路上，放弃容易坚持难，如果遇到困难，就想到放弃，那么女人永远只能停留在原点，不断地重复开始；而坚持不懈地往前走，便是在原有基础上的每一次进步，可能每次只是一点点进步，一点点壮大，但滴水不是能汇聚成海吗，每一份坚持都是抒写你成功之路的美丽之笔，是开创人生成功的里程碑。

佳烨创办影楼的过程可谓几经沉浮，但她用事实完美地演绎了女人坚持下去的成功风景。毕业后的佳烨，在一家影楼打工。在打工的过程中，她凡事抢着干，学化妆、弄布景、搞摄影，学会了很多东西。后来，有家影楼要转让，佳烨接手下来，第一次建立了“白宫”，红火的生意让她掘到了第一桶金。

不料，天不遂人愿，因为修路，影楼要拆迁，几十万的装修全完了。痛定思痛后，佳烨租了附近一家工厂的门面，又投入10万元，第二次建起影楼，不到1年，影楼再一次拆迁，这一次可是连本钱都赔光了。

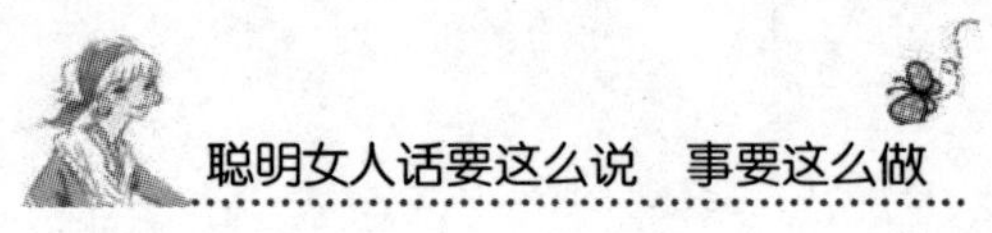

历经了两次失败，佳烨还是坚持了下来，因为她相信，不管这条路多么艰难，只要坚持，就一定能成功，于是，佳烨第三次开起了影楼。这次，佳烨聘请的摄影师是在上海专门培训的；化妆师是广州高薪聘请的；先进的数码摄影技术也学会了；并在市里率先启用了鲜花造型、雷蒙娜制作、水晶制作等。

在佳烨的悉心经营下，渐渐地，影楼的回头客多了起来，如今，佳烨的影楼年营业收入有好几十万元，还开设了多家分店。

“坚持就是胜利！”这句名言每个女人都知道，但真正能从心底里体会其深意，并走向成功的却是少数，而佳烨，因为她坚信坚持下去就一定能开启成功的大门，所以她最后看到了美丽的风景。

当女人为前途拼搏时，应该把目光放长远一些，要学会运用抽象思维看到路的终点。当你确定选择了这条路时，就应该坚持去挑战每一道难关，攻克每一个碉堡，即使疲惫不堪、想放弃、想逃避，也要鼓励自己坚持下去。

坚持的终点站就是胜利，每一步的不懈努力都是为了实现这一切！内衣界有头有脸的敏希因为坚持，在七年的打拼下终于挖到了自己的第一桶金。

敏希是当地第一批的商户，经营着小家电，但生意不尽如人意。经过市场调查，敏希了解到内衣市场尤其是女性内衣的市场很大，于是，她义无反顾地放弃了小家电生意，开始经营女性内衣。

在经营女性内衣的过程中，敏希承受了两次大打击，而她的第一桶金也是在从业之后的第七个年头才挖到的。刚开始时，敏希主要批发女性内衣。作为一个独自做生意的女人，刚开始自然什么都不顺，但她都克服了，几年后，敏希才开始赚钱。可惜好景不长，过了不久，一个老客户一次从她那里发走了十几万元的货后失踪了。这样，敏希不仅白忙活了四年多，而且还欠了债。

被这件事打击到的敏希，萎靡了半年，但她最终还是撑下来了。于是她高息借了20万元，又投入生意中。奋斗了几年后，敏希发现，从事女性内衣批发虽然利润高，但不如做品牌内衣有着稳定的客户群和利润，因此，敏希开了一家女性内衣大卖场，销售黛安芬、安莉芳等中高端及低端内衣。

两年多时间里，她赚了30万元。这就是敏希淘到的第一桶金。其后，敏希凭借坚持不怕失败的精神、丰富的从业经验、熟练的品牌操作能力成为了法国梦特娇女性内衣的总代理。目前，敏希代理了两大品牌，已经有70多家加盟店。自此，敏希的拼搏之路坦荡多了、顺利多了。

敏希现在最常说的生意经就是坚持。诚如她所言，三十几岁的女人要想成就事业，就要坚持，一个人在一条路上走不好，自然也难得在别的路上开花。

孟子曾言：天将降大任于斯人也，必先苦其心志，劳其筋骨。试问：不能忍受磨炼，不坚持，有几人能成功呢？正如河蚌忍受了沙粒的磨砺，坚持不懈，才孕育出绝美的珍珠；正如铁剑忍受了烈火的赤炼，坚持不懈，才练就成锋利的宝剑。在艰辛的拼搏之路上，一切豪言与壮语难免成为虚幻，唯有坚持才是走向成功的基石，而女人只要坚持，就没有什么不可以！

感兴趣的事更能激发你的潜能

每个女人在生活中都有自己的兴趣和爱好，但常常有人以为这只是一种业余的消遣，不会想到将其发展成真正属于自己的事业。其实对女人来说，事业的目标最好按兴趣来制定，做自己喜欢的事情必能增添你的信心，激发你的动力。

以做自己喜欢做的事为主来制定事业的目标，对女人来说非常重要，这样工作对你而言，就是乐趣。健康而广泛的兴趣能拓宽你的求职之路、事业之路，进而成为事业成功的基础。

对女人来说，事业之路是艰辛而沉重的，唯有做“自己喜欢做的事，你的生活就不再有工作”，选择你感兴趣的事业去奋斗才能投入你全部的热情不断钻研、不断深入，最后闯出自己的一条路来。周茹就是这样一个以“做自己喜欢做的事”的女人，如今，她已经实现年收入上百万元。

周茹从小就喜欢望远镜。大学毕业后，周茹开始代销天文望远镜、显微镜、照相器材等光电仪器。刚刚起步的时候，周茹为了从正规厂家进货，坐飞机去西安、昆明等地与厂家谈判。对方看她是个女人，根本不信任他，只给了她少量货品，价格还很高。但是，周茹用实际行动改变了他们的观念。

在2007年，周茹卖望远镜的销量更是突飞猛进，单是某个品牌的望远镜就卖了上百万元，在整个省销量排第一名。代理公司特聘她为公司技术顾问，并将公司在该省的代理权免费授予给她，单此一项，就帮周茹省了50万元代理费。现在周茹代理尼康、佳能等25家光学仪器的产品，其中有六个品种是全省代理，年赚百万元。

因为对望远镜有兴趣，周茹干起事业来也特别有心。她的丈夫和孩子也被她培养到这条路上来了，她还和几个好友共同成立了天文爱好者协会，并和不少专家学者成了好朋友。协会经常组织中小学生到天文台免费参观，并在高校内设立了分会。这样，周茹将天文爱好者逐渐聚集到一起，生意也越来越好，销量翻了好几番，年收入也越来越可观。

周茹做着自己喜欢的事情，再加上她对望远镜的热爱和精通，都为她的事业提供了诸多便利，增加了成功的概率。当然，家庭的支持也功不可没。

女人在做选择时，如根据自己的兴趣确立目标，则能少走许多弯路，最大限度地降低创业风险。众所周知，兴趣是最好的老师，如果你对一件事物产生了兴趣，就会调动自身的潜能、时间和精力去接触、去体验，不管遇到什么困难险阻，都能坚持下去。这种精神状态就是女人所必须具备的人生心态。而做自己喜欢的工作，就为我们增加了你的无形推动力。刘楠楠就是凭着自己对钻石的兴趣，最终建立了自己的事业。

读书时，因为文化课成绩不好，刘楠楠非常沮丧，这时老师对她

说：“成绩不好不代表你不是好孩子，但你必须明白两件事，一是要有一技之长，二是要做自己感兴趣的事情。”正是老师的这番话，让刘楠楠开始寻找自己的兴趣所在，她清楚她从小就喜欢研究妈妈的嫁妆——钻戒上的钻石。

经过几年的学习，刘楠楠开始在这个行业闯荡了。此后，刘楠楠倾尽心力钻研钻石的种类，并将此定位为自己的终身事业。她主动看完了上百本关于钻石鉴定的书籍，而且在研究探讨的过程中，还结识了现在的丈夫，有了自己的小家庭。

面对纷繁复杂的钻石市场，刘楠楠突然觉得理论知识完全用不上，但她凭借自己的兴趣再摸爬滚打之后还是找准了市场定位。从刘楠楠独自进货到如今，已经整整八年了，如今她也算是个钻石鉴定的行家。

一番辛劳过后，刘楠楠创立了自己的钻石店，专卖钻石并提供为客人免费鉴定的业务。渐渐地，她的店里有了越来越多的回头客，也有越来越多的人信任她的鉴定能力，就这样，32岁的刘楠楠完全靠着自己的兴趣和坚持不懈的努力，成为了一名小有名气的钻石老板。谈到自己成长的经历时，刘楠楠说：“三十几岁的女人为自己拼未来，一定要做自己喜欢做的事情，这样才能不怕困难，而且能事半功倍地达成预期目标。”

刘楠楠从开始就确定了“做自己喜欢做的事”的想法，然后根据兴趣制定了明确的目标。有了兴趣，有了座右铭，所以挫折就不再是挫折，生活就不再有工作，痛苦也不再成为痛苦，这一切都成为了追求兴趣路上的美好体验，成为了一种享受，成为了前进的动力，成为了完成整个事业征程的助推器。

在谈及兴趣的重要性时，威廉·奥斯勒如是说：人若无嗜好，便不会感到真正的快乐和安全，至于这种外在的兴趣是什么，则无关重要。是植物学，甲虫或蝴蝶，是郁金香或鸢尾花，是钓鱼，登山或古董，只要能跨坐在一项嗜好上认真骑乘，随便什么都行。

诚如这段话所言，只要女人在为自己的未来奋斗时，善于寻找并坚持真正属于自己的兴趣或爱好，并能主动投身于自己喜欢的事情，有将其做大做强的意图，就一定能甩掉涉世之初不如意时的烦恼、苦闷，进而体味到创业中的自我满足与喜悦。

以兴趣为目标创业，才能为女人增添一抹亮丽的色彩，让前进之路变得诱人而生动，精彩而奇妙！

女人要做自己情绪的主宰者

女人，要走向成功，最大的敌人或许并不是与机会失之交臂，不是经验缺乏，不是琐事缠身，而是容易冲动，生气时，无法制怒，缺乏对自己情绪的控制。

若想使自己在社会上能发展得如鱼得水，当务之急就是理解控制自己情绪的重要性。身为女人，情绪难免容易波动，容易受外在事物的影响。但在生活和工作中，若是你以忧郁、黑暗和悲观的态度面对一切，看到的也注定是忧郁、黑暗和悲观的画面；相反，若是你能控制自己的情绪，凡事莫生气，相信你看到的便是生气勃勃、欢歌笑语的美景。卢梦萌便是以此开创了她的灿烂事业。

身为保险公司经理的卢梦萌，从她开始做这份工作算起，进入保险业足足有十个年头了，她的办公桌上摆满了这些年获得的奖牌。面对这所有的奖励，任谁也想不到，卢梦萌这十年的保险之路走得多么不容易。

说到控制自己的情绪，卢梦萌常感叹自己脾气并不太好，容易生气，之所以能承受数以万计的白眼与轻视，主要是因为她认定了女人要成功，一定要掌握能控制自己情绪的智慧。秉持着这样的理念，卢梦萌学会了控制自己的情绪，每当负面情绪涌上时，她就告诉自己："我是聪明的女人，我不能让我的情绪失去控制。"

卢梦萌的这种自我安慰法不失为"控制情绪"的一味良药。当女人在社会上追求某种东西而得不到或他人的言行伤害到你时，为了减少内心的郁闷、失望、生气，不妨为自己找一个冠冕堂皇的理由，就此安慰自己，控制住自己的情绪，让自己冷静下来。

还有些什么方法能教女人将控制情绪运用到生活中，让日子每天都幸福欢乐、事业每天都顺顺当当呢？这就需要你要学会：沮丧时，你应该引吭高歌；悲伤时，你所幸开怀大笑；恐惧时，你奋起勇往直前；生气时，你应该迎难而上……你必须明白，身处多变的社会，你不能放纵自己的情绪，不能让冲动毁了一切，只有如此，你才能掌握自己的命运，最终用行动打败曾经轻视你的人。

“平时学会自己控制情绪的能力，才能养成自制的习惯，有助于在情绪发作时拥有更好的反应能力。”美国情绪管理专家帕德斯如是说，同时他也告诉了我们两个行之有效的“控制情绪”的方法。

1. 善于转移情绪

当气愤情绪上涌时，有意识地转移话题或做点别的事情来分散注意力，便可使情绪得到缓解。在余怒未消时，可以多做些有意义的轻松活动，待紧张情绪放松下来后，再继续投入工作。

2. 学会宣泄情绪

女人在社会，身不由己，难免会产生各种畏难、愤懑情绪，如果不采取适当的方法加以宣泄，并学会调节、控制，则会对事业发展产生不利影响。因此，当你遭遇不愉快的事情或委屈时，不要压在心里、郁郁寡欢，而要向知心朋友和亲人说出来或选一种适合自己的方式发泄。如此，可以释放积于内心的郁积，有利于你的身心健康。当然，发泄的对象、地点、场合和方法要适当，切记避免伤害那些关心你的人。

事实上，阿Q精神就是一种控制情绪的方式。凡事莫生气，能及时控制情绪，会降低三十几岁女人愤懑情绪的爆发概率。此外，良好的情绪还会感染他人。

若你有乐观的情绪、开朗的笑容，想必，一定会感染你的同事、上司和客户，让你们拥有更紧密的团队凝聚力、更顺畅的发展道路。所以，为了女人的工作和生活，大家一定要学会“控制情绪”，以最佳的状态开启你的成功之门，赢得最广阔的发展天地！

准确地推销自己，为自己抬高身价

“如何推销自己”是摆在每个女人面前的一道必选题，也是你一定要掌握的智慧之一。有些女人一辈子安于现状，一成不变地生活着，这种女人不知道世界，世界也不知道她，一生也难有大成就。

推销自己是每个人与生俱来的一种基本能力。这世界人人都有推销的潜质，政治家推销自己的政见，老师推销自己的知识，所以推销自己对于任何女人都非常重要。美国著名企业家卡耐基把推销自己看做女人的一种能力、一种才华和一种艺术，他说，推销的第一个对象是你自己，你越是对自己有信心，越能表现出一种自信的气概。

推销自己，善于抬高身价与女人的为人处世息息相关，生活中的每一个环节，都需要发挥推销的功能。例如，向老板推销自己，向朋友推荐自己，向家人推荐自己等。在生活中，你几乎每天都面临着推销自己的学问。只有当你学会了推销自己，才有可能拥有一切。

雯结婚生子后，一直做全职太太，但现在她发现在家里待久了容易和社会脱节，于是，她开始想找工作了。一天，她在报纸上看到了一份适合自己的工作。于是，她把简历发了过去，并接到了面试通知，让她隔天早上八点去面试。

第二天一早，雯如约赶到面试地点，却沮丧地发现前面已有35位求职者在排队了，而她排在第36位。雯想：“如果我就这么等下去，说不定轮到我的时候老板早已确定人选了。”于是，她急中生智，拿出一张纸，写了一句话，恭敬地对工作人员说：“不好意思，麻烦你马上把这张纸条交给你的老板，这非常重要。”

工作人员把纸条交给老板，老板一看，笑了，只见纸条上写着：“考官大人，我排在队伍的第36位，在您看到我之前，请不要做决定。”就因为这句话，老板对雯的印象非常深刻，觉得雯是一个善于推销自己的人，再加之招聘的岗位正是销售员，于是，雯如愿地进入了公司，且报酬丰厚。

由此看来，成功地推销自己是女人实现理想的第一步。在你的周遭，是否会常常看到有的女人满腹才华，却找不到理想的工作；有的女人工作敬业，却得不到上司的赏识。在你感叹世道不公时，是否发现是一切皆是因为她们不善于推销自己，从而埋没了自己的才能。

任何女人的成功都离不开推荐自己，对女人来说也不例外。只有善于推销才能让你人生中的伯乐发现你，继而提供展示的舞台于你。没有人会喜欢那种唯唯诺诺、孤言寡语的女人，在人们看来她们好像根本不知道自己在乎什么或要什么。因此，她们成功的机会也就很少。女人善于推销自己并不是吹捧自己，也不是阿谀奉承，而是尽力展示真实的自我，展现自己的才能。当你能够善于推销自己的时候，就会发现，你一直在追求的东西竟不期而至了。

懂得并善于推销自己是女人必须修炼的一门技术。女人的一生都需要推销，推销自己无处不在。无论是为了实现自己的人生价值，还是为了为社会多作贡献，都应该做到勇于推销自己，善于推销自己。总之，推销自己、善抬身价是一种才华，也是一种艺术，更是一门人生智慧，需要你在实践中不断摸索、总结。

看清现实，女人别活在虚幻的梦境中

生活不可能静如止水、波澜不惊，总会发生各种变故；生活不可能总是顺风顺水、一马平川，总会遭遇失败和挫折；生活不可能总是舒畅悠扬、无忧无虑，总会经历厄运和灾祸。当横生变故时，当遭遇失败和挫折时，当经历厄运和灾祸时，女人应对的关键便是：适者生存。

适应社会的女人是勇敢的挑战者，她们敢于接受一切。当客观现实发生变化时，她们敢于走出昨天，直面现实，接受变化。因为她们明白生活

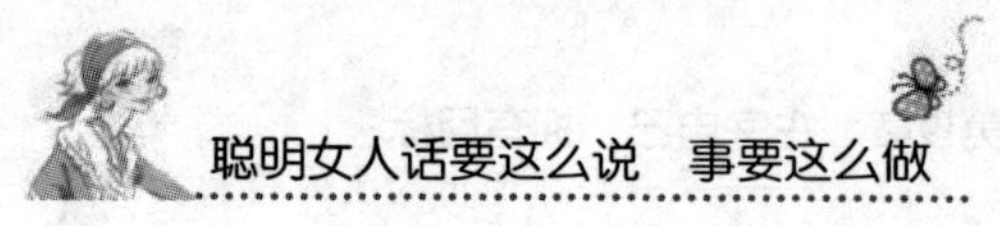

由不得自己、时光由不得自己，要生活下去，就必须接受生活中种种不愿接受的变化。接受和适应现实，是在心理上认同，情感上容纳；接受和适应生活，就是走出“怀旧”情结，消除负面情绪，重整旗鼓，面向未来。

一个住在美国弗吉尼亚州的农妇买下了当地的一个农场，不久便发现自己上当了。原来，这是一块既不适合种植又不适合放牧的贫瘠土地。那里除了一大片白杨树外，就是令人望而生畏的响尾蛇。

认真思索一番后，她意识到：不能把宝贵的时间浪费在毫无意义的后悔中，必须寻求办法以改变不利的现状并从中获利。后来，她想出了一个很好的方法：利用这里满山遍野的响尾蛇建设成响尾蛇生产基地。于是，她有计划地捕捉、繁殖响尾蛇，从她养的响尾蛇中提取出蛇毒，运送至各大药厂做蛇毒的血清；用响尾蛇皮做出皮鞋和皮包出售；以响尾蛇肉制成罐头销往世界各地。

得益于她独一无二的眼光和坚持不懈的努力，仅仅只用了几年的时间，她的生意就红火起来，不但客户络绎不绝，每年到她的农场来参观、考察的就有几万人，这个村子也因此改名为远近闻名的响尾蛇村，而带动了整个村子旅游业的发展。

对女人来说，生活就是如此变幻无常，损失中隐藏着赢利，黑暗中孕育着光明，灾难中隐藏着商机。正是这个农妇勇于适应，才挖掘出了这块荒地中难得的宝藏。

女人的每一次适应，都是对自己的严峻考验和挑战，甚至是一种撕心裂肺的整合和脱胎换骨的磨砺。女人要不断调整自己的意志、性格、能力以跟上社会发展的步伐。大千世界，芸芸众生，每一秒都在变化着，女人只有不断调整自己的状态，才能完成挑战自我、战胜自我、超越自我的适应过程。

适应社会对女人而言，是一种无畏的选择、奋力的拼搏、艰难的洗礼。适应是女人一生中别无选择的课题，处世之道，勇于适应者方能生存。当外界事物发生变化时，当周遭人群遭遇变故时，女人要懂得改变自己的心情、处世之道，如此才能步步为营，无往不胜。善于适应的女人并不是为了选择生活环境而去强求自己的转变，而是为适应生活环境而去获取生存的机遇。

适者生存不仅仅是一种方法，更是一种处世的智慧。

女人只有不断调整自己，适应社会，才能坚定自己的意志、磨炼自己的毅力、增强自己的信心、开拓自己的眼界，从而不断成长、成熟，女人的生命之歌也正是在不断的适应中谱写一个个音符。每一次酸甜苦辣、成功失败都充实了女人的内涵，丰富了女人的色彩，造就了女人的坚定力量。

稳中求胜，伴女人走向成功

俗语“尺寸长短，分寸自如”说的是做人要有度，这样才能稳中求进，走向成功。

在生活和工作中，也是如此，只有知道如何停止，才有可能知道如何加速。王瑛正是因能有度地面对职场的变化，一切适可而止，才能渐渐适应了教师的工作并成了优秀教师。

王瑛刚走上工作岗位时，才二十出头，因为家庭的原因，她一度离开了教师岗位，直到三十多岁才又返回讲台。重回教学工作对于王瑛来说一切都是那么新鲜。 随着工作时间的增长，王瑛渐渐听到周围的老师说着这样的一些话：“王老师做人没分寸，不知道怎么把握度啊”，“王老师脾气太好，教书没魄力，对待学生也不没个度”……

面对这些评论，王瑛沉默了，她开始反省自身存在的问题，跟着资格老的老师学习什么是“默默无闻”、什么是“兢兢业业”、什么是“术业有专攻”、什么是“做人要大气”、什么是“对待学生要有度”、什么是“处世要有分寸”、什么是“适可而止”。渐渐地，王瑛褪去了身上那丝张扬，学会了低调行事、谦虚做人、凡事有度、适可而止。王瑛努力地让自己张弛有度，并不断地鞭策自己一定要成为一个勤奋、功底扎实、做人有度的教师。终于，王瑛在重新执教五年后获得了优秀教师的称号。

凡事有度，便是女人能顺利、睿智地走完一生的锦囊。正如此，王瑛才蜕变为如今的张弛有度。

凡事有度，是女人应该学习的做人处世方法。俗话说“量小非君子，无度不丈夫”。女人有“度”，意味着她接受过良好的道德修养教育，她对于人间的各种好与不好、幸与不幸的事情不会有太大的起伏。

对女人来说，凡事有度是应该学会和理解的一种弹性的生存方式，遇事就应该强调适可而止、有所节制。凡事有度，是女人给自己的心灵设个限度，并不是有意放慢行走的步伐，而是对自己人生有利有礼有节地把握。

能有度地把握人生中的一切，你就能学会用更高的智慧看清事业路上的选择，从而更有分寸地谋划自己的未来。

凡事有度，一切适可而止，会让艰难困苦在女人挺起的脊背上悄然滑落，会让你容纳下更多可以容纳的东西，在人生之舟上过万重山、千条河！

参考文献

[1] 吴若权.人脉经营术[M].北京：中国长安出版社，2010.
[2] 成果.心理学的诡计[M].北京：中国纺织出版社，2010.
[3] 史玉娟.会说话的女人受欢迎[M].北京：中国纺织出版社，2008.
[4] 咖啡猫女.女人口才全攻略[M].北京：中国纺织出版社，2010.